高｜等｜学｜校｜计｜算｜机｜专｜业｜系｜列｜教｜材

算法分析与设计

李少芳　卓明秀　主编

U0228003

清华大学出版社
北京

内 容 简 介

本书主要介绍经典的算法设计技术,包括递归与分治策略、动态规划法、贪心算法、回溯法、分支限界法、概率算法等。在算法分析方面,介绍了二分搜索技术、大整数的乘法、Strassen 矩阵乘法、棋盘覆盖、合并排序、快速排序、循环赛日程表、矩阵连乘问题、最长公共子序列、凸多边形最优三角剖分、多边形游戏、图像压缩、活动安排问题、最优装载、哈夫曼编码、最小生成树问题、套利问题、n 皇后问题、图的 m 着色问题、15 谜问题、单源最短路径问题、旅行商问题等,并对有的问题进行算法优化设计。书中主要突出对问题本身的分析和求解方法,并进行了问题的计算复杂性分析。本书每章均精选了一些基础的算法习题,针对各章节不同的算法设计技术设计了多个上机实验,并提供多套自测试卷,有助于学生了解自己对学习内容的掌握程度,自测学习效果。

本书可作为大学计算机科学与技术、软件工程等专业本科生的教学用书,也可作为从事实际问题求解的算法设计与分析工作人员的参考书。

图书在版编目(CIP)数据

算法分析与设计/李少芳,卓明秀主编. —北京:清华大学出版社,2023.6(2024.8重印)
高等学校计算机专业系列教材
ISBN 978-7-302-62799-9

Ⅰ.①算… Ⅱ.①李… ②卓… Ⅲ.①电子计算机-算法分析-高等学校-教材 ②电子计算机-算法设计-高等学校-教材 Ⅳ.①TP301.6

中国国家版本馆 CIP 数据核字(2023)第 032157 号

责任编辑:龙启铭
封面设计:何凤霞
责任校对:郝美丽
责任印制:丛怀宇

出版发行:清华大学出版社
   网 址:https://www.tup.com.cn,https://www.wqxuetang.com
   地 址:北京清华大学学研大厦 A 座   邮 编:100084
   社 总 机:010-83470000   邮 购:010-62786544
   投稿与读者服务:010-62776969,c-service@tup.tsinghua.edu.cn
   质量反馈:010-62772015,zhiliang@tup.tsinghua.edu.cn
   课件下载:https://www.tup.com.cn,010-83470236
印 装 者:三河市天利华印刷装订有限公司
经 销:全国新华书店
开 本:185mm×260mm 印 张:18 字 数:418 千字
版 次:2023 年 6 月第 1 版 印 次:2024 年 8 月第 2 次印刷
定 价:49.80 元

产品编号:095103-01

前言

　　算法设计与分析是高等学校计算机专业的核心课程。该课程是学习其他专业课的基础,也有利于培养学生的计算思维和求解问题的能力。面对各个应用领域的大量实际问题,最重要的是分析问题的性质并选择正确的求解思路,即找到一个好的算法。特别是在当今复杂、海量信息的大数据处理中,一个好的算法往往起到决定性的作用。

　　本书针对实际问题需求,分析问题并选择高效求解算法,进行问题的计算复杂性分析,为提高学生的素质和创新能力打下坚实的基础。本书主要介绍算法的基础知识、经典的算法设计技术与分析方法。算法的基础知识部分主要介绍算法相关的基本概念,如什么是算法、算法的表示、算法最坏情况下和平均情况下的时间复杂度、算法时间复杂度函数的主要性质、算法复杂度表示等。经典的算法设计技术与分析方法部分主要介绍递归与分治策略、动态规划法、贪心算法、回溯法、分支限界法、概率算法等算法设计技术,重点介绍这些设计技术的使用条件、分析方法、改进途径,并给出一些重要的应用。在算法分析方面,介绍了二分搜索技术、大整数的乘法、Strassen矩阵乘法、棋盘覆盖、合并排序、快速排序、循环赛日程表、矩阵连乘问题、最长公共子序列、凸多边形最优三角剖分、多边形游戏、图像压缩、活动安排问题、最优装载、哈夫曼编码、最小生成树问题、套利问题、n皇后问题、图的m着色问题、15谜问题、单源最短路径问题、旅行商问题等,并对有的问题进行算法优化设计。

　　本书是面向高等院校计算机及相关专业的一本算法入门基础教材,主要涉及算法的设计、分析与优化途径。本书中的算法采用C语言或C++语言描述和实现。全书针对算法初学者的特点,在内容安排上力求通俗易懂、循序渐近,通过多个经典的算法设计与分析示例,设计正确的求解算法,进行算法的效率估计,优化算法的途径,分析问题的计算复杂度等,有助于培养学生的算法思维和求解问题的能力。本书各章均精选了一些基础的算法习题,针对各章节不同的算法设计技术设计了多个上机实验,并提供多套自测试卷,有助于学生了解自己对学习内容的掌握程度,自测学习效果。

　　本书编者有丰富的教学和实践经验,全书主要由李少芳编写,卓明秀参与第4章、第5章的编写工作。

　　本书可作为大学计算机科学与技术、软件工程等专业本科生的教学用书,也可作为从事实际问题求解的算法设计与分析工作人员的参考书,还适合编程开发人员或爱好者自学使用。

由于本书编写时间仓促,编者自身水平有限,书中难免有不妥之处,诚恳希望广大读者提出宝贵的意见和建议。

编者

2023 年 1 月于莆田学院

目录

第 3 章　动态规划法　　/41

第 9 章　算法自测卷　　/225

附录　习题参考答案　　/234

第1章

算 法 概 述

1.1 什么是算法

在计算机科学中,算法(Algorithm)是描述使用计算机来实现问题求解的方法。要使用计算机来求解问题,必须编写求解问题的程序,而编写程序的依据是求解问题的算法,算法是数据结构、算法设计、数学以及与问题有关的知识的综合应用。瑞士著名计算机科学家沃思(Nikiklaus Wirth)教授曾提出公式"算法+数据结构=程序",并因此获1984年的图灵奖。由此可见,算法是程序设计的精髓。

算法是求解一类问题所需要的具体步骤和方法,是在有限步骤内求解某一问题所使用的一组定义明确的规则。它是指令的有限序列。算法有一系列明确定义的基本指令序列所描述的求解特定问题的过程,能够对合法的输入在有限时间内产生所要求的输出。在计算机解题的过程中,无论是形成解题思路还是编写程序,都是在实现某种算法。前者是推理实现的算法,后者是操作实现的算法。

算法具有以下5个重要特性:

(1)输入:一个算法有零个或多个输入,以刻画运算对象的初始情况。

(2)输出:一个算法有一个或多个输出,以反映对输入数据加工后的结果,没有输出的算法是毫无意义的。

(3)确切性:算法的每一步骤必须有确切的定义,不能有歧义。

(4)有限性:算法是由若干条指令组成的有穷序列,总是在执行有限步之后可以结束,不可能永不停止。

(5)可行性:算法在当前环境条件下可以通过有限次运算来实现,原则上算法能够精确地运行,达到预期的目的。

好的算法需要更高的标准,如正确性、易读性、健壮性、高效性和低存储性。

(1)正确性:正确性是指算法能够满足具体问题的需求,程序运行正常,无语法错误,能够通过典型的软件测试达到预期的需求。

(2)易读性:算法遵循标识符命名规则,简洁易懂,注释恰当适量,方便自己和他人阅读,便于后期调试和修改。

(3)健壮性:算法对非法数据及操作有较好的反应和处理。

(4)高效性:运行效率高,即算法运行时间短。

(5)低存储性:算法所需的存储空间低。

算法不依赖于任何语言,既可以用自然语言、程序设计语言来描述,也可以用流程图、框图来表示。算法和程序是有区别的。程序(program)是为实现特定目标或解决特定问题而用计算语言编写的、可以连续执行并能够完成一定任务的指令序列的集合。程序是使用某种程序设计语言对算法的具体实现,程序设计的实质就是构造解决问题的算法,将其解释为计算机语言。就算是使用同一个算法,由于编程语言不同,所编写出来的程序也不同;即便使用相同的编程语言,编写程序的人不同,通常编写出来的程序也是不同的。

算法和程序的区别主要在于:

(1) 在语言描述上,程序必须用规定的程序设计语言来编写,程序要以计算机能够理解的编程语言来编写,可以在计算机上运行;而算法可以随意地以人类能够理解的方式进行描述,如用自然语言、流程图和伪代码等。算法描述一般在程序编写之前。

(2) 在执行时间上,算法所描述的步骤一定是有限的,而程序可以无限地执行下去。

(3) 程序＝数据结构＋算法。

1.2 算法复杂性

算法复杂性是算法效率的度量,是评价算法优劣的重要依据。一个算法复杂性的高低体现在运行该算法所需要的计算机资源的多少,所需的资源越多,就说该算法复杂性越高;反之,所需的资源越低,则该算法复杂性越低。计算机的资源,最重要的是时间和空间(即存储器)资源。因而,算法复杂性有时间复杂度和空间复杂度之分。算法复杂性是算法运行所需要的计算机资源量,需要的时间资源量称为时间复杂度,需要的空间(即存储器)资源量称为空间复杂度。

不言而喻,对于任意给定的问题,设计复杂性尽可能低的算法是在设计算法时追求的一个重要目标;另外,当给定的问题已有多种算法时,选择其中复杂性最低者,是在选用算法适应遵循的一个重要准则。因此,算法复杂性分析对算法的设计或选用有着重要的指导意义和实用价值。

一个算法执行所消耗的时间,从理论上是不能计算出来的,必须上机运行测试才能知道。在算法分析中,如果要对每个算法都上机测试不可能也没有必要,通常只对算法运行次数进行粗略估计,大致反映问题规模增长趋势。求值时只考虑对算法运行时间贡献大的语句,忽略那些运算次数少贡献小的语句。一个算法的执行时间与算法中语句的执行次数成正比,算法中的语句执行次数称为语句频度或时间频度,记为 $T(n)$。在时间频度中,n 称为问题的规模,当 n 不断变化时,$T(n)$ 也会不断变化。

下面给出算法复杂性分析的例子。

例 1-1 试分析下面矩阵乘法程序段各行的执行次数(频度)是多少?

```
for (i=0;i<n;i++)                    //n+1
    for (j=0;j<n;j++)                //n(n+1)
    {
        c[i][j]=0;                   //n²
        for (k=0;k<n;k++)            //n²(n+1)
```

```
        c[i][j]+=a[i][k] * b[k][j];    //n³
    }
```

解：程序段第 1 行执行次数为 n+1,第 2 行执行次数为 n(n+1),第 3 行执行次数为 n^2,第 4 行执行次数为 $n^2(n+1)$,第 5 行执行次数为 n^3,总的执行次数是 $T(n)=2n^3+3n^2+2n+1$。

n 表示问题的规模,当 n 趋向无穷大时,如果 T(n) 的值很小,则算法优。例 1-1 中的时间复杂度用 T(n) 的数量级 O 可粗略地表示为 $T(n)=O(n^3)$。

求解算法的时间复杂度的具体步骤如下。

(1) 找出算法中的基本语句。算法中执行次数最多的那条语句就是基本语句,通常是最内层循环的循环体。

(2) 计算基本语句的执行次数的数量级。只需计算基本语句执行次数的数量级,这就意味着只要保证基本语句执行次数的函数中的最高次幂正确即可,可以忽略所有低次幂和最高次幂的系数。这样能够简化算法分析,并且使注意力集中在最重要的一点增长率上。

(3) 用大 O 记号表示算法的时间性能。将基本语句执行次数的数量级放入大 O 记号中。

如果算法中包含嵌套的循环,则基本语句通常是最内层的循环体;如果算法中包含并列的循环,则将并列循环的时间复杂度相加。

在算法学习过程中,必须首先学会对算法的分析,以确定或判断算法的优劣,通常以时间复杂度来衡量,时间复杂度越低,则对应的算法就越优。

1.3　算法复杂性计量

算法复杂性应该集中反映算法的效率,并从运行该算法的具体计算机结构和程序设计语言中抽象出来。换句话说,算法复杂性 C 应该是只依赖于算法要解决的问题的规模 n、算法的输入 I 和算法本身 A 的函数,即 C=F(n,I,A)。通常让 A 隐含在复杂性函数名当中,因而用 T 表示算法的时间复杂度,用 S 表示算法的空间复杂度,则有 T=T(n,I) 和 S=S(n,I)。由于时间复杂度和空间复杂度概念类同,计算方法相似,且空间复杂度分析相对地简单些,所以以后主要讨论时间复杂度。下面将时间复杂度函数 T(n,I) 具体化。

根据 T(n,I) 的概念,它应该是算法在一台抽象的计算机上运行所需的时间。设此抽象的计算机所提供的基本运算有 k 种,分别记为 $O_1,O_2,\cdots,O_k$;再设这些基本运算每执行一次所需要的时间分别为 $t_1,t_2,\cdots,t_k$。对于给定的算法 A,设经过统计,用到基本运算 O_i 的次数为 $e_i,i=1,2,\cdots,k$,很明显,对于每一个 $i,1\leqslant i\leqslant k$,$e_i$ 是 n 和 I 的函数,即 $e_i=e_i(n,I)$。那么有:

$$T(n,I) = \sum_{i=1}^{k} t_i e_i(n,I)$$

其中 $t_i,i=1,2,\cdots,k$,是与 n、I 无关的常数。

显然,不可能对规模 n 的每一种合法的输入 I 都去统计 $e_i(n,I), i=1,2,\cdots,k$。因此 $T(n,I)$ 的表达式还得进一步简化,或者说,只能在规模为 n 的某些或某类有代表性的合法输入中统计相应的 $e_i, i=1,2,\cdots,k$,评价时间复杂度。

下面只考虑三种情况下的时间复杂度,即最佳时间复杂度、最坏时间复杂度和平均时间复杂度。

$$T_{max}(n) = \max_{I \in D_N} T(n,I) = \max_{I \in D_n} \sum_{i=1}^{k} t_i e_i(n,I) = \sum_{i=1}^{k} t_i e_i(n,I^*)$$

$$T_{min}(n) = \min_{I \in D_N} T(n,I) = \min_{I \in D_n} \sum_{i=1}^{k} t_i e_i(n,I) = \sum_{i=1}^{k} t_i e_i(n,\tilde{I})$$

$$T_{avg}(n) = \sum_{I \in D_N} P(I)T(n,I) = \sum_{I \in D_n} P(I) \sum_{i=1}^{k} t_i e_i(n,I)$$

例 1-2 在具有 n 个元素的数组 a 中顺序查找元素 x。

```
int findx( int x )
{
    for(i=0; i<n; i++)
    {
        if (a[i]==x)
            return i;                //返回其下标 i
    }
    return -1;
}
```

假设一定能找到,上面算法的运行次数依赖于元素 x 在数组中的位置,如果第一个元素就是 x,则执行一次(最好情况);如果最后一个元素是 x,则执行 n 次(最坏情况);如果分布概率均等,则平均执行次数为 $(n+1)/2$。即

$$T_{max} = n, \quad T_{min} = 1, \quad T_{avg} = \frac{1}{n}\sum_{i=1}^{n} i = \frac{1}{n} \cdot \frac{n(n+1)}{2} = \frac{1}{2}(n+1) \approx \frac{1}{2}n$$

最有实践的时间复杂度均是最坏情况下的时间复杂度。因为最坏情况下是任何输入实例运行时间的上限,这就保证了算法的运行时间不会比这个更长。

1.4 算法复杂性的表示

1.4.1 算法复杂性的渐近性态

若 $\lim\limits_{n \to \infty} \dfrac{T(n) - \tilde{T}(n)}{T(n)} = 0$,则称 $\tilde{T}(n)$ 是 $T(n)$ 当 $n \to \infty$ 时的渐近性态。直观上,$\tilde{T}(n)$ 是 $T(n)$ 中略去低阶项所留下的主项,比 $T(n)$ 简单得多。比如当 $T(n) = 3n^2 + 4n\log n + 7$ 时,$\tilde{T}(n) = 3n^2$,因为这时有:

$$\lim_{n\to\infty}\frac{4n\log n+7}{3n^2+4n\log n+7}=0$$

显然 $3n^2$ 比 $3n^2+4n\log n+7$ 简单得多。由于 $\widetilde{T}(n)$ 明显地比 $T(n)$ 简单,用 $\widetilde{T}(n)$ 替代 $T(n)$ 明显是对复杂性分析的一种简化。

1.4.2　复杂性渐近阶

考虑到分析算法复杂性的目的在于比较求解同一问题的两个不同算法的效率,而当要比较的两个算法的渐近复杂性的阶不相同时,只要能确定出各自的阶,就可以判定哪一个算法的效率高。换言之,这时的渐近复杂性分析只要关心 $\widetilde{T}(n)$ 的阶就够了,不必关心包含在 $\widetilde{T}(n)$ 中的常数因子。所以,进一步对 $\widetilde{T}(n)$ 的分析进行简化,即假设算法中用到的所有不同的元运算各执行一次,所需要的时间都是一个单位时间,则算法复杂性分析就是考察当问题的规模充分大时,算法复杂性在渐近意义下的阶,简称复杂性渐近阶。

1.4.3　5个渐近意义下的记号

与简化的复杂性分析方法相配套,需要引入 5 个渐近意义下的记号:O、Ω、θ、o 和 ω。以下设 $f(n)$ 和 $g(n)$ 是定义在正数集上的正函数。

1. 大写 O 的定义

如果存在正的常数 C 和自然数 n_0,使得当 $n\geqslant n_0$ 时有 $f(n)\leqslant C\cdot g(n)$,则称函数 $f(n)$ 当 n 充分大时有上界,且 $g(n)$ 是它的一个上界,记为 $f(n)=O(g(n))$。这时还可以说 $f(n)$ 的阶不高于 $g(n)$ 的阶。

举几个例子:

(1) 因为对所有 $n\geqslant 1$ 有 $3n\leqslant 4n$,所以有 $3n=O(n)$;

(2) 因为当 $n\geqslant 1$ 时有 $n+1024\leqslant 1025n$,所以有 $n+1024=O(n)$;

(3) 因为当 $n\geqslant 10$ 时有 $2n^2+11n-10\leqslant 3n^2$,所以有 $2n^2+11n-10=O(n^2)$;

(4) 因为对所有 $n\geqslant 1$ 有 $n^2\leqslant n^3$,所以有 $n^2=O(n^3)$;

(5) 作为一个反例 $n^3\neq O(n^2)$。因为若不然,则存在正的常数 C 和自然数 n_0,使得当 $n\geqslant n_0$ 时有 $n^3\leqslant C\cdot n^2$,即 $n\leqslant C$。显然,当取 $n=\max(n_0,[C]+1)$ 时这个不等式不成立,所以 $n^3\neq O(n^2)$。

按照大 O 的定义,容易证明它有如下运算规则:

(1) $O(f)+O(g)=O(\max(f,g))$;

(2) $O(f)+O(g)=O(f+g)$;

(3) $O(f)\cdot O(g)=O(f\cdot g)$;

(4) 如果 $g(n)=O(f(n))$,则 $O(f)+O(g)=O(f)$;

(5) $O(Cf(n))=O(f(n))$,其中 C 是一个正的常数;

(6) $f=O(f)$。

应该指出,根据记号 O 的定义,用它评估算法的复杂性,得到的只是当规模充分大时的一个上界。这个上界的阶越低则评估就越精确,结果也就越有价值。

2. 符号 Ω 的定义

符号 Ω 有两种不同的定义。

定义 1：如果存在正的常数 C 和自然数 n_0，使得当 $n \geq n_0$ 时有 $f(n) \geq C \cdot g(n)$，则称函数 $f(n)$ 当 n 充分大时有下界，且 $g(n)$ 是它的一个下界，记为 $f(n) = \Omega(g(n))$。这时还可以说 $f(n)$ 的阶不低于 $g(n)$ 的阶。

Ω 的这个定义的优点是与 O 的定义对称，缺点是当 $f(n)$ 对自然数的不同无穷子集有不同的表达式，且有不同的阶时，未能很好地刻画出 $f(n)$ 的下界。比如当：

$$f(n) = \begin{cases} 100, & n \text{ 为正偶数} \\ 6n^2, & n \text{ 为正奇数} \end{cases}$$

时，如果按上述定义，只能得到 $f(n) = \Omega(1)$，这是一个平凡的下界，对算法分析没有什么价值。

定义 2：如果存在正的常数 C，对于无穷多个 n，有 $f(n) \geq C \cdot g(n)$，则称 $f(n) = \Omega(g(n))$。如果按这个定义，上例将得到 $f(n) = \Omega(n^2)$。

这里同样要指出，用 Ω 评估算法复杂性，得到的只是该复杂性的一个下界。这个下界的阶越高，则评估就越精确，结果就越有价值。再则，这里的 Ω 只对问题的一个算法而言。如果它是对一个问题的所有算法或某类算法而言，即对于一个问题和任意给定的充分大的规模 n，下界在该问题的所有算法或某类算法的复杂性中取，那么它将更有意义。这时得到的相应下界，称为问题的下界或某类算法的下界。它常常与 O 配合以证明某问题的一个特定算法是该问题的最优算法或该问题在某算法类中的最优算法。

3. 符号 θ 的定义

若 $f(n) = O(g(n))$ 且 $f(n) = \Omega(g(n))$，则称 $f(n)$ 与 $g(n)$ 同阶，记为 $f(n) = \theta(g(n))$。

4. 小写 o 的定义

如果对于任意给定的 $\varepsilon \geq 0$，都存在非负整数 n_0，使得当 $n \geq n_0$ 时有 $f(n) \leq \varepsilon \cdot g(n)$，则称函数 $f(n)$ 当 n 充分大时比 $g(n)$ 低阶，记为 $f(n) = o(g(n))$，即 $f(n) = o(g(n))$ 且 $f(n) \neq \Omega(g(n))$。例如，$4n\log n + 7 = o(3n^2 + 4n\log n + 7)$。

5. 符号 ω 的定义

$f(n) = \omega(g(n))$ 定义为 $g(n) = o(f(n))$。即当 n 充分大时 $f(n)$ 的阶比 $g(n)$ 高。容易看到 o 对于 O 有如 ω 对于 Ω。

1.4.4　常见的算法时间复杂度

常见的算法时间复杂度有以下几类。

（1）常数阶：算法执行次数是一个常数，如 5、20、100。时间复杂度用 $O(1)$ 表示。

（2）多项式阶：很多算法时间复杂度是多项式，通常用 $O(n)$、$O(n^2)$、$O(n^3)$ 等表示。

（3）指数阶：时间复杂度运行效率极差，程序员往往像躲"恶魔"一样避开它。常见的有 $O(2^n)$、$O(n!)$、$O(n^n)$ 等。使用这样的算法要慎重。

（4）对数阶：对数阶时间复杂度运行效率较高，常见的有 $O(\log n)$、$O(n\log n)$ 等。

常见的时间复杂度比较如下：

$$O(1) < O(\log n) < O(n) < O(n\log n) < O(n^2) < O(n^3) < O(2^n) < O(n!) < O(n^n)$$

1.5 算法复杂性的重要性

计算机的设计和制造技术在突飞猛进，一代又一代的计算机的计算速度和存储容量呈线性增长。有的人因此认为不必要再去苦苦地追求高效率的算法，从而不必要再去无谓地进行复杂性的分析。他们以为低效的算法可以由高速的计算机来弥补，认为在可接受的一定时间内用低效的算法完不成的任务，只要移植到高速的计算机上就能完成。这是一种错觉。造成这种错觉的原因是他们没看到：随着经济的发展、社会的进步、科学研究的深入，要求计算机解决的问题越来越复杂、规模越来越大，也呈线性增长之势；而问题复杂程度和规模的线性增长导致的时耗的增长和空间需求的增长，对低效算法来说，都是超线性的，决非计算机速度和容量的线性增长带来的时耗减少和存储空间的扩大所能抵销。在网络飞速发展的大数据时代，越来越多的挑战需要卓越的算法来解决，算法的重要性在日益增强。

例如，设 $A1, A2, \cdots, A7$ 是求解同一问题的 7 个不同的算法，它们的渐近时间复杂度分别为 $10n$、$20n$、$5n\log n$、$2n^2$、n^3、2^n、$n!$。若新计算机 C2 的计算速度是旧计算机 C1 的 10 倍，在一小时内，新旧计算机处理问题的规模的增长情况如表 1-1 所示。

表 1-1　新旧计算机处理问题的规模的增长情况对比

算法	渐近时间复杂度 T(n)	在 C1 上的规模 n1	在 C2 上的规模 n2	n1 和 n2 的关系	$\frac{n2}{n1}$
A1	$10n$	1000	10 000	$n2 = 10n1$	10
A2	$20n$	500	5000	$n2 = 10n1$	10
A3	$5n\log n$	250	1842	$\sqrt{10}\,n1 < n2 < 10n1$	7.37
A4	$2n^2$	70	223	$n2 = \sqrt{10}\,n1$	3.16
A5	n^3	38	82	$n2 = \sqrt[3]{10}\,n1$	2.15
A6	2^n	13	16	$n2 = n1 + \log n1$	—
A7	$n!$			$n2 = n1 +$ 小的常数	—

从表 1-1 中的最后一列可以清楚地看到，对于高效的算法 A1、A2，计算机的计算速度增长 10 倍，可求解的规模同步增长 10 倍；对于 A3，可求解的问题的规模的增长与计算机的计算速度的增长接近同步；但对于低效的算法 A6，情况就大不相同，计算机的计算速度增长 10 倍只换取可求解的问题的规模增长 $\log 10$。当问题的规模充分大时，这个增加的数字是微不足道的。换句话说，对于低效的算法，计算机的计算速度成倍乃至数十倍地增长基本上不带来求解规模的增益。因此，对于低效算法要扩大解题规模，不能寄希望于移植算法到高速的计算机上，而应该把着眼点放在算法的改进上。

从表 1-1 中的最后一列还看到，限制求解问题规模的关键因素是算法渐近复杂性的阶,对于表 1-1 中的前 5 种算法,其渐近的时间复杂度与规模 n 的一个确定的幂同阶,相应地,计算机的计算速度的乘法增长带来的是求解问题的规模的乘法增长,只是随着幂次的提高,规模增长的倍数在降低。我们把渐近复杂性与规模 n 的幂同阶的这类算法称为多项式算法。对于表 1-1 中的后两种算法,其渐近的时间复杂度与规模 n 的一个指数函数同阶,相应地,计算机的计算速度的乘法增长只带来求解问题规模的加法增长。我们把渐近复杂性与规模 n 的指数同阶的这类算法称为指数型算法。多项式算法和指数型算法是在效率上有质的区别的两类算法。这两类算法的区别的内在原因是算法渐近复杂性的阶的区别。可见,算法的渐近复杂性的阶对于算法的效率有着决定性的意义。所以在讨论算法的复杂性时基本上都只关心它的渐近阶。

多项式算法是有效的算法。绝大多数的问题都有多项式算法。但也有一些问题还未找到多项式算法,只找到指数型算法。在讨论算法复杂性的渐近阶的重要性的同时,要记住两条:

(1)"复杂性的渐近阶比较低的算法比复杂性的渐近阶比较高的算法有效"这个结论,只是在问题的求解规模充分大时才成立。比如算法 A5 比 A6 有效只是在 $n^3 < 2^n$,即 $n \geq c$ 时才成立。其中 c 是方程 $n^3 = 2^n$ 的解。当 $n < c$ 时,A6 反而比 A5 有效。所以对于规模小的问题,不要盲目地选用复杂性阶比较低的算法,一方面,因为复杂性阶比较低的算法在规模小时不一定比复杂性阶比较高的算法更有效;另一方面,在规模小时,决定工作效率的可能不是算法的效率而是算法的简单性。哪一种算法更简单,实现起来更快,就选用那一种算法。

(2)当要比较的两个算法的渐近复杂性的阶相同时,必须进一步考察渐近复杂性表达式中常数因子才能判别它们谁好谁差。显然,常数因子小的优于常数因子大的算法,比如渐近复杂性为 n1ogn/100 的算法显然比渐近复杂性为 100nlogn 的算法来得有效。

习 题 1

一、选择题

1. 一个算法应该包含如下几条性质,除了( )。

(A) 二义性　　　　(B) 有限性　　　　(C) 正确性　　　　(D) 可行性

2. 解决一个问题通常有多种方法。说一个算法"有效"是指( )。

(A) 这个算法能在一定的时间和空间资源限制内将问题解决

(B) 这个算法能在人的反应时间内将问题解决

(C) 这个算法比其他已知算法都更快地将问题解决

(D) A 和 C

3. 当输入规模为 n 时,算法增长率最小的是( )。

(A) 5n　　　　(B) 20logn　　　　(C) $2n^2$　　　　(D) 3nlogn

4. 渐近算法分析是指( )。

(A) 算法在最佳情况、最差情况和平均情况下的代价

(B) 当规模逐步往极限方向增大时,对算法资源开销"增长率"上的简化分析

　　(C) 数据结构所占用的空间

　　(D) 在最小输入规模下算法的资源代价

5. 当上下限表达式相等时,使用下列(　　)表示法来描述算法代价。

　　(A) 大 O　　　　　　(B) 大 Ω　　　　　(C) Θ　　　　　(D) 小 o

6. 算法分析中,记号 Ω 表示(　　)。

　　(A) 渐近下界　　　(B) 渐近上界　　　(C) 非紧上界　　　(D) 非紧下界

7. 记号 O 的定义正确的是(　　)。

　　(A) $O(g(n)) = \{ f(n) |$ 存在正常数 c 和 n0 使得对所有 $n \geqslant n0$ 有: $0 \leqslant f(n) \leqslant c \cdot g(n) \}$;

　　(B) $O(g(n)) = \{ f(n) |$ 存在正常数 c 和 n0 使得对所有 $n \geqslant n0$ 有: $0 \leqslant cg(n) \leqslant f(n) \}$;

　　(C) $O(g(n)) = \{ f(n) |$ 对于任何正常数 $c > 0$,存在正数和 $n0 > 0$ 使得对所有 $n \geqslant n0$ 有: $0 \leqslant f(n) < cg(n) \}$

　　(D) $O(g(n)) = \{ f(n) |$ 对于任何正常数 $c > 0$,存在正数和 $n0 > 0$ 使得对所有 $n \geqslant n0$ 有: $0 \leqslant cg(n) < f(n) \}$;

8. 下列说法正确的是(　　)。

　　(A) $nlogn + 1000n = O(nlogn)$, $n + 0.1n = O(0.1n)$

　　(B) $nlogn + 1000n = O(n)$, $n + 0.1n = O(n)$

　　(C) $logn + 1000n = O(n)$, $1000n + 2^n = O(2^n)$

　　(D) $2^{n+1} = O(2^n)$, $2^{2n} = O(2^n)$,

9. 设 $f(n)$ 和 $g(n)$ 是渐近正函数,则下列说法不正确的是(　　)。

　　(A) $f(n) = O(g(n))$ 蕴含 $g(n) = O(f(n))$

　　(B) $max(f(n), g(n)) = \Theta(f(n) + g(n))$

　　(C) $f(n) = O(g(n))$ 蕴含 $2^{f(n)} = O(2^{g(n)})$

　　(D) $f(n) = O(g(n))$ 蕴含 $g(n) = \Omega(f(n))$

10. 采用"顺序搜索法"从一个长度为 n 的随机分布数组中搜寻值为 k 的元素。以下对顺序搜索法分析正确的是(　　)。

　　(A) 最佳情况、最差情况和平均情况下,顺序搜索法的渐近代价都相同

　　(B) 最佳情况的渐近代价要好于最差情况和平均情况的渐近代价

　　(C) 最佳情况和平均情况的渐近代价要好于最差情况的渐近代价

　　(D) 最佳情况的渐近代价要好于平均情况的渐近代价,而平均情况的渐近代价要好于最差情况的渐近代价

二、填空题

1. 算法的 5 个重要特征:输入、输出、_____、_____和有限性。

2. 算法的复杂性是算法运行所需要的计算机资源的量,需要的时间资源的量称为_____,需要的空间(即存储器)资源的量称为_____。

3. 描述算法的方式有多种,通常采用自然语言、_____、_____、程序语言和表格方式描述。

4. 通常只考虑 3 种情况下的时间复杂度,即最好情况、最坏情况和_____情况下的时间复杂度。实践表明,可操作性最好且最有实际价值的是_____情况下的时间复杂度。

5. 算法分析最关注的是_____分析。

6. 设元素 z 肯定出现在线性表 L 中,且假定它出现在 L 中任何位置 i 的概率相同,则这时顺序查找算法的平均时间复杂度 $A(n) \approx$ _____。

7. 算法复杂性依赖于三方面:_____和_____和算法本身。

8. 设有两个在同一台计算机上实现的算法,它们的运行时间分别为 $100n^2$ 和 2^n,若要使前者快于后者,则最小可能的 n 值为_____。

9. 假设某算法在输入规模为 n 时的计算时间为 $T(n) = 3 \times 2^n$。在某台计算机上实现并完成该算法的时间为 t 秒。现有另一台计算机,其运行速度为第一台的 256 倍,那么在这台新机器上用同一算法在 t 秒内能解输入规模为_____的问题。若前述算法的计算时间改进为 $T(n) = n^2$,其他条件不变,则在新机器上用 t 秒时间能解输入规模为_____的问题。

10. 渐近复杂性与规模 n 的指数同阶的一类算法称为_____型算法。

三、求下列函数的渐近表达式

(1) $f(n) = 3n^2 + 10n$;

(2) $f(n) = n^2/10 + 2^n$;

(3) $f(n) = 21 + 1/n$;

(4) $f(n) = \log n^3$;

(5) $f(n) = 10\log 3^n$;

(6) $f(n) = 2n + 3$;

(7) $f(n) = 10n^2 + 4n + 2$。

四、证明题

证明:$n! = O(n^n)$。

第2章

递归与分治策略

2.1 递归的概念

递归算法是一个直接或间接地调用自身的算法。可以使用递归求解的问题有如下特点。

(1) 问题 P 的描述涉及规模,即 P(size);

(2) 规模发生变化后,问题的性质不发生变化;

(3) 问题的解决有出口:边界条件(递归出口)。

例 2-1 阶乘函数 factorial(n)可递归地定义为

$$n! = \begin{cases} 1, & n=0 \\ n \cdot (n-1)!, & n>0 \end{cases}$$

```
int f(n)
{
    if (n==0)
        return 1;
    return n * f(n-1);
}
```

例 2-2 斐波那契(Fibonacci)数列可递归地定义为

$$f(n) = \begin{cases} 1, & n=0,1 \\ f(n-1)+f(n-2), & n>1 \end{cases}$$

由此可以得到斐波那契数序列:1,1,2,3,5,8,13,21,34,55,89,144,233,…。

```
int fibo(n)
{
    if (n==0||n==1)
        return 1;
    return fibo(n-1)+fibo(n-2);
}
```

斐波那契数列用递归算法虽然可以求得,但计算 f(20)时,要调用 21891 次,而 f(20)的值只不过是 6765,这是由函数自身的特点所决定的,每次调用 f 引起对该函数的两个新的调用,且每个调用又是递归调用。事实上,对于像求斐波那契数列类似的问题用迭代算法,通过循环来实现,执行效率比前面的递归算法要高得多。

例 2-3 阿克曼(Ackerman)函数——双递归函数。

$$\begin{cases} A(1,0)=2 \\ A(0,m)=1, & m\geqslant 0 \\ A(n,0)=n+2, & n\geqslant 2 \\ A(n,m)=A(A(n-1,m),m-1), & n,m\geqslant 1 \end{cases}$$

$A(n,m)$ 的自变量 m 的每一个值都定义了一个单变量函数。

当 $m=0$ 时,由递归式的第 3 式,有 $A(n,0)=n+2$(结论 1)。

当 $m=1$ 时,由递归式的第 4 式,$A(1,1)=A(A(0,1),0)=A(1,0)=2$。

$A(n,1)=A(A(n-1,1),0)\stackrel{结论(1)}{\Longrightarrow}A(n-1,1)+2=A(1,1)+2(n-1)=2n$(结论 2)。

当 $m=2$ 时,由递归式的第 4 式,$A(1,2)=A(A(0,2),1)=A(1,1)=2$;

$A(n,2)=A(A(n-1,2),1)\stackrel{结论(2)}{\Longrightarrow}2A(n-1,2)=2^{n-1}A(1,2)=2^{n}$(结论 3)。

当 $m=3$ 时,由递归式的第 4 式,$A(1,3)=A(A(0,3),2)=A(1,2)=2$;

$A(n,3)=A(A(n-1,3),2)\stackrel{结论(2)}{\Longrightarrow}2^{A(n-1,3)}=2^{2^{\cdot^{\cdot^{2}}}}A(1,3)=2^{2^{\cdot^{\cdot^{2}}}}$,其中 2 的层数为 n(结论 4)。

例 2-4 排列问题。

设 $R=\{r_1,r_2,\cdots,r_n\}$ 是要进行排列的 n 个元素,$R_i=R-\{r_i\}$。$Perm(X)$ 表示集合 X 中元素的全排列,$(r_i)Perm(X)$ 表示全排列 $Perm(X)$ 的每一个排列前加上前缀 r_i 得到的排列。R 的全排列可归纳定义如下:

当 $n=1$ 时,$Perm(R)=(r)$,其中 r 是集合 R 中唯一的元素。

当 $n>1$ 时,$Perm(R)$ 由 $(r_1)Perm(R_1),(r_2)Perm(R_2),(r_3)Perm(R_3),\cdots,(r_n)Perm(R_n)$ 构成。

排列问题的算法 C 程序实现如下:

```c
#include <stdio.h>
  void swap(int * a,int * b)
{
    int temp;
    temp= * a; * a= * b; * b=temp;
}


void perm(int list[],int k,int m)
{
    int i;
    if (k>m)
    {
        for (i=0;i<=m;i++)
```

```
            printf("%d  ",list[i]);
        printf("\n");
    }
    else
        for (i=k;i<=m;i++)
        {
            swap(&list[k],&list[i]);
            perm(list,k+1,m);
            swap(&list[k],&list[i]);
        }
}
int main()
{
    int a[ ]={1,2,3,4};
    perm(a,0,3);
    return 0;
}
```

例 2-5 整数划分问题。

将一个正整数 n 表示成一系列正整数之和的问题,称为整数划分问题。

$$n = n_1 + n_2 + \cdots + n_k, 其中 \ n_1 \geqslant n_2 \geqslant \cdots \geqslant n_k, k \geqslant 1$$

正整数 n 的不同划分个数,称为正整数 n 的划分数,记为 p(n)。

例如,正整数 6 有如下 11 种不同的划分,记为 p(6)=11。

6;

5+1;

4+2;　　　4+1+1;

3+3;　　　3+2+1;　　　3+1+1+1;

2+2+2;　　2+2+1+1;　　2+1+1+1+1;

1+1+1+1+1+1。

设 p(n) 为正整数 n 的划分数,难以找到递归关系,因此考虑增加一个自变量:在正整数 n 的所有不同划分中,最大加数 $n_1 \leqslant m$ 的划分数,记为 q(n,m)。可以建立 q(n,m) 的如下递归关系:

(1) q(n,1)=1,n≥1;

当最大加数 n_1 不大于 1 时,任何正整数 n 只有一种划分形式,即 $n = \overbrace{1+1+\cdots+1}^{n}$。

(2) q(n,m)=q(n,n),m≥n;

最大加数 n_1 实际上不能大于 n。因此,q(1,m)=1。

(3) q(n,n)=1+q(n,n−1);

正整数 n 的划分由 $n_1=n$ 的划分和 $n_1 \leqslant n-1$ 的划分组成。

(4) q(n,m)=q(n,m−1)+q(n−m,m),n>m>1;

正整数 n 的最大加数 n_1 不大于 m 的划分由 $n_1 = m$ 的划分和 $n_1 \leqslant n-1$ 的划分组成。

$$q(n,m) = \begin{cases} 1, & n=1, m=1 \\ q(n,n)=1, & n<m \\ 1+q(n,n-1), & n=m \\ q(n,m-1)+q(n-m,m), & n>m>1 \end{cases}$$

正整数 n 的划分数 $p(n)=q(n,n)$。整数划分问题的递归实现如下：

```
int q(int n,int m)
{
    if ((n<1)||(m<1))
        return 0;
    if ((n==1)||(m==1))
        return 1;
    if (n<m)
        return q(n,n);
    if (n==m)
        return q(n,m-1)+1;
    return q(n,m-1)+q(n-m,m);
}
```

例 2-6 汉诺（Hanoi）塔问题。

汉诺塔问题也称为"世界末日问题"。相传古代印度布拉玛神庙中有个僧人，他每天不分白天黑夜，不停地移动杆上的圆盘。据说，当 64 个圆盘全部从一根杆上移至另一根杆上的那一天就是世界的末日。

问题描述：在一块铜板上有三根杆，最左边的杆自上而下串着从小到大的 64 个圆盘构成一个塔。现要将最左边 a 杆的圆盘，借助最右边的 c 杆，全部移到中间的 b 杆，条件是一次仅能移动一个盘，且不允许大盘叠在小盘之上，如图 2-1 所示。

分析方法：

(1) 简化问题：设盘子只有一个，则本问题可简化为 a→b。

(2) 对于多于一个盘子的情况，逻辑上可分为两部分：第 n 个盘子和除 n 以外的 n−1 个盘子。图 2-2 给出了汉诺塔问题 n=3 时移动过程示意图。如果将除 n 以外的 n−1 个盘子看成一个整体，则要解决本问题，可按以下步骤：

① 将 a 杆上 n−1 个盘子借助于 b 先移到 c 杆，移动次数为 h(n−1)，即 a→c,h(n−1,a,c,b)。

② 将 a 杆上第 n 个盘子从 a 移到 b 杆，移动次数为 1，即 a→b。

③ 将 c 杆上 n−1 个盘子借助 a 移到 b 杆，移动次数为 h(n−1)，即 c→b,h(n−1,c,b,a)。

汉诺塔问题的伪代码算法描述如下：

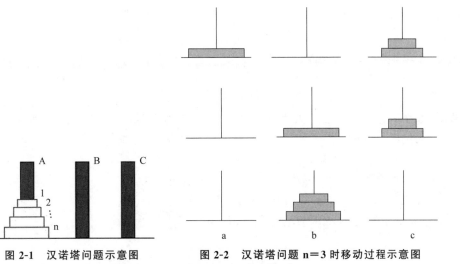

图 2-1　汉诺塔问题示意图　　　　图 2-2　汉诺塔问题 n＝3 时移动过程示意图

```
void Hanoi (int n, char A, char B, char C)
{
    if (n==1) Move(A, B);
    else
    {
        Hanoi(n-1,A,C,B);
        Move(A, B);
        Hanoi(n-1,C,B,A);
    }
}
```

算法时间复杂度分析如下。

当 n＝1 时,问题比较简单。此时,只要将编号为 1 的圆盘从杆 a 直接移至杆 b 上即可。

当 n＞1 时,需要利用杆 c 作为辅助杆。此时若能设法将 n－1 个较小的圆盘依照移动规则从杆 a 移至杆 c,然后,将剩下的最大圆盘从杆 a 移至杆 b,最后,再设法将 n－1 个较小的圆盘依照移动规则从杆 c 移至杆 b。

由此可见,n 个圆盘的移动问题可分为 2 次 n－1 个圆盘的移动问题,这又可以递归地用上述方法来做。由此可以设计出解 Hanoi 塔问题的递归算法如下:

$$H(n)=\begin{cases}1, & n=1 \\ 2H(n-1)+1, & n>1\end{cases}$$

解此递归方程,得 $H(n)=2^n-1$

$$\begin{aligned}H(n)&=2H(n-1)+1 \\ &=2[2H(n-2)+1]+1 \\ &=2^2H(n-2)+2+1\end{aligned}$$

$$\vdots$$

$$= 2^{n-1}H(1) + 2^{n-2} + \cdots + 2^1 + 2^0$$
$$= 2^n - 1$$

汉诺塔问题的递归算法是一个指数算法,当 $n=64$ 时,若每秒移动一个盘子,需($264-1$)秒,按一年 365 天计算,约为 5.85 千亿年的时间,因此目前根本不必担心世界末日的到来。

例 2-7　有 5 个人,第 5 个人说他比第 4 个人大 2 岁,第 4 个人说他比第 3 个人大 2 岁,第 3 个人说他比第 2 个人大 2 岁,第 2 个人说他比第 1 个人大 2 岁,第 1 个人说他 10 岁。求第 5 个人多少岁。

通过分析,设计递归函数如下:

$$age(n) = age(n-1) + 2, \quad n > 1$$
$$age(1) = 10$$

该递归函数的运行轨迹如图 2-3 所示。

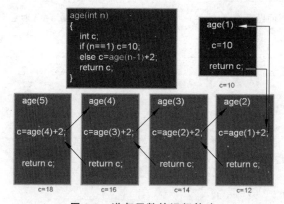

图 2-3　递归函数的运行轨迹

为了保证递归函数的正确执行,系统需设立一个工作栈。程序中是否使用递归算法应根据不同的场合而定,有些问题存在明显的迭代算法且执行效率高就不必使用递归算法,因为递归调用往往要做一些附加工作,占用一定的存储空间,还可能要做大量的重复计算,增加执行时间,如斐波那契数列。在有些复杂的情况下,递归算法显得层次分明,形式简练,更符合人们的思维习惯,易于理解算法的思路和本质,所以对于特别适合采用递归过程或函数形式表达和求解的问题,不妨使用递归算法,如汉诺塔问题等。

递归算法的优点:结构清晰,可读性强,而且容易用数学归纳法来证明算法的正确性,因此它为设计算法、调试程序带来很大方便。

递归算法的缺点:递归算法的运行效率较低,无论是耗费的计算时间还是占用的存储空间,都比非递归算法要多。

2.2　分治法的基本思想

分治就是"分而治之"。分治法的设计思想是将一个难以直接解决的大问题,分割成一些规模较小的相同问题,以便各个击破,分而治之。其基本思想是将一个规模为 n 的问题分解为 k 个规模为 n/m 的子问题,这些子问题互相独立且与原问题相同。递归地解这些子问题,然后将各子问题的解合并得到原问题的解。问题递归求解示意图如图 2-4 所示。

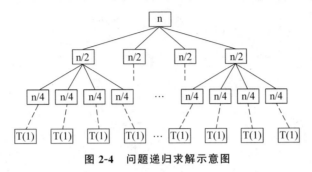

图 2-4　问题递归求解示意图

分治法所能解决的问题一般具有以下几个特征。

(1) 该问题的规模缩小到一定的程度就可以容易地解决;

(2) 该问题可以分解为若干规模较小的相同问题,即具有最优子结构性质;

(3) 利用该问题分解出的子问题的解可以合并为该问题的解;

(4) 该问题所分解出的各个子问题相互独立,即子问题之间不包含公共的子问题,否则会影响分治法的效率,还不如用动态规划算法解决更好。

分治法解题的 3 个步骤如下:

(1) 划分(divide):将一个规模为 n 的问题分解为 k 个规模为 n/m 的子问题,这些子问题互相独立且与原问题相同。

(2) 递归求解(conquer):对这 k 个子问题分别求解。如果子问题的规模仍然不够小,则再划分为 k 个子问题,进行递归求解,直到问题规模足够小,很容易求出其解为止。

(3) 合并(merge):将求出的小规模的问题的解合并为一个更大规模的问题的解,自底向上逐步求出原来问题的解。

用 T(n) 表示该分治法解规模为 n 的问题所需的计算时间,则有:

$$T(n)=\begin{cases} O(1), & n=n_0=1 \\ kT\left(\dfrac{n}{m}\right)+f(n), & n>n_0=1 \end{cases}$$

例 2-8　解上述递归方程,当 $f(n)=cn$ 时的 $T(n)$ 渐近表达式。

解:$T(n)=kT\left(\dfrac{n}{m}\right)+f(n)$

$$=k\left[kT\left(\dfrac{n}{m^2}\right)+f\left(\dfrac{n}{m}\right)\right]+f(n)$$

$$=k^2 T\left(\dfrac{n}{m^2}\right)+kf\left(\dfrac{n}{m}\right)+f(n)$$

$$=k^2\left[kT\left(\dfrac{n}{m^3}\right)+f\left(\dfrac{n}{m^2}\right)\right]+kf\left(\dfrac{n}{m}\right)+f(n)$$

$$= k^3 T\left(\frac{n}{m^3}\right) + k^2 f\left(\frac{n}{m^2}\right) + kf\left(\frac{n}{m}\right) + f(n)$$

$$\cdots\cdots$$

$$= k^i T\left(\frac{n}{m^i}\right) + k^{i-1} f\left(\frac{n}{m^{i-1}}\right) + \cdots + kf\left(\frac{n}{m}\right) + f(n)$$

$$\xrightarrow[i = \log_m n]{n = m^i} k^i T(1) + \sum_{j=0}^{i-1} k^j f\left(\frac{n}{m^j}\right)$$

$$= n^{\log_m k} + \sum_{j=0}^{\log_m n - 1} k^j f\left(\frac{n}{m^j}\right)$$

当 $f(n) = cn$ 时，上式 $= n^{\log_m k} + cn \sum_{j=0}^{\log_m n - 1} \left(\frac{k}{m}\right)^j$

$$= n^{\log_m k} + \frac{cn[1 - (k/m)^{\log_m n}]}{1 - k/m} = n^{\log_m k} + \frac{cn(1 - n^{\log_m \frac{k}{m}})}{1 - k/m}$$

$$= n^{\log_m k} + \frac{c(n - n^{\log_m k})}{1 - k/m}$$

当 $f(n) = cn$ 时，有

$$T(n) = \begin{cases} O(n), & k < m \\ O(n^{\log_m k}), & k > m \\ O(n\log n), & k = m \end{cases}$$

2.3　二分搜索技术

给定一个含有 n 个数据项的已按递增顺序排列的表 a，并给定一个值 x，在表 a 中寻找 x 出现的一个下标，若 x 不在表 a 中，则返回结果 −1。

2.3.1　线性查找

线性查找也称为顺序查找，是从数组中第一个数据开始查找比较，如果找到则返回该值或其位置；如果没有找到则往下一个数据查找比较，直到查找到最后一个数据为止。线性查找在思维上简单易行，代码容易实现，是处理少量数据时一种很好的选择。但是由于它没有利用表 a 中的数据项有序的特点，查找速度较慢，其平均状况的时间复杂度为 $O(n)$，随着数据量的增大其效率就明显降低，这时就应该选用其他的方法。

2.3.2　二分搜索法

二分搜索法也称为折半查找法，它充分利用了元素间的次序关系，采用分治策略，可在最坏的情况下用 $O(\log n)$ 完成搜索任务。它的基本思想是，将 n 个元素分成个数大致相同的两半，取 a[n/2] 与欲查找的 x 作比较，如果 x＝a[n/2] 则找到 x，算法终止；如果 x＜a[n/2]，则只要在数组 a 的左半部继续搜索 x（这里假设数组元素呈升序排列）；如果 x＞a[n/2]，则只要在数组 a 的右半部继续搜索 x。二分搜索法的应用极其广泛，而且它的思想易于理解,但要写一个正确的二分搜索算法也不是一件简单的事。第一个二分搜索算法早在 1946 年就出现了,但第一个完全正确的二分搜索算法直到 1962 年才出现。Bentley 在他的著作 *Writing Correct Programs* 中写道,90% 的计算机专家不能在 2 小时内写出完全正确的二分搜索算法。问题的关键在于准确地制定各次查找范围的边界以及终止条件的确定,正确地归纳奇偶数的各种情况。二分搜索的具体算法可用 C 语言描述如下:

```c
int BinSearch(int a[],int x,int n)
{
    int left=0, right=n-1, mid;
    while(left<=right)
    {
        mid=(left+right)/2;
        if (x==a[mid])
            return mid;
        else if (x>a[mid])
            left=mid+1;
        else
            right=mid-1;
    }
    return -1;
}
```

2.3.3　二分搜索算法复杂性最坏情形分析

例 2-9　对于 $a = [13,27,38,49,56,76,85,97]$,$n=8$,二分搜索 56。

第一次比较：x 和 $a[\lfloor (1+n)/2 \rfloor]$ 即 $a[4]$ 比较,不相等,进行折半。此时,由于 $n=8$ 为偶数,表中 $a[4]$ 后半部分有 $n/2=4$ 个数据项,前半部分有 $n/2-1=3$ 个数据项。如果 n 为奇数,则前后两部分都有 $(n-1)/2$ 个数据项。

显然,在下一次循环时,算法要在其中寻找 x 的表 a 的那一部分至多有 $\lfloor n/2 \rfloor$ 个数据项。建立递归关系 $W(n)=1+W(\lfloor n/2 \rfloor)$,且 $W(0)=0,W(1)=1$。

例 2-10　用归纳法证明 $W(n)=1+W(\lfloor n/2 \rfloor)=\lfloor \log n \rfloor+1$。

证明: 当 $n=1$ 时,$\lfloor \log n \rfloor+1=0+1=1=W(1)$;假设 $n>1$,而且对于 $1 \leqslant k < n$,有 $W(k)=1+W(\lfloor k/2 \rfloor)=\lfloor \log k \rfloor+1$,则

$$
\begin{aligned}
W(n) &= 1+W(\lfloor n/2 \rfloor) \\
&= 1+\lfloor \log \lfloor n/2 \rfloor \rfloor+1 \\
&= 2+\lfloor \log \lfloor n/2 \rfloor \rfloor \\
&= \begin{cases} 2+\lfloor \log n-1 \rfloor, & n \text{ 为偶数}, \lfloor \dfrac{n}{2} \rfloor=\dfrac{n}{2} \\[2mm] 2+\lfloor \log(n-1)-1 \rfloor, & n \text{ 为奇数}, \lfloor \dfrac{n}{2} \rfloor=\dfrac{n-1}{2} \end{cases}
\end{aligned}
$$

$$= \begin{cases} 1+\lfloor \log n \rfloor, & n\text{ 为偶数} \\ 1+\lfloor \log(n-1) \rfloor, & n\text{ 为奇数} \end{cases}$$
$$= 1+\lfloor \log n \rfloor \text{（n 为奇时，} \lfloor \log(n-1) \rfloor = \lfloor \log n \rfloor \text{）}$$

2.3.4　二分搜索算法复杂性平均情形分析

x 可能占用的位置有 2n＋1 个，即表 a 中的 n 个位置和 n＋1 个间隙，前者表示查找成功，后者表示查找失败。设 i 表示 x 出现在表中第 i 个位置的情况，t(i) 表示输入 i 的比较次数。为了讨论方便，假设 x 落在所有位置（包括间隙）的机会是一样的，即

$$P(i) = \frac{1}{2n+1}, \quad 1 \leqslant i \leqslant 2n+1$$

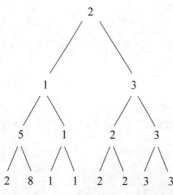

图 2-5　n＝15 个数据的二叉查找树

假设当 n 充分大时，存在 $k \geqslant 1, k \in z$，使得 $n = 2^k - 1$。

例 2-11　对于 $a = [2,5,8,12,15,17,19,23,24, 28,29,31,33,36,38]$，n＝15，按二分搜索算法，搜索的次序如图 2-5 所示。

① $k = 1 + \lfloor \log n \rfloor = 4$ 是最坏情况下的比较次数；

② 设 S_t 是算法要做 t 次比较的输入的个数，则 $S_t = 2^{t-1}$（即二叉树该层的结点数），$1 \leqslant t \leqslant k = 4$，有
$$S_1 + S_2 + S_3 + S_4 = 1 + 2 + 4 + 8 = 15$$

③ x 落在 n＋1 个间隙中的任一个，则算法要做 $k = 4$ 次比较，有

$$a(n) = \frac{1}{2n+1}\Big[\sum_{t=1}^{k} t \cdot 2^{t-1} + k(n+1)\Big] = k - \frac{1}{2} = \lfloor \log n \rfloor + \frac{1}{2}$$

2.4　大整数的乘法

2.4.1　大整数乘积的分治算法描述

该算法于 1962 年由苏联数学家 Karatsuba 和 Ofman 提出。其基本思路是：令 x 和 y 是 n 位整数，其中 n＝2m，b 为基数，A、B、C、D 都是 m 位数，有 $x = Ab^m + B$，$y = Cb^m + D$，则

$$xy = (Ab^m + B)(Cb^m + D) = ACb^{2m} + (AD + BC)b^m + BD$$
$$= ACb^{2m} + [(A-B)(D-C) + AC + BD]b^m + BD$$

例 2-12　设 x＝27，y＝64，求 xy。

解：取基数 b＝10，m＝n/2＝1；并令 A＝2，B＝7，C＝6，D＝4，则
$$AC = 12, \quad BD = 28, \quad (A-B)(D-C) = (-5)(-2) = 10 \quad \text{（这里用了三次乘法）}$$
$$xy = 12 \times 100 + (10 + 12 + 28) \times 10 + 42 = 1200 + 500 + 28 = 1728$$

例 2-13　设 x＝2368，y＝3925，求 xy。

解：取基数 b＝10，m＝n/2＝2；并令 A＝23，B＝68，C＝39，D＝25，则

$AC = 23 \times 39 = 897$ （这里用了三次乘法）

$BD = 68 \times 25 = 1700$ （这里用了三次乘法）

$(A - B)(D - C) = (23 - 68)(25 - 39) = 45 \times 14 = 630$ （这里用了三次乘法）

$xy = 897 \times 10000 + (630 + 897 + 1700) \times 100 + 1700$

$= 8\ 970\ 000 + 322\ 700 + 1700 = 9\ 294\ 400$ （这里共用了九次乘法）

2.4.2　大整数乘积的时间复杂度递推方程

常规计算（改进前）：

$$T(n) = \begin{cases} O(1), & n = 1 \\ 4T\left(\dfrac{n}{2}\right) + O(n), & n > 1 \end{cases}$$

由于 $k = 4 > m = 2$，$T(n) = O(n^{\log_m k}) = O(n^{\log_2 4}) = O(n^2)$。

分治算法（改进后）：

$$T(n) = \begin{cases} O(1), & n = 1 \\ 3T\left(\dfrac{n}{2}\right) + O(n), & n > 1 \end{cases}$$

由于 $k = 3 > m = 2$，$T(n) = O(n^{\log_m k}) = O(n^{\log_2 3}) = O(n^{1.59})$。

2.5　Strassen 矩阵乘法

2.5.1　Strassen 矩阵分治乘法

设矩阵

$$A = \begin{bmatrix} a_{11} & a_{12} \\ a_{21} & a_{22} \end{bmatrix}$$

$$B = \begin{bmatrix} b_{11} & b_{12} \\ b_{21} & b_{22} \end{bmatrix}$$

常规计算

$$C = \begin{bmatrix} c_{11} & c_{12} \\ c_{21} & c_{22} \end{bmatrix} = \begin{bmatrix} a_{11}b_{11} + a_{12}b_{21} & a_{11}b_{12} + a_{12}b_{22} \\ a_{21}b_{11} + a_{22}b_{21} & a_{21}b_{12} + a_{22}b_{22} \end{bmatrix}$$

即两个 $n \times n$ 矩阵相乘，需要 n^3 次乘法操作。对于两个二阶矩阵相乘需要 8 次乘法、4 次加法。

1969 年，V. Strassen 提出一个方法，对于两个二阶矩阵相乘只要 7 次乘就够了。令

$$M_1 = A_{11}(B_{12} - B_{22})$$

$$M_2 = (A_{11} + A_{12})B_{22}$$

$$M_3 = (A_{21} + A_{22})B_{11}$$

$$M_4 = A_{22}(B_{21} - B_{11})$$

$$M_5 = (A_{11} + A_{22})(B_{11} + B_{22})$$

$$M_6 = (A_{12} - A_{22})(B_{21} + B_{22})$$
$$M_7 = (A_{11} - A_{21})(B_{11} + B_{12})$$

则有：

$$C_{11} = M_5 + M_4 - M_2 + M_6$$
$$C_{12} = M_1 + M_2$$
$$C_{21} = M_3 + M_4$$
$$C_{22} = M_5 + M_1 - M_3 - M_7$$

共用了 7 次乘法运算，18 次加、减法运算。

2.5.2　时间复杂度递推方程

常规计算（改进前）：

$$T(n) = \begin{cases} O(1), & n=2 \\ 8T\left(\dfrac{n}{2}\right) + O(n^2), & n>2 \end{cases}$$

由于 k＝8＞m＝2，

$$T(n) = O(n^{\log_m k}) = O(n^{\log_2 8}) = O(n^3)$$

分治算法（改进后）：

$$T(n) = \begin{cases} O(1), & n=2 \\ 7T\left(\dfrac{n}{2}\right) + O(n^2), & n>2 \end{cases}$$

由于 k＝7＞m＝2，

$$T(n) = O(n^{\log_m k}) = O(n^{\log_2 7}) = O(n^{2.81}) < O(n^3)$$

Strassen 算法的主要意义在于理论上它突破了矩阵乘法 $O(n^3)$ 的时间界限。

2.6　棋盘覆盖问题

2.6.1　问题描述

棋盘覆盖，也称残缺棋盘（defective chessboard），是一个有 $2^k \times 2^k$ 个方格的棋盘，其中恰有一个方格残缺。图 2-6 给出 k≤2 时各种可能的残缺棋盘，其中残缺方格用阴影表示，注意当 k＝0 时，仅存在一种可能的残缺棋盘，如图 2-7 所示。事实上，对于任意 k，恰好存在 2^{2k} 种不同的残缺棋盘。

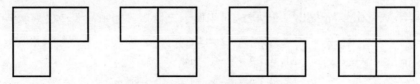

图 2-6　4 种不同形态的 L 型骨牌

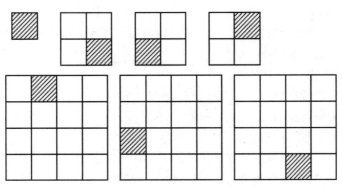

图 2-7 k≤2 时各种可能的残缺棋盘

残缺棋盘的问题要求用 L 型骨牌覆盖残缺棋盘。在此覆盖中，两个 L 型骨牌不能重叠，L 型骨牌也不能覆盖残缺方格，但必须覆盖其他所有的方格。在这种限制条件下，所需要的 L 型骨牌总数为 $(2^{2k}-1)/3$。可以验证 $(2^{2k}-1)/3$ 是一个整数。k 为 0 的残缺棋盘很容易被覆盖，因为它没有非残缺的方格，用于覆盖的 L 型骨牌的数目为 0。当 k=1 时，正好存在 3 个非残缺的方格，并且这 3 个方格可用图 2-6 中的某一方向的 L 型骨牌来覆盖。

用分而治之方法可以很好地解决残缺棋盘问题。这一方法可将覆盖 $2^k \times 2^k$ 残缺棋盘的问题转换为覆盖较小残缺棋盘的问题。$2^k \times 2^k$ 棋盘一个很自然的划分方法就是将它划分为如图 2-8(a) 所示的 4 个 $2^{k-1} \times 2^{k-1}$ 棋盘。注意到当完成这种划分后，4 个小棋盘中仅仅有一个棋盘存在残缺方格（因为原来的 $2^k \times 2^k$ 棋盘仅仅有一个残缺方格）。首先覆盖其中包含残缺方格的 $2^{k-1} \times 2^{k-1}$ 残缺棋盘，然后把剩下的 3 个小棋盘转变为残缺棋盘，为此将一个 L 型骨牌放在由这 3 个小棋盘形成的角上，如图 2-8(b) 所示，其中原 $2^k \times 2^k$ 棋盘中的残缺方格落在左上角的 $2^{k-1} \times 2^{k-1}$ 棋盘。可以采用这种分割技术递归地覆盖 $2^k \times 2^k$ 残缺棋盘。当棋盘的大小减为 1×1 时，递归过程终止。此时 1×1 的棋盘中仅仅包含一个方格且此方格残缺，所以无须放置 L 型骨牌。

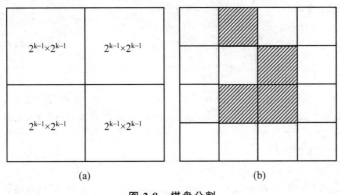

(a)　　　　　　　　　　　(b)

图 2-8 棋盘分割

可将上述分治算法编写成一个递归的 C++ 函数 ChessBoard()。该函数定义了一个全局的二维整数数组变量 Board 来表示棋盘。Board[0][0]表示棋盘中左上角的方格。该函数还定义了一个全局整数变量 tile,其初始值为 0。函数的输入参数如下:

- tr 棋盘中左上角方格所在行;
- tc 棋盘中左上角方格所在列;
- dr 残缺方块所在行;
- dc 残缺方块所在列;
- size 棋盘的行数或列数。

ChessBoard()函数的调用格式为 ChessBoard(0,0,dr,dc,size),其中 size $= 2^k$。覆盖残缺棋盘所需要的三格板数目为(size$^2-1$)/3。函数 ChessBoard()用整数 1~(size$^2-1$)/3 来表示这些 L 型骨牌,并用 L 型骨牌的标号来标记被该 L 型骨牌覆盖的非残缺方格。

下面是覆盖残缺棋盘的 C++语言程序实现:

```cpp
void ChessBoard (int tr, int tc, int dr, int dc, int size)
{
    //覆盖残缺棋盘
    if (size ==1)
        return;
    int t=tile++, s =size/2;            // t 是所使用的三格板的数目,s 是象限大小
    //覆盖左上象限
    if (dr <tr +s && dc <tc +s)
        ChessBoard ( tr, tc, dr, dc, s);  //残缺方格位于本象限
    else
    {
        //本象限中没有残缺方格,把三格板 t 放在右下角
        Board[tr +s -1][tc +s -1] =t;
        ChessBoard (tr, tc, tr+s-1, tc+s-1, s);       //覆盖其余部分
    }
    //覆盖右上象限
    if (dr <tr +s && dc >=tc +s)
        ChessBoard (tr, tc+s, dr, dc, s);             //残缺方格位于本象限
    else
    {
        Board[tr +s -1][tc +s] =t;                    //把三格板 t 放在左下角
        ChessBoard (tr, tc+s, tr+s-1, tc+s, s);       //覆盖其余部分
    }
    //覆盖左下象限
    if (dr >=tr +s && dc <tc +s)
        ChessBoard (tr+s, tc, dr, dc, s);             //残缺方格位于本象限
    else
```

```
{
        Board[tr +s][tc +s -1] =t;                  //把三格板 t 放在右上角
        ChessBoard (tr+s, tc, tr+s, tc+s-1, s);      //覆盖其余部分
    }
    // 覆盖右下象限
    if (dr >=tr +s && dc >=tc +s)
        ChessBoard (tr+s, tc+s, dr, dc, s);          //残缺方格在本象限
    else
    {
        Board[tr +s][tc +s] =t;                      //把三格板 t 放在左上角
        ChessBoard (tr+s, tc+s, tr+s, tc+s, s);      //覆盖其余部分
    }
}
void OutputBoard(int size)
{
    for (int i =0; i <size; i++)
    {
        for (int j =0; j <size; j++)
            cout <<setw(5) <<Board[i][j];
        cout <<endl;
    }
}
```

2.6.2　算法复杂性分析

令 T(k) 为函数 ChessBoard() 覆盖一个 $2^k \times 2^k$ 残缺棋盘所需要的时间。当 k=0 时，size 等于 1，覆盖它将花费常数时间 O(1)。当 k > 0 时，将进行 4 次递归的函数调用，这些调用需花费的时间为 4T (k-1)。除了这些时间外，if 条件测试和覆盖 3 个非残缺方格也需要时间，假设用 O(1) 表示这些额外时间。可以得到以下递归表达式：

$$T(k) = \begin{cases} O(1), & k=0 \\ 4T(k-1)+O(1), & k>0 \end{cases}$$

可以用迭代的方法来计算这个表达式，可得 t (k) = 4^k = 所需的 L 型骨牌的数目。由于必须花费至少 O(1) 的时间来放置每一块 L 型骨牌，因此不可能得到一个比分而治之算法更快的算法。

2.7　合　并　排　序

2.7.1　基于比较的排序时间复杂度下界

假设对 n 个互不相同的元素进行排序，算法启动时，对应于 n 个元素的所有 n! 种排列都是候选；当算法终止时，只有一种排列保留下来。当 a_i 与 a_j 比较时，当前候选的排列

集合被分为两组：一组满足 $a_i<a_j$，另一组满足 $a_i>a_j$。

例如，设 n＝3，初始排列个数为 3!＝6 种，若首先比较 a_1 与 a_3，当 $a_1<a_3$ 时，则删除 (a_3,a_1,a_2)、(a_3,a_2,a_1)、(a_2,a_3,a_1)，余下三种排列继续为候选输出。如果当前候选所有 n! 个，一次比较后分成两组，其中一组至少包含 n!/2 种排列，再次比较将降为 n!/4……这种候选下降的次数最少有 logn!。

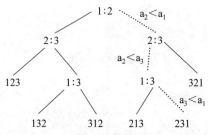

把 n 个数据的排序过程表示为二叉树的结构，每个内结点都标以"i:j"表示 a_i 与 a_j 比较。若 $a_i<a_j$，则相继的比较沿结点的左分支推进；否则往右分支推进。每个外结点(叶结点)代表一种唯一的输出排列，如图 2-9 所示。

图 2-9　比较树(虚线表示 $a_2<a_3<a_1$)

排序所使用的比较树是一棵非完全二叉树，其至多有 2^k 个叶结点，k 为二叉树层数。又由于比较树至少要有 n! 个叶结点，故有 n! ＜2^k，其 $k>\lceil\log_2 n!\rceil$。

根据 Stirling 近似公式，得

$$n!=\sqrt{2\pi n}\left(\frac{n}{e}\right)^n$$

$$\lceil\log n!\rceil=n\log n-\frac{n}{\ln 2}+\frac{1}{2}\log n+O(1)$$

$$t(n)=\theta(n\log n)$$

2.7.2　用递归树解递归关系式

设有递归关系式 $t(n)=t(\alpha n)+t((1-\alpha)n)+n$，其中 $0<\alpha<1$ 且 α 是常数。设 $0<\alpha\leqslant 1/2$，则所给的递归关系式相应的递归树，如图 2-10 所示。

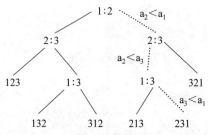

图 2-10　递归树

在这棵递归树的叶子中，路长最短的是 $\alpha^k n$，其路长为 $k=\log_{\frac{1}{\alpha}}n$；路长最长的是 $(1-\alpha)^l n$，其路长为 $l=\log_{\frac{1}{1-\alpha}}n$。

$$\because (k+1)n\leqslant t(n)\leqslant (l+1)n$$

$$\therefore \left(\frac{\log n}{\log\frac{1}{\alpha}n}+1\right)n\leqslant t(n)\leqslant \left(\frac{\log n}{\log\frac{1}{1-\alpha}n}+1\right)n$$

$$\therefore t(n)=\Theta(n\log n)$$

2.7.3　合并排序

1. 基本思想

当 n＝1 时,终止排序,否则将待排序元素分成大小大致相同的两个子集,分别对两个子集排序,最终将排好序的子集合并。

二路归并排序就是将两个有序表合并为一个有序表。设 c[l：r]由两个有序子表c[l：m]和 c[m＋1：r]组成,两个子表长度分别为 m－l＋1、r－m。合并方法如下：

(1) 置两个子表的起始下标及辅助数组的起始下标,i＝l,j＝m＋1,k＝l;i≤m。

(2) 其中一个子表已合并完,比较选取结束。

若 i＞m 或 j＞r,转(4)。

(3) 选取 c[i]和 c[j]较小的存入辅助数组 d：

如果 c[i]＜c[j],d[k]＝c[i]；i＋＋；k＋＋；转(2)；

否则,d[k]＝c[j]；j＋＋；k＋＋；转(2)。

(4) 将尚未处理完的子表中元素存入 d：

如果 i<＝m,将 c[i...m]存入 d[k...r]；　　　//前一子表非空

如果 j<＝r,将 c[j...r]存入 df[k...r]。　　　//后一子表非空

(5) 合并结束。

二路归并的递归算法 MergeSort 如下：

```
void MergeSort(Type a[ ],Type b[ ],int left,int right)
{
    if(left==right)
        b[left]=a[left];
    else
    {
        i=(left +right)/2;           //平分 a 表
        MergeSort(a,b,left,i);    //递归地将 a[left...i]归并为有序的 b[left...i]
        MergeSort(a,b,i+1,right);
        //递归地将 a[i+1...right]归并为有序的 b[i+1...right]
        Merge(b,a,left,i+1,right);
        //将 b[left...i]和 b[i+1...right]归并到 a[left...right]
    }
}
```

2. 效率分析

由于需要一个与表等长的辅助元素数组空间,所以空间复杂度为 O(n)。对 n 个元素的表,将这 n 个元素看作叶结点,若将两两归并生成的子表看作它们的父结点,则归并过

程对应由叶向根生成一棵二叉树的过程,所以,归并趟数约等于二叉树的高度减 1,即 logn,每趟归并需移动记录 n 次,故时间复杂度为 O(nlogn)。

其中算法 Merge 合并两个排好序的数组段到另一个数组中,Merge 可在 O(n)时间内完成,其描述如下:

```
void Merge(int c[],int d[],int l,int m,int r)
{
    for(i=l,j=m+1,k=l;i<=m&&j<=r;k++)
        if(c[i]<=c[j])
            d[k]=c[i++];
        else
            d[k]=c[j++];
        if(i>m)
            for(int q=j;q<=r;q++)
                d[k++]=c[q];
        else
            for(int q=i;q<=m;q++)
                d[k++]=c[q];
}
```

对二路归并的递归算法 MergeSort 作改进,可消除算法中的递归,因为 1 个元素的表总是有序的。所以,对 n 个元素的待排序列,每个元素可看成 1 个有序子表长度均为 2,再进行两两合并,直到生成 n 个元素按关键码有序的表。

消除递归,二路归并的迭代算法如下:

```
void MergeSort(int a[ ],int b[ ])
{
    //对 a 表归并排序,b 为与 a 表等长的辅助数组
    int * q1, * q2;
    q1=b;
    q2=a;
    for(len=1; len<n; len=2 * len)          //从 b 归并到 a
    {
        for(i=1; i+2 * len-1<=n; i=i+2 * len)
            Merge(b,a,i,i+len,i+2 * len-1);   //对等长的两个子表合并
        if(i+len-1<n)
            Merge(b,a,i,i+len,n);             //对不等长的两个子表合并
        else
            if(i<=n) while(i<=n) q1[i]=q2[i]; //若还剩下一个子表,则直接传入
                q1<-->q2;                     //交换,以保证下一趟归并时,仍从 q2 归并到 q1
        if(q1!=a)                             //若最终结果不在 a 表中,则传入
```

```
        for(i=1;i<=n;i++)
            a[i]=q1[i];
    }
}
```

3. 合并排序算法的实现

合并排序算法的实现如下。

```java
public class MergeSort2
{
    static int a[]={26,99,23,45,15,29,65,35,20,3};
    static int b[]=new int[10];
    public static void mergeSort(int left,int right)
    {
        //将数组划分成两段
        if(left<right)
        {
            int mid=(left+right)/2;
            mergeSort(left, mid);
            mergeSort(mid+1, right);
            merge(left,mid,right);         //合并到 b 中
            copy(a,b,left,right);
        }
    }

    static void copy(int[] a, int[] b, int left, int right)
    {
        for(int i=left;i<=right;i++)
            a[i]=b[i];
    }

    public static void merge(int left, int mid, int right)
    {
        int i=left;
        int j=mid+1;
        int k=left;
        while((i<=mid)&&(j<=right))
        {
            //两段数组,从 left 到 mid,从 mid+1 到 right,每次把小的赋值给数组 b
            if(a[i]<=a[j])
                b[k++]=a[i++];
```

```
        else
            b[k++]=a[j++];
    }
    if(i>mid)
    {
        for(int t=j;t<=right;t++)
            b[k++]=a[t];
    }
    else
    {
        for(int t=i;t<=mid;t++)
            b[k++]=a[t];
    }
}

public static void main(String[] args)
{
    mergeSort(0,9);
    for(int i=0;i<a.length;i++)
        System.out.print(a[i]+" ");
}
}
```

2.8 快 速 排 序

2.8.1 算法描述

分而治之方法还可以用于实现另一种完全不同的排序方法,这种排序法称为快速排序(quick sort)。快速排序算法是由 C. A. R. Hoare 发明的,它在平均情况下需要 $O(n\log n)$ 时间。这个算法的基本思想是基于分治策略的。在这种方法中,n 个元素被分成三段(组):左段 left、右段 right 和中段 middle。中段仅包含一个元素。左段中各元素都小于或等于中段元素,右段中各元素都大于或等于中段元素。因此 left 和 right 中的元素可以独立排序,并且不必对 left 和 right 的排序结果进行合并。middle 中的元素称为支点(pivot)。其基本思想是:对于输入的子数组 a[p：r],如果规模足够小则直接进行排序,否则按以下三步骤排序。

(1) 分解(Divide):从 a[p：r]中选择一个元素 a[q],以该元素为支点,把余下的元素分为两段 a[p：q−1] 和 a[q+1：r],使得 a[p：q−1]中的元素都小于或等于支点,而 a[q+1：r] 中的元素都大于或等于支点。

(2) 递归求解(Conquer):通过递归调用快速排序算法,分别对 a[p：q−1]和 a[q+1：r] 进行排序。

（3）合并（Merge）：由于对分解出的两个子序列的排序是就地进行的，所以在 a[p：q-1]和 a[q+1：r]都排好序后不需要执行任何计算，a[p：r]就已排好序。

这个解决流程是符合分治法的基本步骤的。因此，快速排序法是分治法的经典应用之一。算法 QuickSort 的实现如下。

```
void QuickSort(int a[],int p,r)
{
    const e=12;
    int q;
    if (r-p<=e)
        InsertSort(a,p,r)
    else
    {
        q=partition(a,p,r);        //将 a[p:r]分解为 a[p:q-1]和 a[q+1:r]两部分
        QuickSort(a,p,q-1);        //递归排序 a[p:q-1]
        QuickSort(a,q+1,r);        //递归排序 a[q+1:r]
    }
}
```

对线性表 a[0：n-1]进行排序，只要调用 QuickSort(a,0,n-1)就可以了。算法首先判断 a[0：n-1]是否足够小，若足够小则直接对 a[0：n-1]进行排序，Sort 可以是任何一种简单的排序法，一般用插入排序。这是因为，对于较小的表，快速排序中划分和递归的开销使得该算法的效率还不如其他直接排序法好。至于规模多小才算足够小，并没有一定的标准，因为这与生成的代码和执行代码的计算机有关，可以采取试验的方法确定这个规模阈值。经验表明，在大多数计算机上，这个阈值取为 12 较好。当然，比较方便的方法是取该阈值为 1，当待排序的表只有一个元素时，根本不用排序，只要把 if 语句改为 if (p==r) exit(0) else…。

算法 QuickSort 中调用了一个函数 partition()，该函数主要实现以下两个功能。

（1）在 a[p：r]中选择一个支点元素 pivot；

（2）对 a[p：r]中的元素进行整理，使得 a[p：r]分为 a[p：q-1]和 a[q+1：r]两部分，并且 a[p：q-1]中的每一个元素的值不大于 pivot，a[q+1：r]中的每一个元素的值不小于 pivot，但是 a[p：q-1]和 a[q+1：r]中的元素并不要求排好序。

快速排序法改进性能的关键就在于上述的第一个功能，寻找支点元素 select_pivot 有多种实现方法，不同的实现方法会导致快速排序的不同性能。根据分治法平衡子问题的思想，我们希望支点元素可以使 a[p：r]尽量平均地分为两部分，但实际上这是很难做到的。下面给出几种寻找 pivot 的方法：

（1）选择 a[p：r]的第一个元素 a[p]的值作为 pivot；

（2）选择 a[p：r]的最后一个元素 a[r]的值作为 pivot；

（3）选择 a[p：r]中间位置的元素 a[m]的值作为 pivot；

（4）选择 a[p：r]的某一个随机位置上的值 a[random(r-p)+p]的值作为 pivot。

按照第 4 种方法随机选择 pivot 的快速排序法又称为随机化版本的快速排序法,该方法具有平均情况下最好的性能,在实际应用中该方法的性能也是最好的。

2.8.2　时间复杂度分析

先分析函数 partition() 的性能,该函数对于确定的输入复杂性是确定的。观察发现,对于有 n 个元素的确定输入 L[p..r],该函数运行时间显然为 $\theta(n)$。

1. 最坏情况

对于有 n 个元素的表 a[p：r],从直觉上可以判断出最坏情况发生在每次划分过程产生的两个区间分别包含 n−1 个元素和 1 个元素时(设输入的表有 n 个元素)。由于函数 partition() 的计算时间为 $\theta(n)$,所以快速排序在最坏情况下的复杂性有递归式如下:

$$T(1)=\theta(1), \quad T(n)=T(n-1)+T(1)+\theta(n) \tag{2-1}$$

用迭代法可以解得

$$T(n)=\theta(n^2)$$

这个时间与插入排序是一样的。

2. 最好情况

最好情况是每次划分过程产生的区间大小都为 n/2,这时有:

$$T(n)=2T(n/2)+\theta(n), \quad T(1)=\theta(1) \tag{2-2}$$

解得:

$$T(n)=\theta(n\log n)$$

3. 平均情况

$$T(n)=\frac{1}{n}(T(1)+T(n-1)+\sum_{q}^{n-1}(T(q)+T(n-q)))+\theta(n) \tag{2-3}$$

又根据前面最坏情况分析有:$T(1)=\theta(1),T(n-1)=\theta(n^2)$,所以

$$\frac{1}{n}(T(1)+T(n-1))=\frac{1}{n}(\theta(1)+O(n^2))=O(n)$$

这可被式(2-3)中的 $\theta(n)$ 所吸收,所以式(2-3)可简化为:

$$T(n)=\frac{1}{n}\sum_{q}^{n-1}(T(q)+T(n-q))+\theta(n)=\frac{2}{n}\sum_{q}^{n-1}T(q)+\theta(n)$$

解得

$$T(n)=O(n\log n)$$

2.9　循环赛日程表安排

2.9.1　问题描述

设有 $n=2^k$ 个选手要进行网球循环赛。现要设计一个满足以下三个要求的比赛日程表:

(1) 每个选手必须与其他 n−1 个选手各比赛一次;

(2) 每个选手一天只能比赛一次;

(3) 循环赛在 n－1 天内结束。

按此要求，可将比赛日程表设计成有 n 行和 n－1 列的一个表。在表中的第 i 行、第 j 列处填入第 i 个选手在第 j 天比赛所遇到的选手，其中 $1 \leqslant i \leqslant n, 1 \leqslant j \leqslant n-1$。

2.9.2 问题的分治法设计思想

按分治策略，可以将所有参赛的选手分为两部分，则 n 个选手的比赛日程表可以通过 n/2 个选手的比赛日程表来决定。递归地用这种一分为二的策略对选手进行划分，直到只剩下两个选手时，比赛日程表的制定就变得很简单。这时只需要让这两个选手进行比赛就可以了。

如图 2-11 所示，在 8 个选手的比赛日程表中，左上角与左下角的两小块分别为选手 1～选手 4 与选手 5～选手 8 前 3 天的比赛日程。据此，将左上角小块中的所有数字按其相对位置抄到右下角，又将左下角小块中的所有数字按其相对位置抄到右上角，这样就分别安排好了选手 1～选手 4 与选手 5～选手 8 在后 4 天的比赛日程。依此思想容易将这个比赛日程表推广到具有任意多个选手的情形。

	1
1	2
2	1

	1	2	3
1	2	3	4
2	1	4	3
3	4	1	2
4	3	2	1

	1	2	3	4	5	6	7
1	2	3	4	5	6	7	8
2	1	4	3	6	5	8	7
3	4	1	2	7	8	5	6
4	3	2	1	8	7	6	5
5	6	7	8	1	2	3	4
6	5	8	7	2	1	4	3
7	8	5	6	3	4	1	2
8	7	6	5	4	3	2	1

图 2-11 八个选手的比赛日程表

这种解法是把求解 2^k 个选手比赛日程问题划分成依次求解 $2^1, 2^2, \cdots, 2^k$ 个选手的比赛日程问题。

2^k 个选手比赛日程问题是在 2^{k-1} 个选手比赛日程的基础上通过迭代的方法求得的。在每次迭代中，将问题划分为 4 部分：

(1) 左上角：2^{k-1} 个选手在前半程的比赛日程；

(2) 左下角：另 2^{k-1} 个选手在前半程的比赛日程，由左上角加 2^{k-1} 得到；

(3) 右上角：2^{k-1} 个选手在后半程的比赛日程，由左下角直接抄到右上角得到；

(4) 右下角：另 2^{k-1} 个选手在后半程的比赛日程，由左上角直接抄到右下角得到。

算法设计的关键在于寻找这 4 部分之间的对应关系。

2.9.3 分治算法实现

循环赛日程表安排的分治算法实现如下：

```
void GameTable(int k,int a[][])
{
    int n;
    int i,j,t,temp;
    n=2;
    a[1][1]=1;a[1][2]=2;
    a[2][1]=2;a[2][2]=1;
    for(t=1;t<k;t++)
```

```
    {
        temp=n;n=n*2;
        for(i=temp+1;i<=n;i++)
            for(j=1;j<=temp;j++)
                a[i][j]=a[i-temp][j]+temp;
        for(i=1;i<=temp;i++)
            for(j=temp+1;j<=n;j++)
                a[i][j]=a[i+temp][j-temp];
        for(i=temp+1;i<=n;i++)
            for(j=temp+1;j<=n;j++)
                a[i][j]=a[i-temp][j-temp];
    }
}
```

设有 $n=2^k$,算法时间性能分析如下:

$$T(n)=3\sum_{t=1}^{k-1}\sum_{i=1}^{2^t}\sum_{j=1}^{2^t}1=3\sum_{t=1}^{k-1}\sum_{i=1}^{2^t}2^t=3\sum_{t=1}^{k-1}2^t \cdot 2^t$$

$$T(n)=3\sum_{t=1}^{k-1}4^t=3\times4(1-4^{k-1})/(1-4)=4^k-4=O(4^k)=O(n^2)$$

习 题 2

一、选择题

1. 递归通常用(   )来实现。

（A）有序的线性表   （B）队列   （C）栈   （D）数组

2. 分治法的设计思想是将一个难以直接解决的大问题分割成规模较小的子问题,分别解决子问题,最后将子问题的解组合起来形成原问题的解。这要求原问题和子问题(   )。

（A）问题规模相同,问题性质相同

（B）问题规模相同,问题性质不同

（C）问题规模不同,问题性质相同

（D）问题规模不同,问题性质不同

3. 用分治法求解不需要满足的条件是(   )。

（A）子问题必须是一样的

（B）子问题不能够重复

（C）子问题的解可以合并成原问题的解

（D）原问题和子问题使用相同的方法解决

4. 基于比较的排序问题的时间复杂度下界是(   )。

（A）O(logn)   （B）O(nlogn)   （C）Ω(nlogn)   （D）Ω(logn)

5. 冒泡排序算法在最坏情形下的时间复杂度是(　　)。

　　(A) O(nlogn)　　　(B) O(n²)　　　(C) O(n)　　　(D) O(logn)

6. 快速排序算法在最佳情形下的时间复杂度是(　　);在最坏情形下的时间复杂度是(　　)。

　　(A) O(nlogn)　　　(B) O(n²)　　　(C) O(n)　　　(D) O(logn)

7. 快速排序方法在(　　)情况下最不利于发挥其长处。

　　(A) 要排序的数据量太大

　　(B) 要排序的数据中含有多个相同值

　　(C) 要排序的数据已基本有序

　　(D) 要排序的数据个数为整数

8. 在寻找 n 个元素中第 k 小元素问题中,如快速排序算法思想,运用分治算法对 n 个元素进行划分,如何选择划分基准? 下面答案解释最合理的是(　　)。

　　(A) 随机选择一个元素作为划分基准

　　(B) 取子序列的第一个元素作为划分基准

　　(C) 用中位数的中位数方法寻找划分基准

　　(D) 以上皆可行。但不同方法,算法复杂度上界可能不同

9. Strassen 矩阵乘法是利用(　　)实现的算法。

　　(A) 分治策略　　　(B) 动态规划法　　　(C) 贪心算法　　　(D) 回溯法

10. 实现合并排序利用的算法是(　　)。

　　(A) 分治策略　　　(B) 动态规划法　　　(C) 贪心算法　　　(D) 回溯法

二、填空题

1. 一个直接或间接调用自身的算法称为_____算法。出自于"平衡子问题"的思想,通常分治法在分割原问题,形成若干子问题时,这些子问题的规模都大致_____。

2. 用分治算法解题的 3 个步骤是:_____、_____、_____。

3. 从分治法的一般设计模式可以看出,用它设计出的程序一般是_____。

4. 分治法的基本思想是将一个规模为 n 的问题分解为 k 个规模较小的子问题,这些子问题互相_____且与原问题相同。递归地解这些子问题,然后将各个子问题的解合并得到原问题的解。

5. 设关键字序列为 13,27,38,49,56,76,85,97,采用二分搜索算法查找 85 时,经_____次比较可查找成功。

6. 使用二分搜索算法在 n 个有序元素表中搜索一个特定元素,在最佳情况下搜索的时间复杂度为 O(_____),在最坏情况下搜索的时间复杂度为 O(_____)。

7. 对下面的递归算法,调用 f(4) 的执行结果是_____。

```
void f(int k)
{
    if( k>0 )
    {
```

```
        printf("%d",k);
        f(k-1);
    }
}
```

8. 快速排序算法的性能取决于_____。

9. 快速排序算法在最好情形下是：划分元素把待划分的 n 个元素数组分成_____。最坏情形下是：一个分组 0 个元素；另一个分组_____个元素。

10. 实现棋盘覆盖利用的算法是_____。

三、简答题

1. 简述分治法的基本思想。

2. 分治法所能解决的问题一般具有几个特征？

3. 设有 n＝2^k 个运动员要进行循环赛，请设计一个满足以下要求的比赛日程表：①每个选手必须与其他 n−1 名选手各比赛一次；②每个选手一天至多只能比赛一次；③循环赛要在最短时间内完成。请回答：

(1) n＝2^k 个运动员要进行循环赛，循环赛最少需要进行几天？

(2) 当 n＝2^3＝8 时，请画出循环赛日程表。

四、算法填空

1. 汉诺塔问题：古代有一个梵塔，塔内有 A、B、C 三个座，A 座上有 64 个盘子，盘子大小不等，大的在下，小的在上。有一个和尚想把这 64 个盘子从 A 座移到 C 座，可以借助 B 座，但每次只能允许移动一个盘子，并且在移动过程中，3 个座上的盘子始终保持大盘在下，小盘在上。对下面的 Hanoi 算法，若要移动 3 个盘子可以调用 Hanoi(3,'A','B','C')，请补充。

```
void Hanoi(int n,char a,char b,char c)
{
    if (n==1)
            【1】   ;
    else
    {
            【2】   ;
            【3】   ;
        Hanoi(n-1,b, a, c);
    }
}
```

2. 残缺棋盘是一个有 $2^k \times 2^k$ 个方格的棋盘，其中恰有一个方格残缺。残缺棋盘的问题是要求用 L 型骨牌覆盖残缺棋盘。在此覆盖中，两个 L 型骨牌不能重叠，L 型骨牌也不能覆盖残缺方格，但必须覆盖其他所有的方格。这里定义了一个全局的二维整数数组变量 Board 来表示棋盘,Board[0][0]表示棋盘中左上角的方格,还定义了一个全局整数变量 tile,其初始值为 0。函数的输入参数如下:tr 为棋盘中左上角方格所在行;tc 为棋盘中左上角方格所在列;dr 为残缺方块所在行;dc 为残缺方块所在列;size 为棋盘的行数或列数。下面是棋盘覆盖问题的分治法实现代码,请补充。

```
void chessboard(int tr,int tc,int dr,int dc,int size)
{
    int t,s;
    if (size==1)
        return;
    t=tile++;
    s=size/2;
    if (dr<tr+s&&dc<tc+s)
        chessboard(tr,tc,dr,dc,s);
    else
    {
        board[tr+s-1][tc+s-1]=t;
        chessboard(tr,tc,tr+s-1,tc+s-1,s);
    }
    if (dr<tr+s&&dc>=tc+s)
        _____【1】_____;
    else
    {
        _____【2】_____;
        _____【3】_____;
    }
    if (dr>=tr+s&&dc<tc+s)
        _____【4】_____;
    else
    {
        _____【5】_____;
        _____【6】_____;
    }
    if (dr>=tr+s&&dc>=tc+s)
        chessboard(tr+s,tc+s,dr,dc,s);
    else
    {
        board[tr+s][tc+s]=t;
        chessboard(tr+s,tc+s,tr+s,tc+s,s);
    }
}
```

3. 设有 $n=2^k$ 个选手要进行网球循环赛。现要求设计一个满足以下要求的比赛日程表：

(1) 每个选手必须与其他 n−1 个选手各比赛一次；

(2) 每个选手一天只能比赛一次；

(3) 循环赛一共进行 n−1 天。

下面是循环赛日程表分治法实现代码，请补充。

```
void GameTable(int k,int a[][])
{
    int n;
    int i,j,t,temp;
    n=2;
    a[1][1]=1;a[1][2]=2;
    a[2][1]=2;a[2][2]=1;
    for(t=1;t<k;t++)
    {
        temp=n;
        n=n*2;
        for(i=temp+1;i<=n;i++)
            for(j=1;j<=temp;j++)
                    【1】    ;
        for(i=1;i<=temp;i++)
            for(j=temp+1;j<=n;j++)
                    【2】    ;
        for(i=temp+1;i<=n;i++)
            for(j=temp+1;j<=n;j++)
                    【3】    ;
    }
}
```

4. 下面是合并排序分治法实现代码，请补充。

```
public class MergeSort2
{
    static int a[]={26,99,23,45,15,29,65,35,20,3};
    static int b[]=new int[10];
    public static void mergeSort(int left,int right)
    {
        //将数组划分成两段
        if(left<right)
        {
            int mid=(left+right)/2;
            mergeSort(left, mid);
                【1】    ;                        //调用 mergeSort()方法排序
```

```
          ___【2】___ ;                    // 调用 merge() 方法合并
          copy(a,b,left,right);
      }
  }
static void copy(int[] a, int[] b, int left, int right)
{
    for(int i=left;i<=right;i++)
        a[i]=b[i];
}
//两段数组,一个从 left 到 mid,一个从 mid+1 到 right,每次把小的赋值给数组 b
public static void merge(int left, int mid, int right)
{
    int i=left;
    int j=mid+1;
    int k=left;
    while((i<=mid)&&(j<=right))
    {
        if(a[i]<=a[j])
            b[k++]=a[i++];
        else
            b[k++]=a[j++];
    }
    if(i>mid)
    {
        for(int t=j;t<=right;t++)
            b[k++]=a[t];
    }
    else
    {
        ___【3】___ ;
        b[k++]=a[t];
    }
}
}
```

五、解下列递推方程

(1) $T(n)=\begin{cases}1, & n=1 \\ 2T(n/2)+n, & n>1\end{cases}$

(2) $T(n)=\begin{cases}2, & n=1 \\ 2T(n-1)+1, & n\geqslant 2\end{cases}$

(3) $T(n)=\begin{cases}4, & n=1 \\ 3T(n-1), & n>1\end{cases}$

$$(4)\ T(n)=\begin{cases}0, & n=1\\ 1, & n=2\\ 2T(n/2)+1, & n>2\end{cases}$$

$$(5)\ T(n)=\begin{cases}1, & n=1\\ 2T(n/3)+n, & n>1\end{cases}$$

六、算法设计

1. 已知两个多项式 $p(x)=a+bx$，$q(x)=c+dx$，要求只用三次乘法求 $p(x)q(x)$，试写出其实现算法。

2. 最大子段之和问题：给定由 n 个整数（也可以是 n 个浮点数）组成的序列$\{a_1, a_2,\cdots,a_n\}$，其输出是在输入的任何相邻子序列中找出的子段之和，表示为 $\sum\limits_{k=i}^{j} a_k$，最大子段之和为 $\max\left\{0, \max\limits_{1\leqslant i\leqslant j\leqslant n} \sum\limits_{k=i}^{j} a_k\right\}$，例如，$a[]=\{-2,11,-4,13,-5,-2\}$，其最大子段之和为 $\sum\limits_{k=2}^{4} a_k=11-4+13=20$。又如，$x[10]=\{31,-41,59,26,-53,58,97,-93,-23,84\}$，则最大子段之和为 $\sum\limits_{k=2}^{6} a_k=187$。

如果向量中所有元素都为正数时，最大子向量之和就是整个向量之和；如果所有元素都是负，则最大子向量之和就是 0；比较麻烦的是当向量中的元素正负交替出现时。

第 3 章

动态规划法

3.1 动态规划法概述

3.1.1 最优性原理

一个问题可以看作是一个前后关联的、具有链状结构的多阶段决策过程,如图 3-1 所示。

决策1 决策2 决策n

状态 0 ⟶ 状态 1 ⟶ 状态 2 … ⟶ 状态 n

图 3-1 多阶段决策过程

在多阶段决策问题中,各阶段采取的决策一般与时间有关,决策依赖于当前状态,又随即引起状态的转移。一个决策序列就是在变化的状态中产生出来的,故有"动态"的含义。通常称这种解决多阶段决策最优化的过程为动态规划法。

最优性原理(principle of optimality)是指多阶段决策过程的最优决策序列具有这样的性质:不论初始状态和初始决策如何,对于前面决策所造成的某一状态而言,其后各阶段的决策序列必须构成最优策略。也就是说,不论前面的状态和决策如何,后面的最优策略只取决于由最初策略所确定的当前状态。若一个决策序列中包含有非局部最优的决策子序列时,该决策序列一定不是最优的。这个最优性原理是动态规划的基础。

3.1.2 动态规划法的基本步骤

动态规划法的基本步骤如下。

(1) 找出最优解的性质,并描绘其结构特征。

(2) 递归地定义最优值。

(3) 以自底向上的方式计算出最优值。

(4) 根据计算最优值时得到的信息,构造最优解。

下面先看动态规划法的两个简单例子。

例 3-1 数塔问题:设有一个三角形数塔,如图 3-2 所示。求一条从三角形的塔顶到塔底

图 3-2 数塔示意图

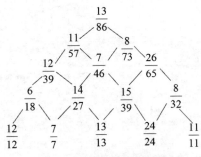

图 3-3 数塔问题求解过程

的路径,使该路径上结点的值之和最大。

数塔问题求解过程,如图 3-3 所示。

例 3-2 最小代价子母树:设有 n 堆沙子(n≥2)排成一排,每堆沙子的质量为 w。现要将 n 堆沙子归并成一堆,规则是:每次只能将相邻的两堆沙子归成一堆,经过 n-1 次归并之后成为一堆,其总代价为进行过程中新产生的沙堆的质量之和。这个代价最小的归并树为最小代价子母树。

解:当 n=2 时,仅有 1 种归并方法;当 n=3 时,有 2 种归并方法,如图 3-4 所示。

当 n=4 时,有 5 种归并方法,如图 3-5 和图 3-6 所示。

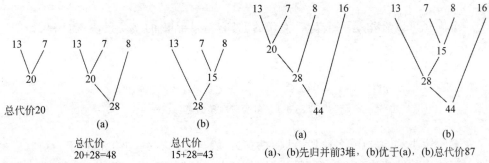

图 3-4 n=2 与 n=3 时的归并方法

图 3-5 n=4 时 5 种归并方法中的 2 种

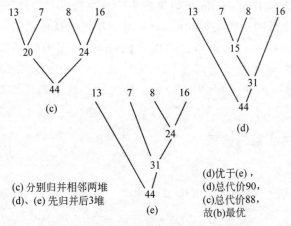

图 3-6 n=4 时 5 种归并方法中的 3 种

定义 f(i,j) 表示第 i 堆到第 j 堆沙子的归并最小代价,g(i,j) 表示第 i 堆到第 j 堆沙子的质量和,则有

$$f(1,4) = \min\{f(1,3), f(1,2)+f(3,4), f(2,4)\} + g(1,4)$$

$$f(1,3) = \min\{f(1,2), f(2,3)\} + g(1,3)$$

$$f(1,2) = g(1,2)$$

$$f(3,4) = g(3,4)$$
$$f(2,3) = g(2,3)$$
$$f(2,4) = \min\{f(2,3),f(3,4)\} + g(2,4)$$

推广到一般情形：

$$f(1,n) = \min\{f(1,n-1),f(1,2) + f(3,n),\cdots f(1,3) + f(4,n),\cdots f(2,n)\} + g(1,n)$$

$$f(i,j) = \min\{f(i,j-1),f(i,i+1) + f(i+2,j),\cdots f(i,i+2) +$$
$$f(i+3,j),\cdots f(i+1,j)\} + g(i,j)$$

将 $f(1,n)$ 用在 $w = (13,7,8,16,21,4,18)$ 上，得到如图 3-7 所示的最小代价子母树。

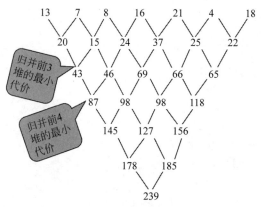

图 3-7　最小代价子母树

例 3-2 中最小代价子母树的动态规划算法实现的 C 程序如下：

```
#include <stdio.h>
#define N 7
int w[N+1]={0,13,7,8,16,21,4,18};
int g[N+1][N+1]={0},f[N+1][N+1]={0};
gg()
{
    int i,j,k,s;
    for (i=1;i<=N;i++)
        for (j=1;j<=N;j++)
        {
            if (i>j)
                continue;
            s=0;
            for(k=i;k<=j;k++)
                s=s+w[k];
            g[j][i]=g[i][j]=s;
        }
    for (i=1;i<=N;i++)
```

```
            {
                printf("\n");
                for (j=1;j<=N;j++)
                    if (i>j)
                        printf("%11c",32);
                    else
                        printf("g[%d][%d]=%-3d",i,j,g[i][j]);
            }
    }

int mincpt(int start, int end)
{
    int i,j,x,min=0;
    for (i=start;i<=end;i++)
        f[i][i]=0;
    for (i=start;i<=end-1;i++)            /*计算相邻两堆石子合并的得分*/
        f[i][i+1]=w[i]+w[i+1];
    for (j=start+1;j<=end;j++)
        for (i=j-1 ;i>=1;i--)
        {
            min=f[i][j-1];
            for (x=i;x<=j-1;x++)
                if (min >f[i][x]+f[x+1][j])
                    min=f[i][x]+f[x+1][j];
            f[i][j]=min+g[i][j];
        }
    return(f[start][end]);
}

void tree(int b[N+1][N+1])
{
    int i,j,k,a;
    printf("\n\n");
    for (i=1;i<=N;i++)
        printf("%7d",w[i]);
    for (i=1,a=1;i<=N;i++)
    {
        printf("\n");
        for (k=1;k<=i;k++)
            printf("%3c",32);
        for (k=1;k<=N-i;k++)
            printf("%6c%c",92,47);
        printf("\n");
```

```
        for (k=1;k<=i;k++)
            printf("%3c",32);
        for (j=1;j<=N-i;j++)
            printf("%7d",b[j][j+a]);
        a++;
    }
}
int main()
{
    int i,j,b[N+1][N+1];
    gg();
    for (i=1;i<=N;i++)
        for (j=i+1;j<=N;j++)
            b[i][j]=mincpt(i,j);
    tree(b);
    return 0;
}
```

3.2　矩阵连乘问题

3.2.1　问题描述

在科学计算中经常要计算矩阵的乘积。矩阵 A 和 B 可乘的条件是矩阵 A 的列数等于矩阵 B 的行数。若 A 是一个 p×q 的矩阵，B 是一个 q×r 的矩阵，则其乘积 C＝AB 是一个 p×r 的矩阵。其标准计算公式为：

$$C_{ij} = \sum_{k=1}^{n} A_{ik}B_{kj}, \quad 1 \leqslant i \leqslant p, 1 \leqslant j \leqslant r$$

由该公式知计算 C＝AB 总共需要 pqr 次的数乘。若 A 是一个 2×3 的矩阵，B 是一个 3×2 的矩阵，则其乘积 C＝AB 是一个 2×2 的矩阵，计算 C 总共需要 2×3×2＝12 次的数乘。

例如，$\begin{bmatrix} 1 & 2 & 3 \\ 4 & 5 & 6 \end{bmatrix} \times \begin{bmatrix} 7 & 8 \\ 2 & 5 \\ 3 & 4 \end{bmatrix} = \begin{bmatrix} 20 & 30 \\ 56 & 81 \end{bmatrix}$

计算两个矩阵乘积的代码如下：

```
int a[2][3]={1,2,3,4,5,6};
int b[3][2]={7,8,2,5,3,4};
int c[2][2]={0};
int p=2,q=3,r=2;
void MatrixMulti(int a[2][3],int b[3][2],int p,int q,int r)
{
```

```
    int i,j,k,sum;
    for (i=0;i<p;i++)
      for (j=0;j<r;j++)
      {
          c[i][j]=a[i][0]*b[0][j];
          for (k=1;k<q;k++)
              c[i][j]+=a[i][k]*b[k][j];
      }
    }
```

矩阵连乘问题:给定 n 个矩阵$\{A_1,A_2,\cdots,A_n\}$,其中 A_i 与 A_{i+1} 是可乘的,$i=1$,$2,\cdots,n-1$。要求计算出这 n 个矩阵的连乘积 $A_1A_2\cdots A_n$。由于矩阵乘法满足结合律,故连乘积的计算可以有许多不同的计算次序。这种计算次序可以用加括号的方式来确定。若一个矩阵连乘积的计算次序已完全确定,也就是说该连乘积已完全加括号,则可以通过反复调用两个矩阵相乘的标准算法来计算出矩阵连乘积。完全加括号的矩阵连乘积可递归地定义为:

(1) 单个矩阵是完全加括号的;

(2) 若矩阵连乘积 A 是完全加括号的,则 A 可表示为两个完全加括号的矩阵连乘积 B 和 C 的乘积并加括号,即 $A=(BC)$。

例如,矩阵连乘积 $A_1A_2A_3A_4$ 可以有以下 5 种不同的完全加括号方式:$(A_1(A_2(A_3A_4)))$、$(A_1((A_2A_3)A_4))$、$((A_1A_2)(A_3A_4))$、$((A_1(A_2A_3))A_4)$、$(((A_1A_2)A_3)A_4)$。

每一种完全加括号方式对应于一种矩阵连乘积的计算次序,而这种计算次序与计算矩阵连乘积的计算量有着密切的关系。例如,计算 3 个矩阵$\{A_1,A_2,A_3\}$ 的连乘积 $A_1A_2A_3$。设这 3 个矩阵的维数分别为 10×100、100×5 和 5×50。若按第一种加括号方式 $((A_1A_2)A_3)$ 来计算,总共需要 $10\times100\times5+10\times5\times50=7500$ 次的数乘。若按第二种加括号方式 $(A_1(A_2A_3))$ 来计算,则需要的数乘次数为 $100\times5\times50+10\times100\times50=75000$。第二种加括号方式的计算量是第一种加括号方式的计算量的 10 倍。由此可见,在计算矩阵连乘积时,不同加括号方式导致不同的计算次序,对计算量的影响很大。

矩阵连乘积的最优计算次序问题描述为对于给定的相继 n 个矩阵$\{A_1,A_2,\cdots,A_n\}$(其中 A_i 的维数为 $p_{i-1}\times p_i$,$i=1,2,\cdots,n$),如何确定计算矩阵连乘积 $A_1A_2\cdots A_n$ 的一个计算次序(完全加括号方式),使得依此次序计算矩阵连乘积需要的数乘次数最少。

说明:计算两个均为 $n\times n$ 的矩阵(即 n 阶方阵)相乘还有一种 Strassen 矩阵乘法,利用分治思想将 2 个 n 阶矩阵乘积所需时间从标准算法的 $O(n^3)$ 改进到 $O(n^{\log7})=O(n^{2.81})$。目前计算两个 n 阶方阵相乘最好的计算时间上界是 $O(n^{2.367})$。但无论如何,所需的乘法次数总随两个矩阵的阶而递增。在以上问题中只考虑采用标准公式计算两个矩阵的乘积。

解这个问题的最容易想到的方法是穷举搜索法,也就是列出所有可能的计算次序,并计算出每一种计算次序相应需要的计算量,然后找出最小者。然而,这样做计算量太大。事实上,对于 n 个矩阵的连乘积,设有 P(n) 个不同的计算次序。由于我们可以首先在第

k 个和第 k+1 个矩阵之间将原矩阵序列分为两个矩阵子序列,k=1,2,…,n−1;然后分别对这两个矩阵子序列完全加括号;最后对所得的结果加括号,得到原矩阵序列的一种完全加括号方式。所以 P(n)的递推式如下:

$$P(n) = \begin{cases} 1, & n=1 \\ \sum_{k=1}^{n-1} P(k)P(n-k), & n \geqslant 2 \end{cases}$$

解此递归方程可得,P(n)实际上是 Catalan 数,即 P(n)=C(n−1),其中,

$$C(n) = \frac{1}{n+1}\binom{2n}{n} = \Omega\left(\frac{4^n}{n^{3/2}}\right)$$

也就是说,P(n)随着 n 的增长是指数增长的。因此,穷举搜索法不是一个有效算法。

下面来考虑用动态规划法求解矩阵连乘积的最优计算次序问题。此问题是动态规划的典型应用之一。

3.2.2　分析最优解的结构

首先,为方便起见,将矩阵连乘积 $A_i A_{i+1} \cdots A_j$ 简记为 A[i:j]。我们来看计算 A[1:n] 的一个最优次序。设这个计算次序在矩阵 A_k 和 A_{k+1} 之间将矩阵链断开,1≤k<n,则完全加括号方式为$((A_1 \cdots A_k)(A_{k+1} \cdots A_n))$。照此,我们要先计算 A[1:k]和 A[k+1:n],然后,将所得的结果相乘才得到 A[1:n]。显然其总计算量为计算 A[1:k]的计算量加上计算 A[k+1:n]的计算量,再加上 A[1:k]与 A[k+1:n]相乘的计算量。

这个问题的一个关键特征是:计算 A[1:n]的一个最优次序所包含的计算 A[1:n]的次序也是最优的。事实上,若有一个计算 A[1:k]的次序需要的计算量更少,则用此次序替换原来计算 A[1:k]的次序,得到的计算 A[1:n]的次序需要的计算量将比最优次序所需计算量更少,这是一个矛盾。同理可知,计算 A[1:n]的一个最优次序所包含的计算矩阵子链 A[k+1:n]的次序也是最优的。根据该问题的指标函数的特征也可以知道该问题满足最优化原理。另外,该问题显然满足无后向性,因为前面的矩阵链的计算方法和后面的矩阵链的计算方法无关。

3.2.3　建立递归关系

对于矩阵连乘积的最优计算次序问题,设计算 A[i:j],1≤i≤j≤n,所需的最少数乘次数为 m[i,j],原问题的最优值为 m[1,n]。

① 当 i=j 时,$A_{i,j} = A_i$ 为单一矩阵,无须计算,因此 m[i,i]=0,i=1,2,…,n;

② 当 i<j 时,可利用最优子结构性质来计算 m[i,j]。事实上,若计算 $A_{i,j}$ 的最优次序在 A_k 和 A_{k+1} 之间断开,i≤k<j,则 $m[i,j] = m[i,k] + m[k+1,j] + p_{i-1}p_k p_j$。

由于在计算时我们并不知道断开点 A 的位置,所以 A 还未定。不过 k 的位置只有 j−i 个可能,即 k∈{i,i+1,…,j−1}。因此 k 是这 j−i 个位置中计算量达到最小的那一个位置。从而 m[i,j]可以递归地定义为:

$$m[i,j] = \begin{cases} 0, & i=j \\ \min_{i \leqslant k < j}\{m[i,k] + m[k+1,j] + p_{i-1}p_k p_j\}, & i<j \end{cases}$$

m[i,j]给出了最优值,即计算 $A_{i,j}$ 所需的最少数乘次数。同时还确定了计算 $A_{i,j}$ 的最优次序中的断开位置 k,也就是说,对于这个 k 有 m[i,j] = m[i,k] + m[k+1,j] + p_{i-1} $p_k p_j$。若将对应于 m[i,j]的断开位置 k 记录在 s[i,j]中,则相应的最优解便可递归地构造出来。

3.2.4 计算最优值

根据 3.2.3 节中 m[i,j]的递归定义,容易编写一个递归程序来计算 m[1,n],但由于在递归计算时,许多子问题被重复计算多次,即使简单的递归计算也将导致耗费指数级计算时间。事实上,对于 $1 \leqslant i \leqslant j \leqslant n$,不同的有序对$(i,j)$对应于不同的子问题,不同的子问题个数最多只有 $\theta(n^2)$ 个,即

$$\binom{n}{2} + n = \theta(n^2)$$

该问题可以用动态规划算法求解。用动态规划算法解此问题,可依据 3.2.3 节中建立的递归关系式以自底向上的方式进行计算,在计算过程中保存已解决的子问题答案,每个子问题只计算一次,而在后面需要时只要简单查一下,从而避免大量的重复计算,最终得到多项式时间的算法。在下面所给出的计算 m[i,j]的动态规划算法中,输入是序列 $P = \{p_0, p_1, \cdots, p_n\}$,输出除了最优值 m[i,j]外,还有使 m[i,j] = m[i,k] + m[k+1,j] + $p_{i-1} p_k p_j$ 达到最优的断开位置 k=s[i,j],$1 \leqslant i \leqslant j \leqslant n$。

设有 5 个矩阵,大小分别是 10×3、3×12、12×15、15×8、8×2,则有

```
int p[]={10,3,12,15,8,2};          //计算 5 个矩阵连乘
int n=5;
```

计算矩阵连乘的最优断开位置的代码如下:

```
int s[6][6];
void MatrixChain(int p[],int n)
{
    long m[6][6]={0};
    int i,r,j,k,t;
    for (i=1;i<=n;i++)
        m[i][i]=0;
    for (r=2;r<=n;r++)
    {
        for (i=1;i<=n-r+1;i++)
        {
            j=i+r-1;
            m[i][j]=m[i+1][j]+p[i-1] * p[i] * p[j];
```

```
            s[i][j]=i;
            for (k=i+1;k<j;k++)
            {
                t=m[i][k]+m[k+1][j]+p[i-1] * p[k] * p[j];
                if (t<m[i][j])
                {
                    m[i][j]=t;
                    s[i][j]=k;                \\s[i,j]记录计算 A[i..j]最优断开位置 k
                }
            }
        }
    }
}
```

该算法按照

```
m[1,1]
m[2,2] m[1,2]
m[3,3] m[2,3]m[1,3]
   ...
m[n,n] m[n-1,n] ...m[1,n]
```

的顺序计算 m[i,j]。该算法的计算时间上界为 $O(n^3)$，所占用的空间为 $O(n^2)$。由此可见，动态规划算法比穷举搜索法要有效得多。

3.2.5 构造最优解

算法 MatrixChain 只是计算出了最优值，即计算给定的矩阵连乘积所需的最少数乘次数，并未给出最优解。也就是说，通过 MatrixChain 的计算，还不知道具体应按什么次序来做矩阵乘法才能达到数乘次数最少。

然而，MatrixChain 已记录了构造一个最优解所需要的全部信息。事实上，s[i,j]中的数 k 告诉我们计算矩阵链 $A_{i..j}$ 的最佳方式应在矩阵 A_k 和 A_{k+1} 之间断开，即最优的加括号方式应为 $(A_{1..k})(A_{k+1..n})$。因此，从 s[i,j]记录的信息可知计算 $A_{1..n}$ 的最优加括号方式为 $(A_{1..s[1,n]})(A_{s[1,n]+1..n})$，而计算 $A_{1..s[1,n]}$ 的最优加括号方式为 $(A_{1..s[1,s[1,n]]})$ $(A_{s[1,s[1,n]]+1..s[1,n]})$。同理可以确定计算 $A_{s[1,n]+1..n}$ 的最优加括号方式在 s[s[1,n]+1,n] 处断开。照此递推下去，最终可以确定 $A_{s[1,n]+1..n}$ 的最优完全加括号方式，即构造出问题的一个最优解。

下面的算法 Traceback(i,j)是按 s 指示的加括号方式计算矩阵链 $A=\{A_1,A_2,\cdots,A_n\}$ 的子链 $A_{i..j}$ 的连乘积的算法。要计算 $A_{1..n}$ 只要调用 MatrixChain(p,n)和 Traceback(1,n)即可。

```
void Traceback(int i,int j)
{
    if (i==j) return;
    Traceback(i,s[i][j]);
    Traceback(s[i][j]+1,j);
    printf("\n(A[%d:%d])",i,s[i][j]);
    printf(" * (A[%d:%d])",s[i][j]+1,j);
}
```

3.3 动态规划算法的基本要素

3.2 节 MatrixChain 算法的有效性依赖于问题本身所具有的三个重要性质：最优子结构性质、无后向性和子问题重叠性质。一般来说，问题所具有的这三个重要性质是该问题可用动态规划算法求解的基本要素，在设计求解具体问题的算法时，这对于是否选择动态规划算法具有指导意义。本节将着重研究最优子结构性质和子问题重叠性质以及动态规划法的一个变形——备忘录方法。

3.3.1 最优子结构

设计动态规划算法的第 1 步通常是要描述最优解的结构。当问题的最优解包含了其子问题的最优解时，称该问题具有最优子结构性质。问题的最优子结构性质提供了该问题可用动态规划算法求解的重要线索。

在矩阵连乘积最优计算次序问题中，若 $A_{1..n}$ 的最优完全加括号方式在 A_k 和 A_{k+1} 之间将矩阵链断开，则由该次序确定的子链 $A_{1..k}$ 和 $A_{k+1..n}$ 的完全加括号方式也是最优的，所以该问题具有最优子结构性质。在分析该问题的最优子结构性质时，我们所用的方法具有普遍性。首先假设由问题的最优解导出的其子问题的解不是最优的，然后再设法证明在这个假设下可构造出一个比原问题最优解更好的解，从而导致矛盾。

在动态规划算法中，问题的最优子结构性质使我们能够以自底向上的方式递归地从子问题的最优解逐步构造出整个问题的最优解。同时，它也使我们能在相对小的子问题空间中考虑问题。例如，在矩阵连乘积最优计算次序问题中，子问题空间是输入的矩阵链的所有不同的子链，它们的个数为 $\theta(n^2)$。因而子问题空间的规模仅为 $\theta(n^2)$。

3.3.2 重叠子问题

可用动态规划算法求解的问题应具备的另一基本要素是子问题的重叠性质。也就是说，在用递归算法自顶向下求解此问题时，每次产生的子问题并不总是新问题，有些子问题被反复计算多次。动态规划算法正是利用了这种子问题的重叠性质，对每一个子问题只求解一次，而后将其解保存在一个表格中，当再次需要求解此子问题时，只是简单地用常数时间查看一下结果。通常，不同的子问题的个数随输入问题的大小呈多项式增长。因此，用动态规划算法通常只需要多项式时间，从而获得较高的解题效率。

在计算矩阵连乘积最优计算次序时,利用 $m[i,j]=m[i,k]+m[k+1,j]+p_{i-1}p_kp_j$ 递归定义公式直接计算 $A_{i..j}$ 的递归算法。

```
int RecurMatrixChain(int p[],int i,int j)
{
    if (i==j) return(0);
    m[i][j]=RecurMatrixChain(p,i+1,j)+p[i-1] * p[i] * p[j];
    s[i][j]=i;
    for (k=i;k<j;k++)
    {
        q=RecurMatrixChain(p,i,k)+RecurMatrixChain(p,k+1,j)
            +p[i-1] * p[k] * p[j];
        if (q<m[i,j])
            {
                m[i][j]=q;
                s[i][j]=k;
            }
    }
    return(m[i][j]);
}
```

用算法 RecurMatrixChain $(p,1,4)$ 计算 $A_{1..4}$ 的递归树如图 3-8 所示,许多子问题被重复计算。事实上,可以证明该算法的计算时间 $T(n)$ 有指数下界。设算法中判断语句和赋值语句花费常数时间,则由算法的递归部分可得关于 $T(n)$ 的递归不等式如下:

$$\begin{cases} T(n) \geqslant 1, & n=1 \\ T(n) \geqslant 1+\sum_{k=1}^{n-1}(T(k)+T(n-k)+1), & n>1 \end{cases}$$

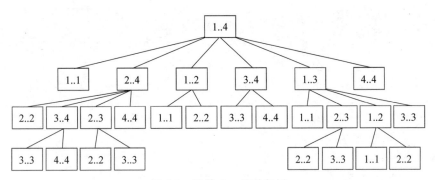

图 3-8 计算 $A_{1..4}$ 的递归树

因此,当 $n>1$ 时,

$$T(n) \geqslant 1+(n-1)+\sum_{k=1}^{n-1}T(k)+\sum_{k=1}^{n-1}T(n-k)=n+2\sum_{i=1}^{n-1}T(i)$$

据此,可用数学归纳法证明 $T(n) \geqslant 2^{n-1} = \Omega(2^n)$。

因此,直接递归算法 RecurMatrixChain(p,1,n) 的计算时间随 n 指数增长。相比之下,求解同一问题的动态规划算法只需计算时间 $O(n^2)$。动态规划算法的有效性就在于它充分利用问题的子问题重叠性质。不同的子问题个数为 $\theta(n^2)$,而动态规划算法对于每个不同的子问题只计算一次,不是重复计算多次。由此也可看出,当求解某一问题的直接递归算法所产生的递归树中,相同的子问题反复出现,并且不同子问题的个数又相对较少时,用动态规划算法是有效的。

3.3.3 备忘录方法

动态规划算法的一个变形是备忘录方法。备忘录方法用一个表格来保存已解决的子问题的答案,当再碰到该子问题时,只要简单地查看该子问题的解答,而不必重新求解。与动态规划算法不同的是:备忘录方法采用自顶向下的递归方式,而动态规划算法采用自底向上的非递归方式。备忘录方法的控制结构与直接递归方法的控制结构相同,区别仅在于备忘录方法为每个解过的子问题建立了备忘录以备需要时查看,从而避免了相同子问题的重复求解。

备忘录方法为每个子问题建立一个记录项,初始化时该记录项存入一个特殊的值,表示该子问题尚未求解。在求解过程中对遇到的每个子问题,首先查看其相应的记录项。若记录项中存储的是初始化时存入的特殊值,则表示该子问题是第一次遇到,此时需要对该子问题进行求解,并把得到的解保存在其相应的记录项中,以备以后查看。若记录项中存储的不是初始化时存入的特殊值,则表示该子问题已被求解过,其相应的记录项中存储的是该子问题的解答。此时,只要从记录项中读取子问题的解答,不必重新计算。

下面的算法 MemoizedMatrixChain 是解矩阵连乘积最优计算次序的备忘录方法。

```
int MemoizedMatrixChain(int p[])
{
    n=length[p]-1;
    for (i=1;i<=n;i++)
        for (j=1;j<=n;j++)
            m[i,j]=0;
        return(LookupChain(p,1,n));
}
int LookupChain(int p[],int i,int j)
{
    if (m[i][j]>0)
        return(m[i][j]);
    if (i==j)
      m[i][j]=0;
    m[i][j]=LookupChain(p,i+1,j)+p[i-1] * p[i] * p[j];
    s[i][j]=i;
```

```
for (k=i+1;k<j;k++)
{
    q=LookupChain(p,i,k)+LookupChain(p,k+1,j)+p[i-1]*p[k]*p[j];
    if (q<m[i][j])
    {
        m[i][j]=q;
        s[i][j]=k;
    }
}
return(m[i][j]);
}
```

与动态规划算法 MatrixChain 一样,备忘录算法 MemoizedMatrixChain 用数组 m[1…n, 1…n]的单元 m[i,j]来记录解子问题 $A_{i,j}$ 的最优计算量。M[i,j]初始化为∞,表示相应于 $A_{i,j}$ 的子问题还未被计算。在调用 LookupChain(p,i,j)时,若 m[i,j]>0,则表示 m[i,j]中存储的是所要求子问题的计算结果,直接返回此结果即可。否则与直接递归算法一样,自顶向下地递归计算,并将计算结果存入 m[i,j]后返回。因此,LookupChain(p,i,j)总能正确返回 m[i,j]的值,但仅在它第一次被调用时计算,以后的调用就直接返回计算结果。

备忘录算法 MemoizedMatrixChain 耗时 $O(n^3)$。事实上,共有 $O(n^2)$ 个备忘记录项 m[i,j],其 $i=1,2,\cdots,n$,$j=i,i+1,\cdots,n$,这些记录项的初始化耗费 $O(n^2)$时间。每个记录项只填入一次,每次填入时,不包括填入其他记录项的时间,共耗费 $O(n)$。因此,LookupChain(p,1,n)填入 $O(n^2)$个记录项总共耗费 $O(n^3)$计算时间。由此可见,通过使用备忘录技术,直接递归算法的计算时间从 $\Omega(2^n)$降至 $O(n^3)$。

综上所述,矩阵连乘积的最优计算次序问题可用自顶向下的备忘录算法或自底向上的动态规划算法在 $O(n^3)$ 时间内求解。这两个算法都利用了子问题重叠性质。总共有 $\theta(n^2)$个不同的子问题。对每个子问题,两种方法都只解一次,并记录答案,再遇到该问题时,不重新求解,而是简单地取用已得到的答案,因此,节省了计算量,提高了算法的效率。

通常,当一个问题的所有子问题都至少要解一次时,用动态规划算法解比用备忘录方法好。此时,动态规划算法没有任何多余的计算。同时,对于许多问题,常常可利用其规则的表格存取方式,来减少在动态规划算法中的计算时间和空间需求。当子问题空间中的部分子问题可不必求解时,用备忘录方法则较有利,因为从其控制结构可以看出,该方法只求解那些确实需要求解的子问题。

3.4 最长公共子序列问题

3.4.1 问题描述

一个给定序列的子序列是在该序列中删去若干元素后得到的序列。确切地说,若给定序列 $X=\{x_1,x_2,\cdots,x_m\}$,则另一序列 $Z=\{z_1,z_2,\cdots,z_k\}$是 X 的子序列是指存在一个严

格递增的下标序列 $<i_1,i_2,\cdots,i_k>$，使得对于所有 $j=1,2,\cdots,k$ 有 $X_{i_j}=Z_j$。例如，序列 $Z=\{B,C,D,B\}$ 是序列 $X=\{A,B,C,B,D,A,B\}$ 的子序列，相应的递增下标序列为 $<2,3,5,7>$。

给定两个序列 X 和 Y，当另一序列 Z 既是 X 的子序列又是 Y 的子序列时，称 Z 是序列 X 和 Y 的公共子序列。例如，若 $X=\{A,B,C,B,D,A,B\}$ 和 $Y=\{B,D,C,A,B,A\}$，则序列 $\{B,C,A\}$ 是 X 和 Y 的一个公共子序列，序列 $\{B,C,B,A\}$ 也是 X 和 Y 的一个公共子序列。而且，后者是 X 和 Y 的一个最长公共子序列，因为 X 和 Y 没有长度大于 4 的公共子序列。

最长公共子序列(Longest Common Sequence,LCS)问题描述为：给定两个序列 $X=\{x_1,x_2,\cdots,x_m\}$ 和 $Y=\{y_1,y_2,\cdots,y_n\}$，要求找出 X 和 Y 的一个最长公共子序列。

动态规划算法可有效地求解此问题。下面按照动态规划算法设计的各个步骤来设计一个求解此问题的有效算法。

3.4.2　最长公共子序列的结构

求解最长公共子序列问题时最容易想到的算法是穷举搜索法，即对 X 的每一个子序列，检查它是否也是 Y 的子序列，从而确定它是否为 X 和 Y 的公共子序列，并且在检查过程中选出最长公共子序列。X 的所有子序列都检查过后即可求出 X 和 Y 的最长公共子序列。X 的一个子序列相应于下标序列 $\{1,2,\cdots,m\}$ 的一个子序列，因此，X 共有 2^m 个不同子序列，从而穷举搜索法需要指数时间。事实上，最长公共子序列具有最优子结构性质。

定理：最长公共子序列具有最优子结构性质。设序列 $X=\{x_1,x_2,\cdots,x_m\}$ 和 $Y=\{y_1,y_2,\cdots,y_n\}$ 的一个最长公共子序列 $Z=\{z_1,z_2,\cdots,z_k\}$，则

（1）若 $x_m=y_n$，则 $z_k=x_m=y_n$ 且 Z_{k-1} 是 X_{m-1} 和 Y_{n-1} 的最长公共子序列；

（2）若 $x_m\neq y_n$ 且 $z_k\neq x_m$，则 Z 是 X_{m-1} 和 Y 的最长公共子序列；

（3）若 $x_m\neq y_n$ 且 $z_k\neq y_n$，则 Z 是 X 和 Y_{n-1} 的最长公共子序列。

其中，$X_{m-1}=\{x_1,x_2,\cdots,x_{m-1}\}$，$Y_{n-1}=\{y_1,y_2,\cdots,y_{n-1}\}$，$Z_{k-1}=\{z_1,z_2,\cdots,z_{k-1}\}$。

证明：

（1）用反证法。若 $z_k\neq x_m$，则 $<z_1,z_2,\cdots,z_k,x_m>$ 是 X 和 Y 的长度为 $k+1$ 的公共子序列。

（2）由于 $z_k\neq x_m$，Z 是 X_{m-1} 和 Y 的一个公共子序列。若 X_{m-1} 和 Y 有一个长度大于 k 的公共子序列 W，则 W 也是 X 和 Y 的一个长度大于 k 的公共子序列。这与 Z 是 X 和 Y 的最长公共子序列矛盾。由此即知 Z 是 X_{m-1} 和 Y 的最长公共子序列。

（3）证明过程与（2）类似，略。

上述定理说明，两个序列的最长公共子序列包含了这两个序列的前缀的最长公共子序列。因此，最长公共子序列具有最优子结构性质。

3.4.3　子问题的递归结构

由最长公共子序列具有最优子结构性质可知，要找出 $X=<x_1,x_2,\cdots,x_m>$ 和 $Y=$

$<y_1,y_2,\cdots,y_n>$ 的最长公共子序列,可按以下方式递归地进行:当 $x_m=y_n$ 时,找出 X_{m-1} 和 Y_{n-1} 的最长公共子序列,然后在其尾部加上 $x_m(=y_n)$ 即可得 X 和 Y 的最长公共子序列。当 $x_m\neq y_n$ 时,必须求解两个子问题,即找出 X_{m-1} 和 Y 的最长公共子序列及 X 和 Y_{n-1} 的最长公共子序列。这两个公共子序列中较长者即为 X 和 Y 的最长公共子序列。

由此递归结构容易看到最长公共子序列具有子问题重叠性质。例如,在计算 X 和 Y 的最长公共子序列时,可能要计算出 X 和 Y_{n-1} 及 X_{m-1} 和 Y 的最长公共子序列。而这两个子问题都包含一个公共子问题,即计算 X_{m-1} 和 Y_{n-1} 的最长公共子序列。

与矩阵连乘积最优计算次序问题类似,我们来建立子问题的最优值的递归关系。用 $c[i,j]$ 记录序列 X_i 和 Y_j 的最长公共子序列的长度,其中 $X_i=<x_1,x_2,\cdots,x_i>$,$Y_j=<y_1,y_2,\cdots,y_j>$。当 $i=0$ 或 $j=0$ 时,空序列是 X_i 和 Y_j 的最长公共子序列,故 $c[i,j]=0$。其他情况下,由定理可建立 $c[i,j]$ 的递归关系如下:

$$c[i,j]=\begin{cases}0 & i=0 \text{ 或 } j=0\\ c[i-1,j-1]+1 & i,j>0 \text{ 且 } x_i=y_j\\ \max(c[i,j-1],c[i-1,j]) & i,j>0 \text{ 且 } x_i\neq y_j\end{cases}$$

3.4.4　计算最优值

直接利用 $c[i,j]$ 的递归关系式容易写出一个计算 $c[i,j]$ 的递归算法,但其计算时间是随输入长度指数增长的。由于在所考虑的子问题空间中,总共只有 $\theta(mn)$ 个不同的子问题,因此,用动态规划算法自底向上地计算最优值能提高算法的效率。

计算最长公共子序列长度的动态规划算法 LCS_LENGTH(X,Y) 以序列 $X=\{x_1,x_2,\cdots,x_m\}$ 和 $Y=\{y_1,y_2,\cdots,y_n\}$ 作为输入,输出两个数组 $c[0..m,0..n]$ 和 $b[1..m,1..n]$,其中 $c[i,j]$ 存储 X_i 与 Y_j 的最长公共子序列的长度,$b[i,j]$ 记录指示 $c[i,j]$ 的值是由哪一个子问题的解达到的,这在构造最长公共子序列时要用到。最后,X 和 Y 的最长公共子序列的长度记录于 $c[m,n]$ 中。

```
void LCS_LENGTH(int m,int n,int x[ ],int y[ ],int c[ ][ ],int b[ ][ ])
{
    int i,j;
    for (i=1;i<=m;i++)
        c[i][0]=0;
    for (j=1;j<=n;j++)
        c[0][j]=0;
    for (i=1;i<=m;i++)
        for (j=1;j<=n;j++)
        {
            if (x[i]==y[j])
            {
                c[i,j]=c[i-1,j-1]+1;
                b[i,j]='↖';
```

```
            }
        else
            if (c[i-1,j]>=c[i,j-1])
            {
                c[i,j]=c[i-1,j];
                b[i,j]='↑';
            }
            else
            {
                c[i,j]=c[i,j-1];
                b[i,j]='←'
            }
        }
    }
```

由于每个数组单元的计算耗费 O(1)时间,算法 LCS_LENGTH 耗时 O(mn)。

3.4.5　构造最长公共子序列

由算法 LCS_LENGTH 计算得到的数组 b 可用于快速构造序列 $X=\{x_1,x_2,\cdots,x_m\}$ 和 $Y=\{y_1,y_2,\cdots,y_n\}$ 的最长公共子序列。首先从 b[m,n]开始,沿着其中的箭头所指的方向在数组 b 中搜索。当 b[i,j]中遇到"↖"时,表示 X_i 与 Y_j 的最长公共子序列是由 X_{i-1} 与 Y_{j-1} 的最长公共子序列在尾部加上 x_i 得到的子序列;当 b[i,j]中遇到"↑"时,表示 X_i 与 Y_j 的最长公共子序列和 X_{i-1} 与 Y_j 的最长公共子序列相同;当 b[i,j]中遇到"←"时,表示 X_i 与 Y_j 的最长公共子序列和 X_i 与 Y_{j-1} 的最长公共子序列相同。

下面的算法 LCS(b,X,i,j)实现根据 b 的内容打印出 X_i 与 Y_j 的最长公共子序列。通过算法调用 LCS(b,X,length[X],length[Y]),便可打印出序列 X 和 Y 的最长公共子序列。

```
void LCS(int b[][],int x[ ],int i,int j)
{
    if (i==0 || j==0)
        return;
    if (b[i,j]=='↖')
    {
        LCS(b,x,i-1,j-1);
        print("%d",x[i]);          //打印 x[i]
    }
    else
        if (b[i,j]=='↑')
```

```
            LCS(b,x,i-1,j);
    else
            LCS(b,x,i,j-1);
  }
```

在算法 LCS 中,每一次的递归调用使 i 或 j 减 1,因此算法的计算时间为 O(m+n)。

例如,设所给的两个序列为 X=<A,B,C,B,D,A,B>和 Y=<B,D,C,A,B,A>。由算法 LCS_LENGTH 和 LCS 计算出的结果如图 3-9 所示。

3.4.6 算法的改进

对于一个具体问题,按照一般的算法设计策略设计出的算法,往往在算法的时间和空间需求上还可以改进。这种改进,通常是利用具体问题的一些特殊性。

例如,在算法 LCS_LENGTH 和 LCS 中,可进一步将数组 b 省去。事实上,数组元素 c[i,j]的值仅由 c[i-1,j-1]、c[i-1,j]和 c[i,j-1]三个值之一确定,而数组元素 b[i,j]也只是用来指示 c[i,j]究竟由哪个值确定。因此,在算法 LCS 中,可以不借助于数组 b 而借助于数组 c 本身临时判断 c[i,j]的值是由 c[i-1,j-1],c[i-1,j]和 c[i,j-1]中哪一个数值元素所确定,代价是 O(1)时间。既然 b 对于算法 LCS 不是必要的,那么算法 LCS_LENGTH 便不

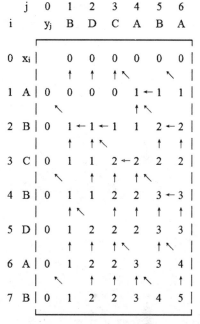

图 3-9 算法 LCS 的计算结果

必保存它。这一来,可节省 θ(mn)的空间,而 LCS_LENGTH 和 LCS 所需要的时间分别仍然是 O(mn)和 O(m+n)。不过,由于数组 c 仍需要 O(mn)的空间,因此这里所做的,只是在空间复杂度的常数因子上的改进。

另外,如果只需要计算最长公共子序列的长度,则算法的空间需求还可大大减少。事实上,在计算 c[i,j]时,只用到数组 c 的第 i 行和第 i-1 行。因此,只要用 2 行的数组空间就可以计算出最长公共子序列的长度。更进一步的分析还可将空间需求减至 min(m,n)。

3.5 凸多边形的最优三角剖分问题

3.5.1 问题描述

多边形是平面上一条分段线形成的闭曲线,是由一系列首尾相接的直线段组成的。组成多边形的各直线段称为该多边形的边。多边形相接两条边的连接点称为多边形的顶点。若多边形的边之间除了连接顶点外没有别的公共点,则称该多边形为简单多边形。一个简单多边形将平面分为 3 部分:被包围在多边形内的所有点构成了多边形的内部;

多边形本身构成多边形的边界；而平面上其余的点构成了多边形的外部。当一个简单多边形及其内部构成一个闭凸集时，称该简单多边形为凸多边形。也就是说凸多边形边界上或内部的任意两点所连成的直线段上所有的点均在该凸多边形的内部或边界上。

通常，用多边形顶点的顺时针序列来表示一个凸多边形，即 $P=<v_0,v_1,\cdots,v_{n-1}>$ 表示具有 n 条边 $v_0v_1,v_1v_2,\cdots,v_{n-1}v_n$ 的一个凸多边形，其中，约定 $v_0=v_n$。若 v_i 与 v_j 是多边形上不相邻的两个顶点，则线段 v_iv_j 称为多边形的一条弦。弦将多边形分割成两个子凸多边形 $<v_i,v_{i+1},\cdots,v_j>$ 和 $<v_j,v_{j+1},\cdots,v_i>$。多边形的三角剖分是一个将多边形分割成互不重叠的三角形的弦的集合 T。图 3-10 是一个凸多边形的两个不同的三角剖分。

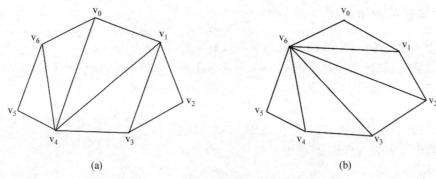

(a)　　　　　　　　　　　(b)

图 3-10　一个凸多边形的两个不同的三角剖分

在凸多边形 P 的一个三角剖分 T 中，各弦互不相交且弦数已达到最大，即 P 的任一不在 T 中的弦必与 T 中某一弦相交。在有 n 个顶点的凸多边形的一个三角剖分中，恰好有 $n-3$ 条弦和 $n-2$ 个三角形。

凸多边形最优三角剖分的问题是：给定一个凸多边形 $P=<v_0,v_1,\cdots,v_{n-1}>$ 以及定义在由多边形的边和弦组成的三角形上的权函数 ω，要求确定该凸多边形的一个三角剖分，使得该三角剖分对应的权（即剖分中诸三角形上的权）之和为最小。

可以定义三角形上各种各样的权函数 W。例如，定义 $\omega(\triangle v_iv_jv_k)=|v_iv_j|+|v_iv_k|+|v_kv_j|$，其中，$|v_iv_j|$ 是点 v_i 到 v_j 的欧几里得距离。相应于此权函数的最优三角剖分即为最小弦长三角剖分。

注意：解决此问题的算法必须适用于任意的权函数。

用动态规划算法也能有效地求解凸多边形的最优三角剖分问题。尽管这是一个计算几何学问题，但在本质上，它与矩阵连乘积的最优计算次序问题极为相似。

3.5.2　三角剖分的结构及其相关问题

凸多边形的三角剖分与表达式的完全加括号方式之间具有十分紧密的联系。正如所看到过的，矩阵连乘积的最优计算次序问题等价于矩阵链的完全加括号方式。这些问题之间的相关性可从它们所对应的完全二叉树的同构性看出。这里的所谓完全二叉树是指叶结点以外的所有结点的度数都为 2 的二叉树（注意与满二叉树和近似满二叉树的区别）。

一个表达式的完全加括号方式对应于一棵完全二叉树,称这棵二叉树为表达式的语法树。例如,与完全加括号的矩阵连乘积$((A_1(A_2 A_3))(A_4(A_5 A_6)))$相对应的语法树如图 3-11(a)所示。

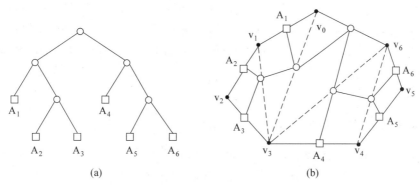

(a)　　　　　　　　　　　(b)

图 3-11　表达式语法树与三角剖分的对应

语法树中每一个叶子表示表达式中一个原子。在语法树中,若一结点有一个表示表达式 E_1 的左子树,以及一个表示表达式 E_r 的右子树,则以该结点为根的子树表示表达式 $(E_1 E_r)$。因此,有 n 个原子的完全加括号表达式对应于唯一的一棵有 n 个叶结点的语法树,反之亦然。

凸多边形$<v_0, v_1, \cdots, v_{n-1}>$的三角剖分也可以用语法树来表示。例如,图 3-11(a)中凸多边形的三角剖分可用图 3-11(b)所示的语法树来表示。该语法树的根结点为边 $v_0 v_6$,三角剖分中的弦组成其余的内部结点。多边形中除 $v_0 v_6$ 边外的每一条边是语法树的一个叶结点。树根 $v_0 v_6$ 是三角形 $v_0 v_3 v_6$ 的一条边,该三角形将原多边形分为 3 个部分:三角形 $v_0 v_3 v_6$、凸多边形$<v_0, v_1, \cdots, v_3>$和凸多边形$<v_3, v_4, \cdots, v_6>$。三角形 $v_0 v_3 v_6$ 的另外两条边,即弦 $v_3 v_6$ 和 $v_0 v_3$ 为根的两个儿子。以它们为根的子树分别表示凸多边形$<v_0, v_1, \cdots, v_3>$和凸多边形$<v_3, v_4, \cdots, v_6>$的三角剖分。

在一般情况下,一个凸 n 边形的三角剖分对应于一棵有 n−1 个叶子的语法树。反之,也可根据一棵有 n−1 个叶子的语法树产生相应的一个凸 n 边形的三角剖分。也就是说,凸 n 边形的三角剖分与 n−1 个叶子的语法树之间存在一一对应关系。由于 n 个矩阵的完全加括号乘积与 n 个叶子的语法树之间存在一一对应关系,因此 n 个矩阵的完全加括号乘积也与凸(n+1)边形的三角剖分之间存在一一对应关系。图 3-11(a)和图 3-11(b)表示出了这种对应关系,这时 n=6。矩阵连乘积 $A_1 A_2 .. A_6$ 中的每个矩阵 A_i 对应于凸(n+1)边形中的一条边 $v_{i-1} v_i$。三角剖分中的一条弦 $v_i v_j (i < j-1)$,对应于矩阵连乘积 $A_{i+1..j}$。

事实上,矩阵连乘积的最优计算次序问题是凸多边形最优三角剖分问题的一个特殊情形。对于给定的矩阵链 $A_1 A_2 .. A_n$,定义一个与之相应的凸(n+1)边形 $P = <v_0, v_1, \cdots, v_n>$,使得矩阵 A_i 与凸多边形的边 $v_{i-1} v_i$ 一一对应。若矩阵 A_i 的维数为 $p_{i-1} \times p_i, i=1, 2, \cdots, n$,则定义三角形 $v_i v_j v_k$ 上的权函数值为 $\omega(\triangle v_i v_j v_k) = p_i p_j p_k$。依此权函数的定义,凸多边形 P 的最优三角剖分所对应的语法树给出了矩阵链 $A_1 A_2 .. A_n$ 的最优完全加括号方式。

3.5.3 最优子结构性质

凸多边形的最优三角剖分问题有最优子结构性质。事实上,若凸(n+1)边形 $P=<v_0,v_1,\cdots,v_n>$ 的一个最优三角剖分 T 包含三角形 $v_0v_kv_n$,其中 $1\leqslant k\leqslant n-1$,则 T 的权为 3 个部分权之和,即三角形 $v_0v_kv_n$ 的权,子多边形 $<v_0,v_1,\cdots,v_k>$ 的权与 $<v_k,v_{k+1},\cdots,v_n>$ 的权之和。可以断言由 T 所确定的这两个子多边形的三角剖分也是最优的,因为若有 $<v_0,v_1,\cdots,v_k>$ 或 $<v_k,v_{k+1},\cdots,v_n>$ 的更小权的三角剖分,将会导致 T 不是最优三角剖分。

3.5.4 最优三角剖分对应的权的递归结构

首先,定义 $t[i,j]$,其中 $1\leqslant i<j\leqslant n$,为凸子多边形 $<v_{i-1},v_i,\cdots,v_j>$ 的最优三角剖分所对应的权值,即最优值。为方便起见,设退化的多边形 $<V_{i-1},v_i>$ 具有权值 0。据此定义,要计算的凸(n+1)边多边形 P 对应的权的最优值为 $t[1,n]$。

$t[i,j]$ 的值可以利用最优子结构性质递归地计算。由于退化的 2 顶点多边形的权值为 0,所以 $t[i,i]=0$,其中 $i=1,2,\cdots,n$。当 $j-i\geqslant 1$ 时,子多边形 $<v_{i-1},v_i,\cdots,v_j>$ 至少有 3 个顶点。由最优于结构性质,$t[i,j]$ 的值应为 $t[i,k]$ 的值加上 $t[k+1,j]$ 的值,再加上 $\triangle v_{i-1}v_kv_j$ 的权值,并在 $i\leqslant k\leqslant j-1$ 的范围内取最小。由此,$t[i,j]$ 可递归地定义为:

$$t[i,j]=\begin{cases}0, & i=j\\ \min_{i\leqslant k<j}\{t[i,k]+t[k+1,j]+w(\triangle v_{i-1}v_kv_j)\}, & i<j\end{cases}$$

3.5.5 计算最优值

将上式与矩阵连乘积的最优计算次序问题中计算 $m[i,j]$ 的递归定义公式进行比较容易看出,除了权函数的定义外,两个递归式是完全一样的。因此只要对计算 $m[i,j]$ 的算法 MatrixChain 做很小的修改就完全适用于计算 $t[i,j]$。

下面描述的计算凸(n+1)边形 $P=<v_0,v_1,\cdots,v_n>$ 的三角剖分最优权值的动态规划算法 Minweigh_triangle,输入是凸多边形 $P=<v_0,v_1,\cdots,v_n>$ 的权函数 ω,输出是最优值 $t[i,j]$ 和使得 $t[i,k]+t[k+1,j]+\omega(\triangle v_{i-1}v_kv_j)$ 达到最优的位置$(k=)s[i,j]$,其中 $1\leqslant i\leqslant j\leqslant n$。

```
void Minweigh_triangle(int p[])
{
    n=length[p]-1;
    for (i=1;i<=n;i++)
        t[i][i]=0;
    for (r=2;r<=n;r++)
        for (i=1;i<=n-r+1;i++)
```

```
                    {
                        j=i+r-1;
                        t[i][j]=t[i+1][j]+ω(Δvi-1vkvj);
                        s[i][j]=i;
                        for (k=i+1;k<=j;k++)
                        {
                            u=t[i][k]+t[k+1][j]+ω(Δvi-1vkvj);
                            if (u<t[i][j])
                            {
                                t[i][j]=u;
                                s[i][j]=k;
                            }
                        }
                    }
                }
```

与 MatrixChain 一样,算法 Minweigh_triangle 占用 $\theta(n^2)$ 空间,耗时 $\theta(n^3)$。

3.5.6　构造最优三角剖分

对于任意的 $1{\leqslant}i{\leqslant}j{\leqslant}n$,算法 Minweigh_triangle 在计算每一个子多边形 $<v_{i-1},v_i,\cdots,v_j>$ 的最优三角剖分所对应的权值 $t[i,j]$ 的同时,还在 $s[i,j]$ 中记录了此最优三角剖分中与边(或弦)$v_{i-1}v_j$ 构成的三角形的第三个顶点的位置。因此,利用最优子结构性质并借助于 $s[i,j],1{\leqslant}i{\leqslant}j{\leqslant}n$,凸 $(n+1)$ 边形 $P{=}<v_0,v_1,\cdots,v_n>$ 的最优三角剖分可容易地在 $O(n)$ 时间内构造出来。

3.6　多边形游戏

3.6.1　问题描述

多边形游戏(polygon game)问题:多边形游戏是一个单人玩的游戏,开始时多边形有 n 个顶点,每个顶点被赋予一个整数值,每条边被赋予一个运算符"+"或"*"。所有边依次用整数从 1 到 n 编号,如图 3-12 所示。

游戏第 1 步,将一条边删除。

随后 n-1 步的操作,如图 3-13 所示。

(1)选择一条边 E 以及由 E 连接的 2 个顶点 v1、v2。

(2)用一个新的顶点取代边 E 以及由 E 连接的 2 个顶点 v1、v2。新顶点的整数值为顶点 v1、v2 的整数值通过边 E 上的运算得到的结果。

(3)所有边都被删除,游戏结束。

(4)游戏的得分就是所剩顶点上的整数值。

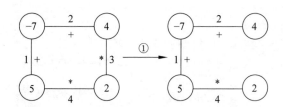

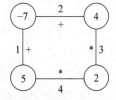

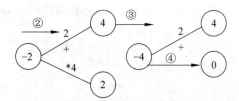

图 3-12　多边形游戏　　　　图 3-13　多边形游戏操作步骤示意图

多边形游戏问题的编程任务：对于给定的多边形,编程计算出最高得分,并且列出所有得到这个最高得分首次被删除的边的编号。例如,对于图 3-12 所示的多边形,先输入多边形顶点数 4,再输入四条边被赋予的运算符以及四个顶点的整数值,分别是 t−7 t 4 x 2 x 5,其中 t 代表"＋",x 代表"＊",则输出最高得分 33,对应这个最高得分首次被删除的边的编号是 1 或 2。

容易验证,对应这个最高得分被删除的边的次序分别是：

① 1→4→3→2,② 1→3→4→2,③ 2→4→3→1,④ 1→3→4→1

3.6.2　最优子结构性质

设所给的多边形的顶点和边的顺时针序列为 $op[1],v[1],op[2],v[2],\cdots,op[n]$,$v[n]$,其中,$op[i]$ 表示第 i 条边上的运算符,$v[i]$ 表示第 i 个顶点上的数值,其中 $i=1,\cdots,n$。

在所给多边形中,从顶点 $i(1<=i<=n)$ 开始,长度为 j(链中有 j 个顶点)的顺时针链 $p(i,j)$ 可表示为 $v[i],op[i+1],\cdots,v[i+s-1],op[i+s],v[i+s],\cdots,op[n],v[i+j-1]$。如果这条链的最后一次合并运算在 $op[i+s]$ 处发生$(1<=s<=j-1)$,则可在 $op[i+s]$ 处将链分割为两个子链 $p(i,s)$ 和 $p(i+s,j-s)$。

设 m1 是对子链 $p(i,s)$ 的任意一种合并方式得到的值,而 a 和 b 分别是在所有可能的合并中得到的最小值和最大值。

设 m2 是对子链 $p(i+s,j-s)$ 的任意一种合并方式得到的值,而 c 和 d 分别是在所有可能的合并中得到的最小值和最大值。

$$a\leqslant m1\leqslant b,\quad c\leqslant m2\leqslant d$$

子链 $p(i,s)$ 和 $p(i+s,j-s)$ 的合并方式决定了 $p(i,j)$ 在 $op[i+s]$ 处断开后的合并方式,在 $op[i+s]$ 处合并后其值为 $m=(m1)op[i+s](m2)$。

当 $op[i+s]=$"＋"时,$a+c\leqslant m\leqslant b+d$;

当 $op[i+s]=$"＊"时,$\min\{ac,ad,bc,bd\}\leqslant m\leqslant\max\{ac,ad,bc,bd\}$。

这表明主链 p(i,j) 的最优性可推出子链 p(i,s) 和 p(i+s,j−s) 的最优性。所以,多边形游戏问题是满足最优子结构性质。

3.6.3　递归求解

设 m[i,j,0] 是链 p(i,j) 合并的最小值,而 m[i,j,1] 是链 p(i,j) 合并的最大值。令 a=m[i,s,0],b=m[i,s,1],c=m[i+s,j−s,0],d=m[i+s,j−s,1]。

(1) 当 op[i+s]='+'时,m[i,j,0]=a+c,m[i,j,1]=b+d。

(2) 当 op[i+s]='*'时,m[i,j,0]=min{ac,ad,bc,bd},m[i,j,1]=max{ac,ad,bc,bd}。

综合(1)和(2),将 p(i,j) 在 op[i+s] 处断开的最大值为 maxf(i,j,s),最小值为 minf(i,j,s),则

$$minf(i,j,s) = \begin{cases} a+c & op[i+s]='+' \\ min\{ac,ad,bc,bd\} & op[i+s]='*' \end{cases}$$

$$maxf(i,j,s) = \begin{cases} b+d & op[i+s]='+' \\ max\{ac,ad,bc,bd\} & op[i+s]='*' \end{cases}$$

由于最优断开位置 s 有 1≤s≤j−1 的 j−1 种情况,由此可知

$$m[i,j,0] = \min_{1 \le s \le j}\{minf(i,j,s)\}, \quad 1 \le i,j \le n$$

$$m[i,j,1] = \max_{1 \le s \le j}\{maxf(i,j,s)\}, \quad 1 \le i,j \le n$$

显然初始边界值为 m[i,1,0]=v[i],m[i,1,1]=v[i],其中 1≤i≤n。

3.6.4　算法描述

以图 3-12 所示的四个顶点的多边形为例,多边形游戏问题的动态规划算法实现 C 程序如下:

```c
#include <stdio.h>
#define N 4
long int minf, maxf, m[N+1][N+1][2];
char op[N+1];
int [N+1],n;
void iniM()
{
    int i;
    for (i=1;i<=n;i++)
    {
        m[i][1][0]=v[i];
        m[i][1][1]=v[i];
    }
}

void minMax(int i,int s,int j)
```

```
{
    int e[N+1],k;
    int a=m[i][s][0], b=m[i][s][1], r=(i+s-1)%n+1;
    int c=m[r][j-s][0], d=m[r][j-s][1];
    if (op[r]=='t')
    {
        minf=a+c;
        maxf=b+d;
    }
    else
    {
        e[1]=a * c;
        e[2]=a * d;
        e[3]=b * c;
        e[4]=b * d;
        minf=e[1];
        maxf=e[1];
        for(k=2;k<5;k++)
        {
            if(minf>e[k])
                minf=e[k];
            if(maxf<e[k])
                maxf=e[k];
        }
    }
}

int MultiPoly()
{
    int j,i,s;
    for(j=2;j<=n;j++)
        for(i=1;i<=n;i++)
            for(s=1;s<j;s++)
            {
                minMax(i,s,j);
                m[i][j][0]=100000;
                m[i][j][1]=-100000;
                if(m[i][j][0]>minf)
                    m[i][j][0]=minf;
                if(m[i][j][1]<maxf)
                    m[i][j][1]=maxf;
            }
    long int temp=m[1][n][1];
```

```
    for(i=2;i<=n;i++)
        if(temp<m[i][n][1])
            temp=m[i][n][1];
    return temp;
}


int main()
{
    int i;
    n=N;
    for(i=1;i<=n;i++)
        scanf("%c%d",&op[i],&v[i]);
    iniM();
    long int max=MultiPoly();
    printf("%ld\n",max);
    system("pause");
    return 0;
}
```

算法复杂性分析：算法用到三重循环，计算时间为 $O(n^3)$。

3.7　图　像　压　缩

3.7.1　图像压缩实例

数字化图像是 $m \times m$ 的图像阵列，图像中各像素值与存储空间的对应关系如表 3-1
所示。假定每个像素有 $0 \sim 255$ 的灰度值，则存储一个像素至多需 8 位，总的存储空间至
多需 $8m^2$ 位。例如，考察表 3-2 所示的 4×4 图像，至多需 $8m^2 = 8 \times 16 = 128$ 位。为了减
少存储空间，可采用变长模式，即不同像素使用不同位数来存储。

表 3-1　像素值与存储空间的对应关系

像素值（十进制）	二　进　制	存 储 空 间
0	0	1
1	1	1
2	10	2
3	11	2
4	100	3
5	101	3
6	110	3
7	111	3

表 3-2　4×4 图像各像素的灰度值

10	9	12	40
12	15	35	50
8	10	9	15
240	160	130	11

图 3-14　蛇行的行主次序示意图

按照如图 3-14 所示的蛇行的行主次序,灰度值依次为

10,9,12,40,50,35,15,12,8,10,9,15,11,130,160,240

对应的位数为

[4,4,4]，[6,6,6]，[4,4,4,4,4,4,4]，[8,8,8]

使用变长模式的步骤如下:

(1) 图像线性化:按蛇行的行主次序,将 m×m 维图像转换为 1×m² 维矩阵。

(2) 分段:按每段中的像素位数相同的等长条件将像素分段,每个段是相邻像素的集合且每段最多含 256 个像素,若相同位数的像素超过 256 个,则用两个以上的段表示。上例分为 4 个段:

[10,9,12]，[40,50,35]，[15,12,8,10,9,15,11]，[130,160,240]

(3) 创建文件:

第一个文件 SegmentLength 包含κ中所建的段的长度减 1,即 2、2、6、2。

第二个文件 BitsPerPixel 给出了各段中每个像素的存储位数减 1,即 3、5、3、7,各项均为 3 位。

第三个文件 Pixels 则是以变长格式存储的像素的二进制串,包含了按蛇形的行主次序排列的 16 个灰度值,即头 3 个各用 4 位存储,接下来 3 个各用 6 位存储,再接下来 7 个各用 4 位存储,最后 3 个各用 8 位存储。

这 3 个文件需要的存储空间为 126 位(节省 2 位),分别为:

文件 SegmentLength 需 8×4＝32 位;

文件 BitsPerPixel 需 3×4＝12 位;

文件 Pixels 需 3×4＋3×6＋7×4＋3×8＝82 位。

设所给的像素点灰度值序列⟨P1,P2,…,Pn⟩被分割成 m 个连续段 S1,S2,…,Sm。第 i (1≤i≤m)个像素段中有 l[i]个像素,且该段中每个像素只用 b[i]位来表示,则第 i 个像素段所需存储空间为 l[i]×b[i]＋11 位,总共 m 个段所需存储空间为 $\sum_{i=1}^{m}$ l[i]×b[i]＋11m 位。

上例可通过将某些相邻段合并的方式来减少空间消耗。如将第 1、2 段合并,则

文件 SegmentLength 为 5、6、2;

文件 BitsPerPixel 为 5、3、7;

文件 Pixels 中头 6 个灰度值用 6 位存储,其余不变。

总存储空间为 $8 \times 3 + 3 \times 3 + 6 \times 6 + 7 \times 4 + 3 \times 8 = 121$ 位。

此时,文件 SegmentLength 和 BitsPerPixel 的空间消耗减少了 11 位,而文件 Pixels 的空间增加 6 位,于是节约了 5 位。

3.7.2　最优子结构性质

图像压缩问题要求确定像素序列$\{P1, P2, \cdots, Pn\}$的一个最优分段,使得依此分段所需的存储空间最少。设 $l[i], b[i](1 <= i <= m)$是$\{P1, P2, \cdots, Pn\}$的一个最优分段,则 $l[1], b[1]$ 是$\{P1, P2, \cdots, Pl[1]\}$的一个最优分段,且 $l[i], b[i](2 <= i <= m)$是$\{Pl[1]+1, P2, \cdots, Pn\}$的一个最优分段,即图像压缩问题满足最优子结构性质。

3.7.3　递归计算最优值

令 $s[i]$为前 i 段的最优合并所需的空间,定义 $s[0] = 0$。考虑第 i 段$(i>0)$,假如在最优合并 C 中,第 i 段与第 $i-1, i-2, \cdots, i-k+1$ 段合并,而不包括 $i-k$ 段。合并 C 所需的空间消耗等于第 i 段到第 $i-k$ 段所需空间$+ lsum(i-k+1, i) \times bmax(i-k+1, i) + 11$,其中 $lsum(a, b) = l[a] + l[a+1] + \cdots + l[b]$;$bmax(a, b) = \max\{b[a], b[a+1], \cdots, b[b]\}$。

假如在 C 中,第 i 段到第 $i-k$ 段的合并并不最优,则必须对段 i 到段 $i-k$ 进行最优合并。故 C 的空间消耗为

$$s[i] = s[i-k] + lsum(i-k+1, i) \times bmax(i-k+1, i) + 11$$

$$s[i] = \min_{\substack{1 \leqslant k \leqslant \min\{i, 256\} \\ lsum(i-k+1, i) \leqslant 256}} \{s[i-k] + lsum(i-k+1, i) \times bmax(i-k+1, i)\} + 11$$

其中 $bmax(i, j) = \lceil \log(\max_{i \leqslant k \leqslant j}\{P_k\} + 1) \rceil$。

例如,文件 SegmentLength 为 6、3、10、2、3;文件 BitsPerPixel 为 1、2、3、2、1。

$s[0] = 0$

$s[1] = s[0] + l[1] \times b[1] + 11 = 17$

$s[2] = \min\{s[1] + l[2] \times b[2], s[0] + (l[1] + l[2]) \times \max\{b[1], b[2]\}\} + 11$
$\quad\quad = \min\{17 + 6, 9 \times 2\} + 11 = 29$

$s[3] = \min\{s[2] + l[3] \times b[3],$

$\quad\quad\quad s[1] + \sum_{i=2}^{3} l[i] \times \max\{b[2], b[3]\},$

$\quad\quad\quad s[0] + \sum_{i=1}^{3} l[i] \times \max\{b[1], b[2], b[3]\}\} + 11$

$\quad\quad = \min\{29 + 30, 17 + 13 \times 3, 19 \times 3\} + 11$

$\quad\quad = 56 + 11 = 67$

$s[4] = \min\{s[3] + l[4] \times b[4],$

$$s[2] + \sum_{i=3}^{4} l[i] \times \max\{b[3], b[4]\},$$

$$s[1] + \sum_{i=2}^{4} l[i] \times \max\{b[2], b[3], b[4]\},$$

$$s[0] + \sum_{i=1}^{4} l[i] \times \max\{b[1], b[2], b[3], b[4]\}\} + 11$$

$$= \min\{67 + 2 \times 2, 29 + 12 \times 3, 17 + 15 \times 3, 21 \times 3\} + 11$$

$$= 62 + 11 = 73$$

$$s[5] = \min\{s[4] + l[5] \times b[5],$$

$$s[3] + \sum_{i=4}^{5} l[i] \times \max\{b[4], b[5]\},$$

$$s[2] + \sum_{i=3}^{5} l[i] \times \max\{b[3], b[4], b[5]\},$$

$$s[1] + \sum_{i=2}^{5} l[i] \times \max\{b[2], b[3], b[4], b[5]\},$$

$$s[0] + \sum_{i=1}^{5} l[i] \times \max\{b[1], b[2], b[3], b[4], b[5]\}\} + 11$$

$$= \min\{73 + 3, 67 + 5 \times 2, 29 + 15 \times 3, 17 + 18 \times 3, 24 \times 3\} + 11$$

$$= \min\{76, 77, 74, 71, 72\} + 11 = 71 + 11 = 82$$

设 kay[i]表示取得最小值时 k 的值,则有 kay[]={1,2,2,3,4}。

3.7.4　算法实现

以表 3-2 所示的 4×4 图像为例,图像压缩问题的动态规划算法描述如下:

```
#define SIZE 4
int image[SIZE][SIZE]={10,9,12,40,50,35,15,12,8,10,9,15,11,130,160,240};
int s[SIZE * SIZE],kay[SIZE * SIZE];
int ss(int l[],int b[],int i)
{
    int lsum,bmax;
    int k,t;
    if (i==0)
        return 0;
    lsum=l[i];
    bmax=b[i];
    s[i]=ss(l,b,i-1)+lsum * bmax;
    kay[i]=1;
    for (k=2;k<=i&&k<=256;k++)
    {
```

```
            lsum+=l[i-k+1];
            if (bmax<b[i-k+1])
                bmax=b[i-k+1];
            t=ss(l,b,i-k)+lsum*bmax;
            if (s[i]>t)
            {
                s[i]=t;
                kay[i]=k;
            }
        }
    s[i]+=11;
    return s[i];
}


int seglen(int l[],int b[],int bit[],int n)
{
    int i,j=1;
    int temp;
    temp=b[j]=bit[0];
    l[j]=1;
    for (i=1;i<n;i++)
        if (bit[i]==temp)
            l[j]+=1;
        else
        {
            j++;
            temp=b[j]=bit[i];
            l[j]=1;
        }
    return j;
}


int bitperpixel(int i)
{
    int k=1;
    i=i/2;
    while (i>0)
    {
        k++;
        i=i/2;
    }
    return k;
}
```

　　图像压缩问题的动态规划算法只需 $O(n)$ 空间。由于在算法中的循环次数不超过 256,故对每一个确定的 i 可在 $O(1)$ 时间内完成,因此整个算法的时间复杂度为 $O(n)$,即空间复杂度 $S(n)=O(n)$,时间复杂度 $T(n)=O(n)$。

习　题　3

一、选择题

1. 动态规划法的基本要素为(　　)。

　　(A) 最优子结构性质与贪心选择性质

　　(B) 重叠子问题性质与贪心选择性质

　　(C) 最优子结构性质与重叠子问题性质

　　(D) 预排序与递归调用

2. 下列不是动态规划法基本步骤的是(　　)。

　　(A) 找出最优解的性质　　　　　　　　(B) 构造最优解

　　(C) 算出最优解　　　　　　　　　　　(D) 定义最优解

3. 动态规划法求解问题的基本步骤不包括(　　)。

　　(A) 递归地定义最优值

　　(B) 分析最优解的性质,并刻画其结构特征

　　(C) 根据计算最优值时得到的信息,构造最优解

　　(D) 以自底向上的方式计算出最优值

4. 下列是动态规划法基本要素的是(　　)。

　　(A) 定义最优解　　　　　　　　　　　(B) 构造最优解

　　(C) 算出最优解　　　　　　　　　　　(D) 子问题重叠性质

5. 下列算法中通常以自底向上的方式求解最优解的是(　　)。

　　(A) 备忘录法　　　(B) 动态规划法　　　(C) 贪心法　　　(D) 回溯法

6. 用动态规划法解决最大字段和问题,其时间复杂度为(　　)。

　　(A) logn　　　　　(B) n　　　　　　　(C) n^2　　　　　(D) nlogn

7. 备忘录方法是(　　)的变形。

　　(A) 分治法　　　　(B) 动态规划法　　　(C) 贪心法　　　(D) 回溯法

8. 最长公共子序列算法利用的算法是(　　)。

　　(A) 动态规划法　　(B) 贪心法　　　　　(C) 回溯法　　　(D) 分支界限法

9. 在有 8 个顶点的凸多边形的三角剖分中,恰有(　　)。

　　(A) 6 条弦和 7 个三角形　　　　　　　(B) 5 条弦和 6 个三角形

　　(C) 6 条弦和 6 个三角形　　　　　　　(D) 5 条弦和 5 个三角形

10. 下列关于凸多边形最优三角剖分问题的描述,不正确的是(　　)。

　　(A) n+1 个矩阵连乘的完全加括号和 n 个顶点的凸多边形最优三角剖分对应

（B）在有 n 个顶点的凸多边形最优三角剖分中,恰有 n－3 条弦

（C）在有 n 个顶点的凸多边形最优三角剖分中,恰有 n－2 个三角形

（D）凸多边形最优三角剖分问题可以用动态规划法来求解

二、填空题

1. 动态规划算法的基本思想是将待求解问题分解成若干子问题,先求解_____,然后从这些_____的解得到原问题的解。

2. 某个问题的最优解包含着其子问题的最优解。这种性质称为_____。

3. 实现最大子段和利用的算法是_____。

4. 若序列 X＝{B,C,A,D,B,C,D},Y＝{A,C,B,A,B,D,C,D},则序列 X 和 Y 的一个最长公共子序列_____。

5. 两个序列 A＝"xyxxzxyzxy" 和 B＝"zxzyyzxxyxxz" 的最长公共子序列的长度为_____。

6. 两个序列 A＝"xzyzzyx" 和 B＝"zxyyzxz" 的最长公共子序列是_____。

7. 对于长度分别为 n 和 m 的两个串使用算法 LCS 求解这两个串的最长公共子串的长度所需要的时间为_____,空间为_____。

8. 使用动态规划算法找出 n 个矩阵链乘所需要的最少的元素乘法次数需要时间为_____,空间为_____。

9. 考虑使用动态规划算法求解一个多段图中从源点 s 到汇点 t 的一条最短路。假定多段图中的结点有 n 个,边有 m 条,共有 k 段,且使用邻接表表示图。该算法的时间复杂度为_____。

10. 考虑确定下列矩阵链乘的最有效的次序问题：$M_1(2\times3)$,$M_2(3\times6)$,$M_3(6\times4)$,$M_4(4\times2)$,$M_5(2\times7)$。连乘 $M_1M_2M_3M_4M_5$ 需要矩阵元素的最少的乘法次数为_____。一个表示最优计算次序的加括号表示为_____。

三、简答题

1. 写出设计动态规划法的主要步骤。

2. 简要说明动态规划方法为什么需要最优子结构性质。

3. 简述动态规划法的基本要素。

4. 简述分治法与动态规划法的异同点。

5. 简述动态规划方法所运用的最优化原理。

四、算法填空

1. 数塔问题。有形如图 3-15 所示的数塔,从顶部出发,在每一结点可以选择向左走或是向右走,一直走到底层,要求找出一条路径,使路径上的值最大。

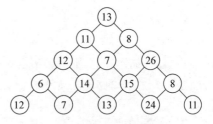

图 3-15　数塔示意图

```
for(r=n-2;r>=0;r--)                      //自底向上递归计算
    for(c=0;    【1】    ;c++)
        if( t[r+1][c]>t[r+1][c+1])
                【2】    ;
        else
                【3】    ;
```

2. 设 $X=<x_1,x_2,\cdots,x_m>$，$Y=<y_1,y_2,\cdots,y_n>$，用 $L[i][j]$ 记录序列 X_i 和 Y_j 的最长公共子序列的长度，其中 $X_i=<x_1,x_2,\cdots,x_i>$，$Y_j=<y_1,y_2,\cdots,y_j>$，则最长公共子序列问题具有最优子结构性质分析如下：

情形 a：若 $x_m=y_n$，则 $z_k=x_m=y_n$ 且 Z_{k-1} 是 ____【1】____ 的最长公共子序列；

情形 b：若 $x_m\neq y_n$ 且 $z_k\neq x_m$，则 Z 是 ____【2】____ 的最长公共子序列；

情形 c：若 $x_m\neq y_n$ 且 $z_k\neq y_n$，则 Z 是 ____【3】____ 的最长公共子序列。

其中 $X_{m-1}=\{x_1,x_2,\cdots,x_{m-1}\}$，$Y_{n-1}=\{y_1,y_2,\cdots,y_{n-1}\}$，$Z_{k-1}=\{z_1,z_2,\cdots,z_{k-1}\}$。

对应情形 a 的递归式 $L[i][j]=$ ____【4】____ ；

对应情形 b 和情形 c 的递归式 $L[i][j]=$ ____【5】____ 。

3. 设 $S=\{X_1,X_2,\cdots,X_n\}$ 是严格递增的有序集，利用二叉树的结点来存储 S 中的元素，在表示 S 的二叉搜索树中搜索一个元素 X，返回的结果有两种情形：

情形 a：在二叉搜索树的内结点中找到 $X=X_i$，其概率为 b_i。

情形 b：在二叉搜索树的叶结点中确定 $X\in(X_i,X_{i+1})$，其概率为 a_i。

在表示 S 的二叉搜索树 T 中，设存储元素 X_i 的结点深度为 C_i；叶结点 (X_i,X_{i+1}) 的结点深度为 d_i，则

(1) 二叉搜索树 T 的平均路长 p 为 ____【1】____ 。

(2) 假设二叉搜索树 $T[i][j]=\{X_i,X_{i+1},\cdots,X_j\}$ 最优值为 $m[i][j]$，$W[i][j]=a_{i-1}+b_i+\cdots+b_j+a_j$，则 $m[i][j]$（$1\leqslant i\leqslant j\leqslant n$）的递归关系表达式是 $m[i][j]=$ ____【2】____ 。

五、算法设计

1. 在 5 个矩阵组成的实例上运行矩阵连乘动态规划算法：$M_1(10\times3)$，$M_2(3\times12)$，$M_3(12\times15)$，$M_4(15\times8)$，$M_5(8\times2)$。

(1) 找出这 5 个矩阵相乘所需要的最少的元素的乘法次数。

(2) 给出这 5 个矩阵的一个括号表达式，使得按照括号的次序进行计算所需要的乘法次数是最少的。

2. 单源最短路径问题：给定一个带权的有向图 $G=<V,E>$，其中每条边的权是一个非负实数，如图 3-16 所示。给定 V 的一个源顶点 v，现要计算从源 v 到其他各顶点 i 的最短路长。这里设路的长度为路上各边权之和。试用动态规划算法求解，要求写出计算过程。

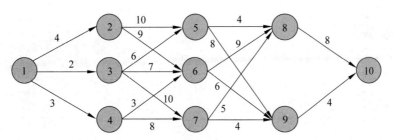

图 3-16 单源最短路径带权的有向图 G

第 4 章

贪 心 算 法

4.1 活动安排问题

4.1.1 贪心算法设计的特点

贪心(Greedy)算法是一种不追求最优解、只希望得到较为满意的解的方法。它常以当前情况为基础做最优选择而不考虑各种可能的整体情况,所以贪心法不要回溯。贪心算法总是做出在当前看来是最好的选择。也就是说,不从整体最优上加以考虑,它所做出的仅是在某种意义上的局部最优解。贪心算法在每一判定步上,都能得到一个局部最优解,但由此产生的全局解有时不一定是最优的。贪心算法不是对所有问题都能得到整体最优解。在一些情况下,即使贪心算法不能得到整体最优解,但其最终结果必然是最优解的很好近似解。

4.1.2 问题描述

活动安排问题:设有 n 个活动的集合 E＝{1,2,…,n},其中每个活动都要求使用同一资源,如演讲会场,而在同一时间只允许一个活动使用这一资源。每个活动 i 都有使用的起始时间 s_i 和结束时间 f_i,且 $s_i < f_i$。问如何安排可以使这间会场的使用率最高。

如果选择了活动 i,则它在区间[s_i,f_i)内占用资源。若区间[s_i,f_i)与区间[s_j,f_j)不相交,则称活动 i 与活动 j 是相容的。活动安排问题就是要在所给的活动集合中选出最大的相容活动子集合。

设 n＝11,共有 11 个活动,可以按结束时间排列 11 个活动,如表 4-1 所示。这 11 个活动时间示意图如图 4-1 所示。

表 4-1　按结束时间排列 11 个活动

活 动 i	开始时间 s_i	结束时间 f_i
1	1	4
2	3	5
3	0	6
4	5	7
5	3	8

续表

活　动　i	开始时间 s_i	结束时间 f_i
6	5	9
7	6	10
8	8	11
9	8	12
10	2	13
11	12	14

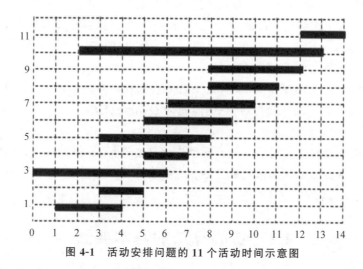

图 4-1　活动安排问题的 11 个活动时间示意图

4.1.3　活动安排问题的贪心算法

活动安排问题的贪心算法（plangreedy）如下：

```
void plangreedy(int n,int s[],int f[],int a[])
{
    int i,j;
    a[1]=1;
    j=1;
    for( i=2;i<=n;i++)
        if (s[i]>=f[j])
        {
            a[i]=1;
            j=i;
        }
```

```
            else
                a[i]=0;
    }
```

活动安排问题的贪心算法分析：

（1）一开始选择活动1，并将j初始化为1。然后依次检查活动i是否与当前已选择的所有活动相容，若相容则活动加入已选择的活动集合中，否则不选择活动i，而继续检查下一活动的相容性。

（2）由于f_j总是当前集合a中所有活动的最大结束时间，故活动i与当前已选择的所有活动相容的充要条件：活动i的开始时间不早于最近加入的活动j的结束时间。

（3）由于活动是按结束时间的递增顺序排列的，所以该算法每次总是选择具有最早完成时间的相容活动，使剩余的可安排时间段最大化，以便安排尽可能多的相容活动。

活动安排问题算法时间复杂度分析：

按结束时间的递增顺序排列活动，至少需$O(n\log n)$，算法plangreedy相容地安排活动只需$O(n)$，所以当活动未排序时，总的时间为$O(n\log n)$。

思考题：

（1）如果选择具有最短时段的相容活动作为贪心选择，能得到最优解吗？

（2）如果选择覆盖未选择活动最少的相容活动作为贪心选择，能得到最优解吗？

试说出其他一两种贪心选择方案。

4.2　贪心算法的基本要素

4.2.1　贪心选择性质

贪心选择性质是指所求问题的整体最优解可以通过一系列局部最优的选择，即贪心选择来达到。贪心选择性质是贪心算法可行的第一个基本要素，也是贪心算法与动态规划算法的主要区别。

贪心算法采用自顶向下，以迭代的方式做出相继的贪心选择，每做一次贪心选择就将所求问题简化为一个规模更小的子问题。对于一个具体问题，要确定它是否具有贪心选择的性质，必须证明每一步所做的贪心选择最终导致问题的最优解。通常可以首先证明问题的一个整体最优解，是从贪心选择开始的，而且做了贪心选择后，原问题简化为一个规模更小的类似子问题。然后，用数学归纳法证明，通过每一步做贪心选择，最终可得到问题的一个整体最优解。

例4-1　证明活动安排问题具有贪心选择性质。

证明：将活动集合E中的活动编号为$1,2,\cdots,n$，由于E中活动是按结束时间的递增顺序排列的，故活动1具有最早的完成时间。

（1）首先证明活动安排问题有一个最优解以贪心选择开始，即该最优解中包含活动1。设$A\subseteq E$是所给活动安排问题的，且A中包含的活动也是按结束时间的递增顺序排列的，A 中的第一个活动是活动 k。若 k=1，则 A 就是一个以贪心选择开始的最优解；若 k>1，则令 B=A−{k}∪{1}，由于 $f_1 \leq f_k$，且 A 中的活动是互为相容的，故 B 中的活动也是互为相容的。又由于 A、B 中的活动个数相同，且 A 是最优的，故 B 也是最优的。也就是说 B 是一个以贪心选择活动 1 开始的最优活动安排。因此，得证。

（2）在做了贪心选择，即选择了活动 1 后，原问题简化为一个规模更小的子问题。即若 A 是原问题 E 包含活动 1 的一个最优解，则 A′=A−{1} 是活动安排问题 E′={i∈E, $s_i \geq f_1$} 的一个最优解。若不然，设 B′ 是活动安排问题 E′ 的一个最优解，它包含比 A′ 更多的活动，则必有 B=B′∪{1}，它包含比 A 更多的活动，这与 A 是原问题 E 的一个最优解相矛盾。因此，每一步所做的贪心选择都可将原问题简化为一个规模更小的类似子问题。然后，用数学归纳法可知，通过每一步做贪心选择，最终可得到问题的一个整体最优解。

4.2.2　最优子结构性质

活动安排问题的最优解包含子问题的最优解，活动安排问题具有最优子结构性质。

例 4-2　证明活动安排问题具有最优子结构性质。

证明：将活动集合 E 中的活动编号为 1，2，…，n，定义 E 中活动的子集 E_{ij}={$a_k \in E$, $f_i \leq s_k \leq f_k \leq s_j$}，其中活动 a_k 的开始时间为 s_k，结束时间为 f_k，a_k 在活动 a_i 结束之后开始，且在活动 a_j 开始之前结束。E_{ij} 包含了所有与 a_i 和 a_j 兼容的活动，其中 $1 \leq i, j \leq n$。假设活动是按结束时间的递增顺序排列的。

假设 E_{ij} 的最优解 A_{ij} 包含活动 a_k，则 E_{ij} 的两个子问题 E_{ik} 和 E_{kj} 所对应的 A_{ik} 和 A_{kj} 也是最优解。若不然，设比 A_{ik} 包含更多的活动，则用替换 A_{ik} 得到，它比 A_{ij} 包含更多的活动，这与假设 A_{ij} 是 E_{ij} 中的最优解发生矛盾。同理可证 A_{kj} 也是 E_{kj} 中的最优解。

4.2.3　贪心算法的求解过程

贪心算法通常用来求解最优化问题。贪心算法求解的一般过程是：从某一个初始状态出发，根据当前的局部最优策略，以满足约束方程为条件，以使目标函数增长最快（或最慢）为准则，在候选集合中进行一系列的选择，以便尽快构成问题的可行解。

用贪心算法求解问题应考虑：

（1）候选集合 C。

（2）解集合 S。

（3）解决函数 solution。

（4）选择函数 select。

（5）可行函数 feasible。

贪心算法可以表示如下：

```
Greedy(C)                        //问题的输入集合即候选集合 C
{
    S={};                        //初始解集合为空集
    while (not solution(S))       //集合 S 没有构成问题的一个解
```

```
    {
        x=select(C);                    //在候选集合 C 中做贪心选择
        if feasible(S,x)                //判断集合 S 中加入 x 后的解是否可行
            S=S+{x};
        C=C-{x};
    }
    return S;
}
```

贪心法是在少量计算的基础上做贪心选择而不急于考虑以后的情况,这样一步一步扩充解,每一步均是建立在局部最优解的基础上,而每一步又都扩大了部分解。因为每一步所做出的选择仅基于少量的信息,因而贪心法的效率通常很高。

设计贪心算法的困难在于证明得到的解确实是问题的整体最优解。

4.2.4　贪心算法与动态规划法的差异

问题具有最优子结构性质是该问题可用动态规划法或贪心算法求解的一个关键特征。

背包问题:给定 n 种物品(每种物品仅有一件)和一个背包。物品 i 的重量是 w_i,其价值为 v_i,背包的容量为 c。问应如何选择物品装入背包,使得装入背包中的物品的总价值最大?

0-1 背包问题:在选择物品装入时要么不装,要么全装入。

连续背包问题:在选择物品时,可以选择物品的一部分而不一定要全部。

1. 对于 0-1 背包问题

例 4-3　给定 3 种物品(n=3)和一个背包。物品的重量 w=[100,10,10],其价值 v=[20,15,15],背包的容量 c=105。

解:进行价值贪心选择获得的解为 X=[1,0,0],总价值为 20。

进行重量贪心选择获得的解为 X=[0,1,1],总价值为 30,得到最优解。

进行价值密度贪心选择,v/w=[1/5,2/3,2/3],获得的解为 X=[0,1,1],总价值为 30,得到最优解。

例 4-4　给定 3 种物品(n=3)和一个背包。物品的重量 w=[20,15,15],其价值 v=[40,25,25],背包的容量 c=30。

解:进行价值贪心选择获得的解为 X=[1,0,0],总价值为 20。

进行重量贪心选择获得的解为 X=[0,1,1],总价值为 50,得到最优解。

进行价值密度贪心选择,v/w=[2,5/3,5/3],获得的解为 X=[1,0,0],总价值为 20。

例 4-5　给定 2 种物品(n=2)和一个背包。物品的重量 w=[10,20],其价值 v=[5,100],背包的容量 c=25。

解:进行价值贪心选择获得的解为 X=[0,1],总价值为 100,得到最优解。

进行重量贪心选择获得的解为 X=[1,0],总价值为 5。

进行价值密度贪心选择,v/w＝[1/2,5],获得的解为 X＝[0,1],总价值为 100,得到最优解。

2. 对于连续背包问题

例 4-6 给定 3 种物品(n＝3)和一个背包。物品的重量 w＝[100,10,10],其价值 v＝[20,15,15],背包的容量 c＝105。

解:进行价值贪心选择获得的解为 X＝[1,1/2,0],总价值为 27.5。

进行重量贪心选择获得的解为 X＝[85/100,1,1],总价值为 30＋20×85/100＝47,得到最优解。

进行价值密度贪心选择,v/w＝[1/5,1.5,1.5],获得的解为 X＝[85/100,1,1],总价值为 30＋20×85/100＝47,得到最优解。

连续背包问题进行价值密度贪心选择,总是可以得到最优解。

0-1 背包问题进行各种贪心选择,不能保证得到最优解,因为它无法保证最终能将背包装满。在考虑 0-1 背包问题的物品选择时,应比较选择该物品和不选择该物品所导致的最终结果,然后再做出最好选择,由此导出许多重叠的子问题,这正是该问题可用动态规划法求解的另一重要特征。

贪心算法可以有效地解连续背包问题,动态规划法可以有效地解 0-1 背包问题。

4.3 最优装载

0-1 背包问题是一个一般化的货箱装载问题,即每个货箱所获得的价值不同。货箱装载问题转化为背包问题的形式为:船作为背包,货箱作为可装入背包的物品。

4.3.1 问题描述

装载问题:有一批集装箱要装上一艘载重量为 c 的轮船。其中第 i 个集装箱的重量为 $w_i(1 \leqslant i \leqslant n)$。最优装载问题要求确定,在装载体积不受限制的情况下,应如何装载才能将尽可能多的集装箱装上轮船。

这个问题可形式化描述为:设存在一组变量 x_i,其可能取值为 0 或 1。如 x_i 为 0,则集装箱 i 将不被装上船;如 x_i 为 1,则集装箱 i 将被装上船。我们的目的是找到一组 x_i,使它满足限制条件 $\sum_{i=1}^{n} w_i x_i \leqslant c, x_i \in \{0,1\}, 1 \leqslant i \leqslant n$。相应的优化函数是 $\max \sum_{i=1}^{n} x_i$。满足限制条件的每一组 x_i 都是一个可行解,能使 $\sum_{i=1}^{n} x_i$ 取得最大值的方案是最优解。

4.3.2 贪心选择性质

设集装箱已依其重量从小到大排序,$(x_1, x_2, \cdots, x_n)$ 是最优装载问题的一个最优解。又设 $k = \min_{1 \leqslant i \leqslant n} \{i \mid x_i = 1\}$。易知,如果给定的最优装载问题有解,其中 $1 \leqslant k \leqslant n$。

(1) 当 k＝1 时,$(x_1, x_2, \cdots, x_n)$ 是一个满足贪心选择性质的最优解。

(2) 当 k＞1 时,取 $y_1 = 1, y_k = 0; y_i = x_i, 1 < i \leqslant n, i \neq k$,则

$$\sum_{i=1}^{n} w_i y_i = w_1 - w_k + \sum_{i=1}^{n} w_i x_i \leqslant \sum_{i=1}^{n} w_i x_i \leqslant c$$

因此,$(y_1, y_2, \cdots, y_n)$是所给最优装载问题的一个可行解。

另外,由$\sum_{i=1}^{n} y_i = \sum_{i=1}^{n} x_i$知,$(y_1, y_2, \cdots, y_n)$是一个满足贪心选择性质的最优解。所以,最优装载问题具有贪心选择性质。

4.3.3 最优子结构性质

设$(x_1, x_2, \cdots, x_n)$是最优装载问题的一个满足贪心选择性质的最优解,则易知,$x_1 = 1$,$(x_2, \cdots, x_n)$是轮船载重量为$c - w_1$且待装船集装箱为$\{2, 3, \cdots, n\}$时相应最优装载问题的一个最优解。所以,最优装载问题具有最优子结构性质。

4.3.4 算法描述

最优装载问题具有贪心选择性质和最优子结构性质,可用贪心算法求解。这里采用重量最轻者先装的贪心选择策略,由此可产生最优装载问题的一个最优解。

```
void load(int x[], int c, int n)
{
    int i, t[N+1];
    sort(w,t,n);
    for(i=1;i<=n;i++)
        x[i]=0;
    for(i=1;i<=n&&w[t[i]]<=c;i++)
    {
        x[t[i]]=1;
        c -=w[t[i]];
    }
}
```

算法 load 的主要计算量在于将集装箱依其重量从小到大排序,算法时间复杂度为$O(n\log n)$。

4.4 最短路径问题

4.4.1 问题描述

给定一个带权的有向图 G：$<V, E>$,其中每条边的权是一个非负实数。给定 V 的一个源顶点 v,现要计算从源 v 到其他各顶点 i 的最短路长。这里设路的长度为路上各边权之和,如图 4-2 所示。

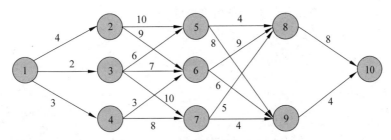

图 4-2 单源最短路径带权有向图 G

4.4.2 算法基本思想

采用 Dijkstra 发明的贪婪算法可以解决最短路径问题。经典 Dijkstra 算法的基本思路如下。

首先设置一个顶点集合 S,并不断地做贪心选择来扩充这个集合。即每次从 V−S 中取出最短路径长度的顶点 u,将 u 添加到 S 中,一旦 S 包含了所有 V 中的顶点,算法结束。

假设每个点都有一对标号 $(dist[u], prev[u])$,其中 $dist[u]$ 是从源点 v 到点 u 的最短路径的长度(从顶点到其本身的最短路径是零路(没有弧的路),其长度等于零);$prev[u]$ 则是从 v 到 u 的最短路径中 u 点的前一点。

Dijkstra 算法通过分步方法求出最短路径,每一步产生一个到达新的目的顶点的最短路径。下一步所能达到的目的顶点通过如下贪婪准则选取:在还未产生最短路径的顶点中,选取路径长度最短的目的顶点。

Dijkstra 算法按路径长度顺序产生最短路径,下一条路径总是由一条已产生的最短路径再扩充一条最短的边形成。

以图 4-3 的带权的有向图为例,以顶点 1 为起点可以产生多条路径。

例如,图 4-4 中第 2 条路径是第 1 条路径扩充一条边形成的;

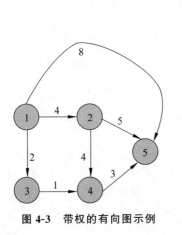

图 4-3 带权的有向图示例

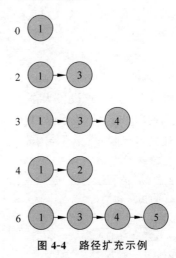

图 4-4 路径扩充示例

第 3 条路径是第 2 条路径扩充一条边形成的;

第 4 条路径是第 1 条路径扩充一条边形成的;

第 5 条路径是第 3 条路径扩充一条边形成的。

通过上述观察可用一种简便的方法来存储最短路径。利用数组 prev,prev[i]给出从 v 到达 i 的路径中顶点 i 前面的那个顶点。

在上例中,prev[1..5]={0,1,1,3,4}。

从 v 到达 i 的路径可反向创建。从 i 出发按 prev[i],prev[prev[i]],prev[prev[prev[i]]],…的顺序,直到到达顶点 v 或 0。

在上例中,如果从 i=5 开始,则顶点序列为 prev[5]=4,prev[4]=3,prev[3]=1=v,因此路径为 1→3→4→5。

为能方便地按长度递增的顺序产生最短路径,定义 dist[i]为在已产生的最短路径中加入一条最短边的长度,从而使得扩充的路径到达顶点 i。

最初,仅有从 v 到 v 的一条长度为 0 的路径,这时对于每个顶点 i,dist[i]=c[v][i](c 是有向图的长度邻接矩阵)。为产生下一条路径,需要选择还未产生最短路径的下一个顶点,在这些顶点中 dist 值最小的即为下一条路径的终点。当获得一条新的最短路径后,由于新的最短路径可能会产生更小的 dist 值,因此,有些顶点的 dist 值可能会发生变化。

4.4.3 算法实现

以图 4-5 所示的带权有向图为例,求从源点 v(顶点 1)到点 u(顶点 5)的最短路径算法的基本过程如下。

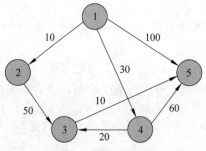

图 4-5 带权有向图示例

(1) 初始化。起源点设置为:

c 是有向图的长度邻接矩阵,是一个二维数组。当(i,j)∈E,c[i][j]表示边(i,j)的权(如长度、耗费),否则 c[i][j]=∞。

边的长度邻接矩阵表为

```
int c[6][6]={{0},
{0,0,10,m,30,100},
{0,m,0,50,m,m},
{0,m,m,0,m,10},
```

```
    {0,m,m,20,0,60},
    {0,m,m,m,m,0}};
```

其中,m 是一个大数,可定义为:

```
 #define m 999
```

对于邻接于 v 的所有顶点 i,dist[i]＝ c[v][i],其中 1≤i≤ n,否则 dist[i]＝∞。
对于邻接于 v 的所有顶点 i,置 prev[i]＝v;对于其余的顶点 i,置 prev[i]＝0。
标记起点 v,记 u＝v,其他所有点设为未标记的。

```
for (i=1;i<=n;i++)
{
    dist[i]=c[v][i];
    s[i]=0;
    if (dist[i]==MAXINT)
        prev[i]=0;
    else
        prev[i]=v;
}
```

(2) 检验从所有已标记的点 u 到其直接连接的未标记的点 j 的距离,并设置:

```
dist[j]=min[dist[j], dist[u]+c[u][j]]
```

其中,c[u][j]是从点 u 到 j 的直接连接距离。

(3) 选取下一个点。从所有未标记的结点中,选取 dist[j]中最小的一个 i,dist[i]＝min[dist[j],所有未标记的点 j],点 i 就被选为最短路径中已标记的一点。迭代过程如表 4-2 所示。

表 4-2　Dijkstra 算法的迭代过程

迭　代	s	u	dist[2]	dist[3]	dist[4]	dist[5]
初始	{1}	—	10	MAXINT	30	100
1	{1,2}	2	10	60	30	100
2	{1,2,4}	4	10	50	30	90
3	{1,2,4,3}	3	10	50	30	60
4	{1,2,4,3,5}	5	10	50	30	60

(4) 到点 i 的前一点 prev[i]。从已标记的点中找到直接连接到点 i 的点 j*,作为前一点,设置:i＝j*。

（5）标记点 i。如果所有点已标记，则算法完全结束，否则，记 u＝i，转到（2）再继续。

算法实现分析：

```
p(int prev[],int path[],int i)
{
    int m;
    static int j=4;
    m=path[j]=prev[i];
    printf("path[%d]=%-3d",j,path[j]);
    if (m==1)
        return  j;
    else
    {
        j--;
        p(prev,path,m);
    }
}
```

以图 4-5 所示为例，求得 prev[2]＝1，prev[3]＝4，prev[4]＝1，prev[5]＝3 后，通过调用函数 p(prev,path,n) 可得 path[4]＝3，path[3]＝4，path[2]＝1，而 path[5]＝5 事先给定，于是得到所求最短路径 1→4→3→5。

以图 4-2 所示为例，求得 prev[2]＝1，prev[3]＝1，prev[4]＝1，prev[5]＝3，prev[6]＝4，prev[7]＝4，prev[8]＝5，prev[9]＝6，prev[10]＝9 后，通过调用函数 p(prev,path,n) 可得 path[9]＝9，path[8]＝6，path[7]＝4，path[6]＝1，而 path[10]＝10 事先给定，于是得到所求最短路径 1→4→6→9→10。

4.5　哈夫曼编码

4.5.1　哈夫曼树

在电报通信中，电文是以二进制的 0、1 序列传送的。在发送端需要将电文中的字符序列转换成二进制 0、1 序列（即编码），在接收端又需要把接收的 0、1 序列转换成对应的字符序列（即译码）。哈夫曼编码（Huffman）是一种文本压缩算法，它根据不同符号在一段文字中的相对出现频率来进行压缩编码。

1. 定长码与变长码

假定电文中只使用 A、B、C、D、E、F 这 6 个字符，则，

（1）采用等长编码（定长码），它们分别需要 3 位二进制字符，可依次编码为 000、001、010、011、100、101。假定在一份电文中，这 6 个字符的出现频率分别为 4、2、6、8、3、2，则电文被编码后的总长度 L＝3×(4＋2＋6＋8＋3＋2)＝75。

（2）采用不等长编码（变长码），让出现频率高的字符具有较短的编码，让出现频率低

的字符具有较长的编码,以尽可能缩短传送电文的总长度,从而缩短传送时间。

2. 前缀码

变长编码技术可以使频度高的字符编码短,而频度低的字符编码长,但采用变长码要可能使译码产生二义性或多义性。例如,用 0 表示字符 D,用 01 表示字符 C,则当接收到编码串…01…,并译到编码 0 时,是立即译出对应的 D,还是接着与下一个编码 1 一起译为对应的字符 C,这就产生了二义性。

因此,变长码要求字符集中任一字符的编码都不能是其他字符编码的前缀。符合这样要求的编码称为前缀码。显然,变长码是一种前缀码。例如,将字符 a、b、c、d 编码为 0、10、101、11,则当接收到编码串 1010,就可译为 bb 或 ca。产生二义性的原因在于 b 的编码是 c 的编码的前缀。

哈夫曼树的应用最广泛地是在编码技术上,它能够容易地求出给定字符集及其概率分布的最优前缀码。最优前缀码就是平均码长最小的前缀码。

3. 哈夫曼树

哈夫曼树又称最优二叉树,是一种带权路径长度最短的二叉树。哈夫曼树的应用很广,哈夫曼编码是哈夫曼树的一个应用。哈夫曼编码应用广泛,如 JPEG 中就应用了哈夫曼编码,这并不是说 JPEG 就只用哈夫曼编码就可以了,而是一幅图片经过多个步骤后得到它的一序列数值,对这些数值进行哈夫曼编码,以便存储或传输。哈夫曼于 1952 年提出构造这种树的算法,其在信息检索中很有用。下面简要介绍哈夫曼编码方法。

哈夫曼编码是根据字符出现的概率来构造平均长度最短的编码。它是一种变长的编码。在编码中,若各码字长度严格按照码字所对应符号出现概率的大小的逆序排列,则编码的平均长度是最小的。

注意:码字即为符号经哈夫曼编码后得到的编码,其长度是因符号出现的概率而不同,所以说哈夫曼编码是变长的编码。

树的应用很广泛,哈夫曼树就是其中之一。

树的路径长度(Path Length,PL)是从树根到树中每一结点的路径长度之和。PL 的计算如图 4-6 和图 4-7 所示。在结点数目相同的二叉树中,完全二叉树的路径长度最短。

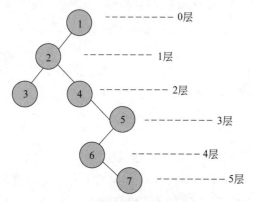

图 4-6　PL＝0＋1＋2＋2＋3＋4＋5＝17

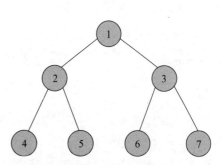

图 4-7　PL＝0＋1＋1＋2×4＝10

结点的带权路径长度是从该结点到树根之间的路径长度与该结点上权的乘积。

树的带权路径长度是树中所有叶结点的带权路径长度之和，记作 WPL 或平均码长 $B(T)$。$B(T) = \sum f(c) \cdot dT(c)$，其中，$dT(c)$ 表示字符 c 在树 T 中的深度（deep），$f(c)$ 表示字符 c 在数据文件中出现的频率（frequency）。WPL 的计算如图 4-8 和图 4-9 所示。

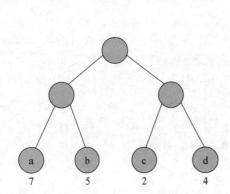 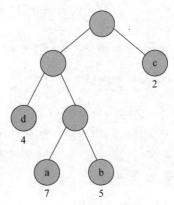

图 4-8　WPL＝7×2＋5×2＋2×2＋4×2＝36　　　图 4-9　WPL＝7×3＋5×3＋2×1＋4×2＝46

哈夫曼树是树的带权路径长度（WPL）最小的二叉树，也称为最优二叉树。如图 4-10 所示，相应得到各字符的哈夫曼编码。

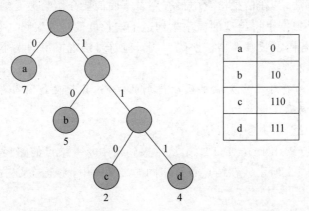

a	0
b	10
c	110
d	111

图 4-10　WPL＝7×1＋5×2＋2×3＋4×3＝35

具有 n 个叶结点的哈夫曼树共有 2n−1 个结点，这是因为 n 个叶结点经 n−1 次合并产生新的 n−1 个结点。完全二叉树不一定是最优二叉树。

4.5.2　构造一棵哈夫曼树

哈夫曼首先提出了构造最优二叉树的算法，哈夫曼算法描述如下：

（1）根据给定的 n 个权值 $\{W_1, W_2, W_3, \cdots, W_i, \cdots, W_n\}$ 构造 n 棵二叉树的初始集合 $F = \{T_1, T_2, T_3, \cdots, T_i, \cdots, T_n\}$，其中每棵二叉树 T_i 中只有一个权值为 W_i 的根结点，它的左右子树均为空（为方便在计算机上实现算法，一般还要求以 T_i 的权值 W_i 的升序排列）。

（2）在 F 中选取两棵根结点权值最小的树作为左、右子树以构造一棵新的二叉树，且置新二叉树的根结点的权值为其左右子树的根结点的权值之和。

（3）从 F 中删除这两棵树，并将新的二叉树同样以升序排列加入集合 F。

（4）重复（2）和（3）两步，直到集合 F 中只有一棵二叉树为止。

简言之，（1）构造森林全是根；（2）取出两小成新树；（3）重复（2）步剩单根。此树便是哈夫曼树。

例 1 给定 a、b、c、d 这 4 个字符出现的频率分别为 7、5、2、4，则通过构造如图 4-9 所示的哈夫曼树可得哈夫曼编码分别为 0、10、110、111。

例 2 给定 a、b、c、d、e、f 这 6 个字符出现的频率分别为 45、13、12、16、9、5，则通过构造哈夫曼树（设定左孩子＜右孩子），可得哈夫曼编码如表 4-3 所示。

表 4-3 字符的哈夫曼编码

字符	a	b	c	d	e	f
频率	45	13	12	16	9	5
编码	0	100	101	110	1110	1111

4.5.3 哈夫曼编码

哈夫曼编码的构造很容易，只要画好了哈夫曼树，从哈夫曼树根结点开始，按分支情况对左子树分配代码"0"，右子树分配代码"1"，一直到达叶子结点为止。然后将从树根沿每条路径到达叶子结点的代码排列起来，便得到了哈夫曼编码（最优前缀码）。

例 3 给定 A、B、C、D、E、F 这 6 个字符出现的频率分别为 4、2、6、8、3、2，则通过构造如图 4-11～图 4-16 所示的不同的哈夫曼树，相应得到不同哈夫曼编码，如表 4-4 所示。

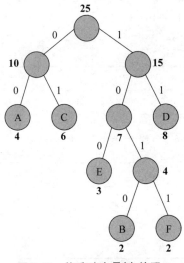

图 4-11 构造哈夫曼树-编码 1

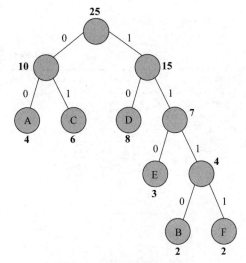

图 4-12 构造哈夫曼树-编码 2

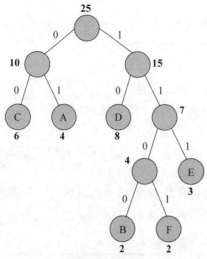

图 4-13　构造哈夫曼树-编码 3

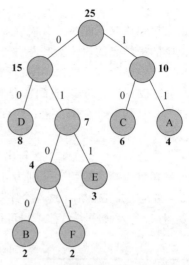

图 4-14　构造哈夫曼树-编码 4

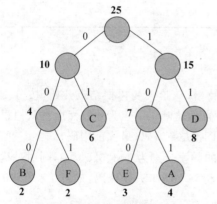

图 4-15　构造哈夫曼树-编码 5

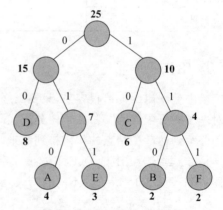

图 4-16　构造哈夫曼树-编码 6

表 4-4　字符的哈夫曼编码

字符	A	B	C	D	E	F
频率	4	2	6	8	3	2
编码 1	00	1010	01	11	100	1011
编码 2	00	1110	01	10	110	1111
编码 3	01	1100	00	10	111	1101
编码 4	11	0100	10	00	011	0101
编码 5	101	000	01	11	100	001
编码 6	010	110	10	00	011	111

编码 1、编码 2、编码 3 和编码 4：WPL＝$4\times2+2\times4+6\times2+8\times2+3\times3+2\times$

$4=61$。

编码 5 和编码 6：$WPL=4\times3+2\times3+6\times2+8\times2+3\times3+2\times3=61$。

定长码：$WPL=(4+2+6+8+3+2)\times3=75$。

缩短 $(75-61)/75=14/75=18.7\%$。

注意到,由于左、右孩子排列或相同权值的先后合并次序不同,构成不同的哈夫曼树,产生不同的编码,但平均码长一样。

4.5.4　算法分析与设计

实现哈夫曼编码的算法可分为两个部分：一部分是构造哈夫曼树;另一部分是在哈夫曼树上求叶结点的编码。

1. 构造哈夫曼树

在构造哈夫曼树中,可设置一个结构数组 huffcode 保存树中的各结点的信息,数组大小为 $2n-1$(n 为叶结点数)。n 个叶结点存放在数组的前 n 个分量中,构造哈夫曼树过程中新产生的 $n-1$ 个结点顺序放在前 n 个分量之后。数组元素的结构形式如下：

```
typedef struct
{
    int weight;                    /* 结点的权值 */
    int flag;                      /* 结点是否加入树的标志 */
    int parent;                    /* 双亲结点在数组中的序号 */
    int lchild;                    /* 左孩子结点在数组中的序号 */
    int rchild;                    /* 右孩子结点在数组中的序号 */
}huffcode;
```

2. 求哈夫曼编码

求哈夫曼编码,实质上是从叶结点开始,沿结点的双亲链回退到根结点,得到一个字符的哈夫曼编码。可设置一个结构数组 huffcode 用来存放各字符的哈夫曼编码信息。数组元素的结构形式如下：

```
typedef struct
{
    int bit[MAXBIT];               /* 保存字符编码的一维数组 */
    int start;                     /* 编码在数组 bit 中的开始位置 */
}huffcode;
```

用 C 语言实现上述算法,可用静态的二叉树或动态的二叉树。若用动态的二叉树可用以下数据结构：

```
struct tree
{
```

```
    float weight;                          /*权值*/
    union
    {
        char leaf;                         /*叶结点信息字符*/
        struct tree * left;                /*树的左结点*/
    };
    struct tree * right;                   /*树的右结点*/
};
struct forest                              /*F集合,以链表形式表示*/
{
    struct tree * ti;                      /*F中的树*/
    struct forest * next;                  /*下一个结点*/
};
```

构造好哈夫曼树后,就可根据哈夫曼树进行编码。例如,若字母 A、B、Z、C 出现的概率为 0.75、0.54、0.28、0.43,则相应的权值为 75、54、28、43。字符利用其出现的概率作为权值构造一棵哈夫曼树后,经哈夫曼编码得到的对应的码值。只要使用同一棵哈夫曼树,就可把编码还原成原来那组字符。显然,哈夫曼编码是前缀编码,即任一个字符的编码都不是另一个字符的编码的前缀,否则,编码就不能进行翻译。例如,a、b、c、d 的编码为 0、10、101、11,对于编码串 1010 就可翻译为 bb 或 ca,因为 b 的编码是 c 的编码的前缀。这里进行哈夫曼编码的规则是从根结点到叶结点(包含原信息)的路径,向左孩子前进编码为 0,向右孩子前进编码为 1,当然也可以反过来规定。

这种编码方法是静态的哈夫曼编码,它对需要编码的数据进行两遍扫描。第一遍统计原数据中各字符出现的频率,利用得到的频率值创建哈夫曼树,并必须把树的信息保存起来,即把字符 0～255 的频率值以 2～4 字节的长度顺序存储起来(用 4 字节的长度存储频率值,频率值的表示范围为 0～$2^{32}-1$,这已足够表示大文件中字符出现的频率了),以便在解压时创建同样的哈夫曼树进行解压。第二遍则根据第一遍扫描得到的哈夫曼树进行编码,并把编码后得到的码字存储起来。

静态哈夫曼编码方法有如下一些缺点:

(1) 对于过短的文件进行编码的意义不大,因为以 4 字节的长度存储哈夫曼树的信息就需 1024 字节的存储空间;

(2) 进行哈夫曼编码,存储编码信息时,若用于通信网络会引起较大的延时;

(3) 对较大的文件进行编码时,频繁的磁盘读写访问会降低数据编码的速度。

因此,后来有人提出了动态哈夫曼编码方法。动态哈夫曼编码使用一棵动态变化的哈夫曼树,对第 t+1 个字符的编码是根据原始数据中前 t 个字符得到的哈夫曼树来进行的,编码和解码使用相同的初始哈夫曼树,每处理完一个字符,编码和解码使用相同的方法修改哈夫曼树,所以没有必要为解码而保存哈夫曼树的信息。编码和解码一个字符所需的时间与该字符的编码长度成正比,所以动态哈夫曼编码可实时进行。动态哈夫曼编码比静态哈夫曼编码复杂得多,有兴趣的读者可以根据它的编码方法,自己编写哈夫曼编码和解码的程序。

算法运行实例 1：

```
请输入叶结点个数：4
输入各结点权值：7 5 2 4↵
输出编码：0,10,110,111
```

算法运行实例 2：

```
请输入叶结点个数：4
输入各结点权值：7 1 3 5↵
输出编码：0,100,101,11
```

4.5.5　哈夫曼算法的正确性

1. 证明最优前缀码问题具有贪心选择性质

设 $\sum$ 是编码字符集，$\sum$ 中字符 c 的频率为 f(c)，$\sum$ 中具有最小频率的两个字符为 x、y，且 f(x)≤f(y)。设二叉树 T 表示 $\sum$ 的任意一个最优前缀码，字符 b、c 是 T 的最深叶子且为兄弟，且 f(b)≤f(c)，显然 f(x)≤f(b)，f(y)≤f(c)，dT(x)≤dT(b)= dT(c)，dT(y)≤dT(b)=dT(c)。

如图 4-17 所示，首先在二叉树 T 中交换叶子 b 和 x 的位置得到树 T'，则

$$B(T) - B(T') = f(x) \cdot dT(x) + f(b) \cdot dT(b) - f(x) \cdot dT'(x) - f(b) \cdot dT'(b)$$
$$= f(x) \cdot dT(x) + f(b) \cdot dT(b) - f(x) \cdot dT(b) - f(b) \cdot dT(x)$$
$$= [f(x) - f(b)] \cdot [dT(x) - dT(b)] \geq 0$$

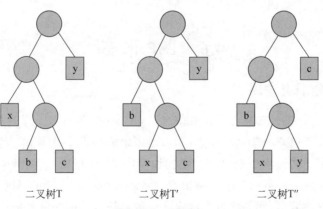

二叉树T　　　　二叉树T′　　　　二叉树T″

图 4-17　二叉树

同理，在二叉树 T' 中交换叶子 c 和 y 的位置得到树 T″，有 B(T')－B(T″)≥0，即 B(T)≥B(T')≥B(T″)。又根据假设，T 是最优前缀码，即 B(T)≤B(T″)，所以 B(T) = B(T″)。

即 T'' 也是最优前缀码,且 x、y 具最长的码长,同时仅最后一位编码不同。

2. 证明最优前缀码问题具有最优子结构性质

如图 4-18 所示,有

$$dT(x) = dT(y) = dT'(z) + 1$$

$$f(x) \cdot dT(x) + f(y) \cdot dT(y) = [f(x) + f(y)][dT'(z) + 1] = f(x) + f(y) + f(z) \, dT'(z)$$

$$B(T) = \sum f(c) \cdot dT(c) + f(x) \cdot dT(x) + f(y) \cdot dT(y)$$

$$= \sum f(c) \cdot dT(c) + f(z) \, dT'(z) + f(x) + f(y)$$

$$= \sum f(c) \cdot dT'(c) + f(z) \, dT'(z) + f(x) + f(y) = B(T') + f(x) + f(y)$$

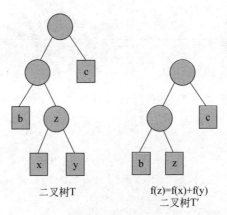

二叉树T

$f(z)=f(x)+f(y)$
二叉树T$'$

图 4-18 二叉树

若 T' 不是最优前缀码,则存在 $B(T'') < B(T')$,有

$$B(T''') = B(T'') + f(x) + f(y) < B(T') + f(x) + f(y) = B(T)$$

这与 T 是最优前缀码相矛盾,故 T' 是最优前缀码。

4.6 TSP 问 题

4.6.1 TSP 问题研究进展

旅行商问题,即 TSP 问题(Travelling Salesman Problem),又译为旅行推销员问题、货郎担问题,是数学领域中著名问题之一,由威廉哈密顿爵士和英国数学家克克曼 T. P. Kirkman 于 19 世纪初提出。TSP 问题描述如下:有若干城市,任何两个城市之间的距离都是确定的,现要求一旅行商从某城市出发,必须经过每一个城市且只在一个城市逗留一次,最后回到出发的城市,问如何事先确定一条最短的线路以保证其旅行的费用最少?

另一个类似的问题为:一个邮递员从邮局出发,到所辖街道投递邮件,最后返回邮局,如果他必须走遍所辖的每条街道至少一次,那么他应该如何选择投递路线,使所走的路程最短?这个描述又称为中国邮递员问题(Chinese Postman Problem,CPP)。

TSP 的历史很久,最早的描述是 1759 年欧拉研究的骑士周游问题,即对于国际象棋棋盘中的 64 个方格,走访 64 个方格一次且仅一次,并且最终返回到起始点。迄今为止,对 TSP 问题的大型实例没有一个找到有效算法,不能用精确算法求解,只倾向于寻求这类问题的有效的近似算法。

2010 年 10 月 25 日,英国伦敦大学皇家霍洛韦学院等机构一项最新研究表明,在花丛中飞来飞去的小蜜蜂显示出了轻而易举破解"旅行商问题"的能力,即小蜜蜂解决了一个吸引全世界数学家研究多年的大问题。研究人员报告说,他们利用人工控制的假花进行了实验,结果显示,不管怎样改变花的位置,蜜蜂在稍加探索后,很快就可以找到在不同花朵间飞行的最短路径。这是首次发现能解决这个问题的动物,研究报告发表在《美国博物学家》杂志上。进行该研究的奈杰尔·雷恩博士说,蜜蜂每天都要在蜂巢和花朵间飞来飞去,为了采蜜而在不同花朵间飞行是一件很耗精力的事情,因此实际上蜜蜂每天都在解决"旅行商问题"。尽管蜜蜂的大脑只有草籽那么大,也没有计算机的帮助,但它已经进化出了一套很好的解决方案,如果能理解蜜蜂怎样做到这一点,蜜蜂的解决方式将有助于人们改善交通规划和物流等领域的工作,对人类的生产、生活将有很大帮助。旅行商问题的应用领域包括:如何规划最合理高效的道路交通,以减少拥堵;如何更好地规划物流,以减少运营成本;在互联网环境中如何更好地设置结点,以更好地让信息流动等。

TSP 问题的 5 个城市带权图,如图 4-19 所示。各个城市间的距离用代价矩阵表示,如果 $(i, j) \notin E$,则 $c_{ij} = \infty$,如图 4-20 所示。

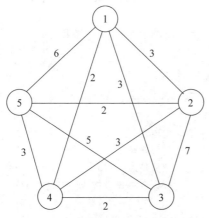

$$C = \begin{bmatrix} \infty & 3 & 3 & 2 & 6 \\ 3 & \infty & 7 & 3 & 2 \\ 3 & 7 & \infty & 2 & 5 \\ 2 & 3 & 2 & \infty & 3 \\ 6 & 2 & 5 & 3 & \infty \end{bmatrix}$$

图 4-19　TSP 问题的 5 个城市带权图　　　　图 4-20　带权图的代价矩阵

下面介绍 TSP 问题的两种贪心策略:(1)最近邻点贪心策略;(2)最短链接贪心策略。

4.6.2　最近邻点贪心策略

最近邻点贪心策略是指从任意城市出发,每次在没有到过的城市中选择最近的一个,直到经过了所有的城市,最后回到出发城市。设图 G 有 n 个顶点,边上的代价存储在二维数组 w[n][n] 中,集合 V 存储图的顶点,集合 P 存储经过的边。

最近邻点贪心策略的求解过程如下:

(1)在图 4-21 中,以城市 1 为起点出发,在没有到过的城市 2、3、4、5 中选择最近的一个城市 4。

（2）在图 4-22 中,从城市 4 出发,在没有到过的城市 2、3、5 中选择最近的城市 3。

（3）在图 4-23 中,从城市 3 出发,在没有到过的城市 2、5 中选择最近的城市 5。

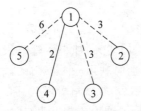

图 4-21　城市 1→城市 4

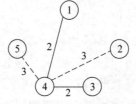

图 4-22　城市 4→城市 3

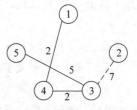

图 4-23　城市 3→城市 5

（4）在图 4-24 中,从城市 5 出发,选择还没有到过的城市 2。

（5）在图 4-25 中,从城市 2 出发,回到起点城市 1。

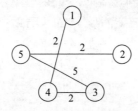

图 4-24　城市 5→城市 2

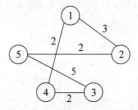

图 4-25　城市 2→城市 1

因此,从顶点 1 出发,按照最近邻点的贪心策略,得到的路径是 1→4→3→5→2→1,总代价是 $2+2+5+2+3=14$。

最近邻点贪心策略求解 TSP 问题的算法如下:

```
TSPGreedy1(V)
{
    P={};                          //初始解集合为空集
    V=V-{u0};u=u0;                 //从顶点 u0 出发
    while (集合 P 中未包含 n-1 条边)    //集合 P 没有构成问题的一个解
    {
        v=select(V);               //在候选集合 V 中查找与顶点 u 邻接的最小代价边(u,v)
        P=P+{(u,v)};
        V=V-{v};
        u=v;                       //从顶点 v 出发继续求解
    }
    return P;
}
```

该算法的时间性能为 $O(n^2)$。

用最近邻点贪心策略求解 TSP 问题所得的结果不一定是最优解,例如,图 4-19 中从城市 1 出发的最优解是 1→2→5→4→1,总代价是 $3+2+3+2+3=13$。

当图中顶点个数较多并且各边的代价值分布比较均匀时,最近邻点贪心策略可以给出较好的近似解,不过,这个近似解以何种程度近似于最优解,却难以保证。例如,在图 4-19 中,如果增大边(2,1)的代价,由于用最近邻点贪心策略从城市 1 出发所得的解是 1→4→3→5→2→1,总代价只好随之增加,没有选择的余地。

4.6.3 最短链接贪心策略

从任意城市出发,每次在整个图的范围内选择最短边加入到解集合中,但是,要保证加入解集合中的边最终形成一个哈密顿回路。当从剩余边集 E′中选择一条边(u,v)加入解集合 S 中,应满足以下条件:

(1) 边(u,v)是边集 E′中代价最小的边;

(2) 边(u,v)加入解集合 S 后,S 中不产生回路;

(3) 边(u,v)加入解集合 S 后,S 中不产生分枝。

对于 TSP 问题的 5 个城市带权图,如图 4-19 所示,各个城市间的距离用代价矩阵表示,如果$(i,j) \notin E$,则$c_{ij} = \infty$,如图 4-20 所示。最短链接贪心策略的求解过程如下:

(1) 在图 4-26 中,在整个图的范围内,选择最短边(城市 1→城市 4,边长为 2)加入到解集合 S 中。城市 1 与城市 4 的度数由 0 增加到 1。

(2) 在图 4-27 中,当从剩余边集中选择最短边(城市 5→城市 2,边长为 2)加入到解集合 S 中。城市 5 与城市 2 的度数由 0 增加到 1。

(3) 在图 4-28 中,当从剩余边集选择最短边(城市 4→城市 3,边长为 2)加入到解集合 S 中。此时,城市 1、城市 2、城市 3、城市 5 的度数都为 1,城市 4 的度数为 1。

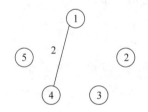

图 4-26　城市 1→城市 4

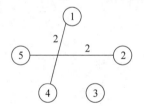

图 4-27　城市 5→城市 2

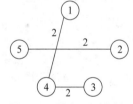

图 4-28　城市 4→城市 3

(4) 在图 4-29 中,当从剩余边集选择最短边(城市 2→城市 1,边长为 3)加入到解集合 S 中。此时,城市 1、城市 2、城市 4 的度数都为 2,城市 3 和城市 5 的度数为 1。

(5) 在图 4-30 中,找到度数为 1 的两个城市(城市 3→城市 5,边长为 5),作为最后一条路径,加入到解集合 S 中。

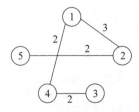

图 4-29　城市 2→城市 1

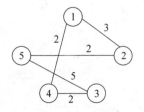

图 4-30　城市 3→城市 5

从顶点 1 出发,按照最短链接贪心策略,得到的路径是 1→4→3→5→2→1,总代价是

$2+2+5+2+3=14$。

最短链接贪心策略的算法如下：

```
TSPGreedy2(E′)
{
    P={};                        //初始解集合为空集
    E′=E;                        //初始候选集合 E′为图中所有边
    while (集合 P 中未包含 n-1 条边)   //集合 P 没有构成问题的一个解
    {
        v=select(E′);            //在候选集合 E′中选取最短边(u,v)
        E′=E′-{(u,v)};
        如果(顶点 u 和 v 在 P 中不连通且不产生分枝),则 P=P+{(u,v)};
    }
    return P;
}
```

该算法的时间性能为 $O(n^2)$ 或 $O(n\log n)$，取决于如何选取最短边。

4.7　最小生成树

设 T 是无向图 G 的子图并且为树,则称 T 为 G 的树。若 T 是 G 的树且为生成子图,则称 T 是 G 的生成树。设无向连通带权图 $G=<V,E>$,T 是 G 的一棵生成树。T 的各边权之和称为 T 的权,记作 W(T)。G 的所有生成树中权最小的生成树称为 G 的最小生成树。

下面介绍最小生成树问题的两种贪心策略：（1）Prim 算法（最近顶点策略）；（2）Kruskal 算法（最短边策略）。

4.7.1　Prim 算法（最近顶点策略）

任选一个顶点,并以此建立生成树,每一步的贪心选择是简单地把不在生成树中的最近顶点添加到生成树中。

设最小生成树 $T=(U,TE)$,初始时 $U=\{u0\}$,u0 为任意顶点,$TE=\{\}$。

用 Prim 算法构造最小生成树的过程,如图 4-31 所示。

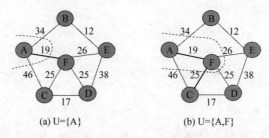

(a) U={A}　　　　　　　　　(b) U={A,F}

图 4-31　Prim 算法构造最小生成树的过程示意图

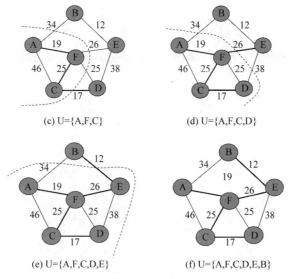

图 4-31　（续）

Prim 算法描述如下：

（1）初始化两个辅助数组 lowcost 和 adjvex。
（2）U＝{u0}；　　//将顶点 u0 加入生成树中。
（3）重复执行下列操作 n－1 次。
Step 1. 在 lowcost 中选取最短边，取 adjvex 中对应的顶点序号 k；
Step 2. 输出顶点 k 和对应的权值；
Step 3. U＝U＋{k}；
Step 4. 调整数组 lowcost 和 adjvex。

该算法时间复杂度为 $O(n^2)$。

4.7.2　Kruskal 算法（最短边策略）

设无向连通带权图 $G = <V,E>$，最小生成树 $T=(U,TE)$，最短边策略从 $TE=\{\}$ 开始，每一步的贪心选择都是在边集 E 中选取最短边 (u,v)，如果边 (u,v) 加入集合 TE 中不产生回路，则将边 (u,v) 加入集合 TE 中，并将它在集合 E 中删去。

用 Kruskal 算法构造最小生成树的过程，如图 4-32 所示。

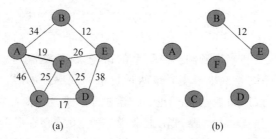

图 4-32　Kruskal 算法构造最小生成树的过程示意图

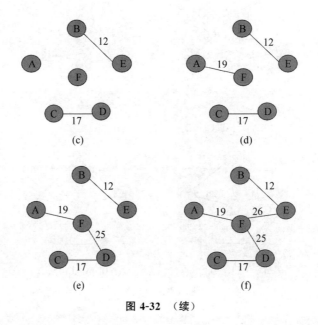

图 4-32　（续）

Kruskal算法描述如下：

（1）初始化：U＝V；TE＝{}。

（2）循环直到 T 中的连通分量个数为 1。

Step 1. 在 E 中选取最短边(u,v)；

Step 2. 如果顶点 u,v 位于 T 的两个不同连通分量，则将边(u,v)并入 TE，将这两个连通分量合为一个；

Step 3. E＝E－{(u,v)}。

该算法时间复杂度为 O(eloge)，其中 e 为无向连通图中边的个数。

4.8　套利问题

4.8.1　套利问题描述

套汇（Arbitrage）是指利用不同的外汇市场、不同的货币种类、不同的交割时间以及一些货币汇率与利率上的差异，进行低价买进，高价卖出，从中赚取利润的外汇买卖。利息套汇（Interest Arbitrage）是套汇的一种形式，简称套利，是利用两个国家外汇市场的利率差异，把短期资金从低利率市场调到高利率的市场，从而赚取利息收入，或者利用货币的即期汇率与远期汇率的差额小于当时该两种货币的利率差的时机，进行即期和远期外汇买卖，以牟取利润。按照市场均衡理论，市场中的各种金融商品的价格并不总是均衡的，价格的不均衡总是存在套利。从理论上来说，一旦市场存在套利机会，套利者通过构造适当的交易策略，可以获取无限净利润。这里主要讨论如何利用两国之间的无风险利率差以及汇率变动进行无风险套利,具体地说,就是如何利用货币汇兑率的差异将一个单位的某种货币转换为大于一个单位的同种货币。例如,假定 1 美元可以买 0.7 英镑,1 英镑可以买 9.5 法郎,1 法郎可以买 0.16 美元。通过货币兑换,一个商人可以从 1 美元开始买入,得到 $0.7 \times 9.5 \times 0.16 = 1.064$ 美元,从而获得 6.4% 的利润。一次成功的套利交易必须以一种货币开始,并且以同一种货币为结束。但是任何货币都可以作为初始的货币种类。

4.8.2 问题的贪心选择性质

在贪心算法中采用逐步构造最优解的方法。在每个阶段,都做出一个在一定的标准下看起来是最优的决策,一旦做出决策,就不可更改。做出贪心决策的依据称为贪心准则。套利问题可用贪心算法求解,即通过当前状态下某种意义的一系列最好选择(即贪心选择)来得到一个问题的解。也就是说,贪心算法并不从整体最优上加以考虑,它所做出的选择只是在某种意义上的局部最优选择。

套利问题贪心选择性质表现为:问题的整体最优解是通过一系列局部最优选择,即贪心选择来达到的。以 n 种货币 $c_1, c_2, \cdots, c_n$ 为例,可描述为:要换算一种货币 c_1,通过计算从其他货币中找出是否存在这样的一种货币 c_2,使一个单位的某种货币(货币 c_1)经过与它(货币 c_2)换算可以转换为大于一个单位的同种货币 c_1。如果存在此种货币,则再以一个单位的此货币 c_2,继续从其他 n−1 种货币中找出具有此性质的货币,以此类推,直至没有,最后再换算回货币 c_1,这一系列换算简记为 $c_1 \rightarrow c_2 \rightarrow \cdots \rightarrow c_1$。若最终得到大于一个单位的货币 c_1,表示换算成功;否则,表示换算失败。

4.8.3 问题的最优子结构性质

问题的最优子结构性质是指问题的最优解包含其子问题的最优解。贪心算法是一种改进了的分级处理方法,它首先根据题意选择一个度量标准,每一步都要保证能获得局部最优解。每一步只考虑一个数据,它的选取应满足局部优化条件。此外,若下一个数据与部分最优解连在一起不再是可行解时,就不再把该数据添加到部分解中,直到把所有数据枚举完,或者不能再添加为止。运用贪心策略在每一次转化时都取得了最优解,因此,贪心算法具有局部最优解(即最优子结构)。贪心算法并不到达问题的全部空间,在某些问题中,无法取得最优解,然而,在许多情况下其得到的最终结果也是整体最优的或是最优解很好的近似解。

在套利问题中,其最优子结构性质表现为:若 $c = \{c_1, c_2, c_3, \cdots, c_n, c_1\}$ 是在 n 种货币中从货币 c_1 开始,经过依次兑换成 $c_2, c_3, \cdots, c_n$ 所得的最优解,则 $c' = c - \{c_n\}$ 必是在 n−1 种货币之间从货币 c_1 开始,经过依次兑换成 $c_2, c_3, \cdots, c_{n-1}$ 所得的最优解。

4.8.4 算法实例

设已知 n 种货币 $c_1, c_2, c_3, \cdots, c_n$ 及有关的兑换率表 R,其中 R[i,j]是一个单位货币 c_i 可以买到货币 c_j 的单位数。若存在 $R[i_1, i_2] \times R[i_2, i_3] \cdots \times R[i_k, i_1] > 1$,则货币序列 c_{i1},

c_{i2}，…，c_{ik}，c_{i1} 就是所求的解。

以 6 种货币 CNY、USD、JPY、EUR、RUB、GBP 为例，它们之间的兑换率表 R 如表 4-5 所示。求解思路如图 4-33 所示：首先，用一个单位的货币（如 CNY）和其他五种货币换算，然后又各自换回成货币 CNY，比较换回的货币 CNY 的大小，假设经过 CNY→JPY→CNY 使换回的货币 CNY 得到最大值 max，且如果 max 已大于一个单位的货币 CNY，则 CNY→JPY→CNY 就是路长为 1（表示换算 1 次成功）的局部最优解。继续求路长大于 1 的解，可以选择货币 JPY 再与另外 5 种货币换算，再换算回成货币 JPY，又可找到货币 EUR 符合条件，以此类推，又找到货币 RUB 和 USD，最后结果为：一个单位的货币 CNY，换算成货币 JPY，换算成货币 EUR，换算成 RUB，再换算成 USD，最后换算回货币 CNY（这一系列换算简记为 1CNY→JPY→EUR→RUB→USD→CNY。若最终得到大于一个单位的货币 CNY，表示换算成功；否则，表示换算失败。

表 4-5　6 种货币汇率的交叉兑换表

币 种	CNY	USD	JPY	EUR	RUB	GBP
CNY	1.0	0.126 445	14.9249	0.099 807 7	3.389 60	0.067 675 6
USD	7.908 60	1.0	118.026	0.789 152	26.7940	0.535 263
JPY	0.066 976 1	0.008 470 6	1.0	0.006 686 25	0.227 099	0.004 535 57
EUR	10.0109	1.265 82	149.451	1.0	33.9454	0.677 866
RUB	0.295 119	0.037 316 2	4.406 05	0.029 471 2	1.0	0.019 987 3
GBP	14.7707	1.867 38	220.448	1.474 66	50.0486	1.0

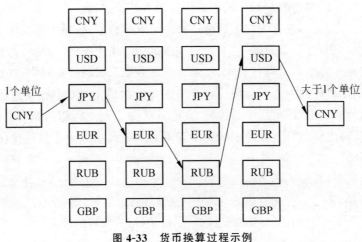

图 4-33　货币换算过程示例

表 4-5 所示数据经由贪心算法换算，可求得局部最优解。如表 4-6 和表 4-7 所示，其中表 4-7 中兑换结果列最左边为 1 单位货币，经换算，得到大于 1 单位的同种货币。

表 4-6 实例数据的局部最优解

求解过程示例	路长为 1 的求解结果
temp[1]＝r[0][1] * r[1][0]＝1.000 002 93	result：1CNY→RUB→1.000 335 36CNY
temp[1]＝r[0][2] * r[2][0]＝0.999 611 59	result：1USD→CNY→1.000 002 93USD
temp[1]＝r[0][3] * r[3][0]＝0.999 164 90	result：1JPY→RUB→1.000 609 55JPY
temp[1]＝r[0][4] * r[4][0]＝1.000 335 36	result：1EUR→RUB→1.000 411 67EUR
temp[1]＝r[0][5] * r[5][0]＝0.999 615 98	result：1RUB→JPY→1.000 609 55RUB
result：1CNY→RUB→1.000 335 36CNY	result：1GBP→RUB→1.000 336 38GBP

表 4-7 实例数据的整体解

币 种	兑 换 结 果
CNY	1CNY→RUB→GBP→1.000 699 45CNY
USD	1USD→CNY→RUB→GBP→CNY→RUB→1.001 035USD
JPY	1JPY→RUB→GBP→RUB→GBP→RUB→1.001 283JPY
EUR	1EUR→RUB→GBP→RUB→GBP→RUB→1.001 085EUR
RUB	1RUB→JPY→1.000 609 55RUB
GBP	1GBP→RUB→1.000 336 38GBP

贪心算法可以将一个问题变为一个相似但规模更小的子问题,这种选择依赖于已做出的选择,但不依赖于未做出的选择,也就是说它没有后效性。运用贪心策略解决的问题在程序的运行过程中无回溯过程,因此贪心算法一般是线性速度,性能较好。利用贪心算法来解决实际生活中的套利问题简单而实用,但所求的解只是一个局部最优解,在不同贪心准则下可能得到不同的局部最优解。理论上套利是无风险的,然而,实际操作中由于将本币转换为外币需要交纳一定的费用,存款到期后,将外币转换为本币又需要交纳一定的费用,这笔费用一般是银行卖出价与买入价之差,因此,尽管本币存款利率低,外币存款利率高,但未必存在套利机会,或者套利空间狭窄,不足以弥补所承担的汇率与利率风险,进而影响到套利的实际可操作性。

习 题 4

一、选择题

1. 能采用贪心算法求最优解的问题,一般具有的重要性质为( )。
  (A) 最优子结构性质与贪心选择性质
  (B) 重叠子问题性质与贪心选择性质
  (C) 最优子结构性质与重叠子问题性质
  (D) 预排序与递归调用

2. 下面属于贪心算法的基本要素的是( )。
  (A) 重叠子问题 (B) 构造最优解 (C) 贪心选择性质 (D) 定义最优解

3. ( )是贪心算法与动态规划算法的共同点。
  (A) 重叠子问题 (B) 构造最优解

（C）贪心选择性质 （D）最优子结构性质

4. 贪心算法的设计思想是（ ）。

（A）自底向上 （B）自上而下 （C）从左向右 （D）从右向左

5. 下列算法中不能解决 0-1 背包问题的是（ ）。

（A）贪心法 （B）动态规划 （C）回溯法 （D）分支限界法

6. 对于 0-1 背包问题和连续背包问题的解法，下面答案解释正确的是（ ）。

（A）0-1 背包问题和连续背包问题都可以用贪心算法求解

（B）0-1 背包问题可以用贪心算法求解，但连续背包问题则不能用贪心算法求解

（C）0-1 背包问题不能用贪心算法求解，但可以使用动态规划算法或搜索算法求解，而连续背包问题则可以用贪心算法求解

（D）因为 0-1 背包问题不具有最优子结构性质，所以不能用贪心算法求解

7. 哈夫曼编码的贪心算法所需的计算时间为（ ）。

（A）$O(n2^n)$ （B）$O(n\log n)$ （C）$O(2^n)$ （D）$O(n)$

8. 采用贪心算法的最优装载问题的主要计算量在于将集装箱依其重量从小到大排序，故算法的时间复杂度为（ ）。

（A）$O(n2^n)$ （B）$O(n\log n)$ （C）$O(2^n)$ （D）$O(n)$

9. n 个人拎着水桶在一个水龙头前面排队打水，水桶有大有小，水桶必须打满水，水流恒定。下列说法不正确的是（ ）。

（A）让水桶大的人先打水，可以使得每个人排队时间之和最小

（B）让水桶小的人先打水，可以使得每个人排队时间之和最小

（C）让水桶小的人先打水，在某个确定的时间 t 内，可以让尽可能多的人打上水

（D）若要在尽可能短的时间内，n 个人都打完水，按照什么顺序其实都一样

10. 下列问题不能用贪心算法解决的是（ ）。

（A）活动安排 （B）哈夫曼编码 （C）连续背包 （D）0-1 背包

二、填空题

1. 贪心算法总是做出在当前看来最好的选择。也就是说，贪心算法并不从_____上加以考虑，它所做的选择只是在某种意义上的局部最优解。

2. 贪心算法的基本要素的是贪心选择性质和_____性质。

3. _____是贪心算法与动态规划算法的共同点。

4. _____是贪心算法可行的第一个基本要素，也是贪心算法与动态规划算法的主要区别。

5. 当一个问题的最优解包含其子问题的最优解时，称此问题具有_____。

6. _____是指所求问题的整体最优解，可以通过一系列局部最优的选择，即贪心选择来达到，并且每次的选择可依赖以前做出的选择，但不依赖后续选择。

7. Prim 算法利用_____策略求解_____问题，其时间复杂度是 $O(n^2)$。

8. 动态规划算法通常以_____的方式解各子问题，而贪心算法则通常以_____的方式进行，以迭代的方式做出相继的贪心选择，每做一次贪心选择就将所求问题简化为规模更小的子问题。

9. 在动态规划法可行的基础上,满足_____才能用贪心算法。

10. 0-1 背包问题指:给定 n 种物品和一个背包。物品 i 的重量是 W_i,其价值为 V_i,背包的容量为 C。应如何选择装入背包的物品,使得装入背包中物品的_____最大?

三、简答题

1. 请叙述动态规划算法与贪心算法的异同。

2. 说出几个贪心算法能解决的问题和不能解决的问题。

3. 字符 a~h 出现的频率恰好是前 8 个 Fibonacci 数 1、1、2、3、5、8、13、21,请画出 a~h 这 8 个字符的哈夫曼编码树,各字符编码为多少?

四、算法填空

1. 利用贪心算法求活动安排问题:有 n 个活动都要求使用同一个演讲会场,且同一时间只允许一个活动使用这一资源。每个活动 i 都有使用的起始时间 s[i] 和结束时间 f[i] 且 s[i]<f[i]。

问如何安排可以使这间演讲会场的使用率最高?设活动已按结束时间的递增顺序排列,贪心算法每次总是选择具有最早完成时间的相容活动,使剩余的可安排时间段最大化,以便安排尽可能多的相容活动。求解活动安排问题的贪心算法 plangreedy 如下:

```
void plangreedy(int n,int s[],int f[],int a[])
{
    int i,j;
    _____【1】_____ ;
    j=1;
    for( i=2;i<=n;i++)
        if ( _____【2】_____ )
        {
            a[i]=1;                 // a[i]=1 表示活动 i 可以使用资源
            _____【3】_____ ;
        }
        else
            a[i]=0;
}
```

2. 给定 n 种物品和一个背包,物品 i 的重量是 w[i],其价值是 p[i],背包的容量为 c。设物品已按单位重量价值递减的次序排序。每种物品不可以装入背包多次,但可以装入部分的物品 i。求解背包问题的贪心算法如下:

```
float Knapsack (float x[ ], float w[ ], float p[ ],float c, int n)
{
    float maxsum=_____【1】_____ ;        // maxsum 是装进包的物品价值总和
    for ( int i=1;i<=n; i++)
        x[i]=0;                               // x[i]=0 表示第 i 个物品未装进包
```

```
for ( int i=1;i<=n;i++)
    if(_____【2】_____)
    {
        x[i] =1;
        maxsum+=_____【3】_____;
        c-=w[i];
    }
    else
        break;
if (c>0)
{
    x[i]=c/w[i];
    _____【4】_____;
}
return maxsum;
}
```

3. Dijkstra 算法求从源点 v 到点 u 的最短路径算法的基本过程如下:

(1) 初始化:二维数组 c 是有向图的长度邻接矩阵,当顶点 i 和顶点 j 邻接时,c[i][j] 表示边(i,j)的权(如长度、耗费),否则 c[i][j] =∞。设 dist[u]表示 s 到 u 的距离,对于邻接于 v 的所有顶点 i,dist[i]= c[v][i],(1≤i≤ n),否则 dist[i] =∞。用 prev[u]记录前一节点信息,对于邻接于 v 的所有顶点 i,置 prev[i]=v;对于其余的顶点 i,置 prev[i]=0。

(2) 检验从所有已标记的点 u 到其直接连接的未标记的点 j 的距离,并设置: dist[j]=min[dist[j],dist[u]+c[u][j]],其中 c[u][j]是从点 u 到 j 的直接连接距离。

(3) 选取下一个点。从所有未标记的结点中,选取 dist[j]中最小的一个 i,点 i 就被选为最短路径中的一点,并设为已标记的。有 dist[i]=min[dist[j],所有未标记的点 j]。

(4) 找到点 i 的前一点 prev[i]。从已标记的点中找到直接连接到点 i 的点 j*,作为前一点,设置:i=j*。

(5) 标记点 i。如果所有点已标记,则算法完全结束,否则,记 u=i,转到(2)再继续。

```
void dijkstra(int v,int prev[])
{
    int s[MAXINT];
    int i,j,temp,u,newdist;
    for (i=1;i<=n;i++)
    {
        dist[i]=_____【1】_____;
        s[i]=0;
        if (dist[i]==MAXINT)
            prev[i]=0;
        else
```

```
            prev[i]=v;
    }
    dist[v]=0;s[v]=1;
    for (i=1;i<=n;i++)
    {
        temp=MAXINT;u=v;
        for (j=1;j<=n;j++)
            if ((!s[j])&&(dist[j]<temp))
            {
                u=j;
                temp=_____【2】_____;
            }
        s[u]=1;
        for (j=1;j<=n;j++)
            if ((!s[j])&&(c[u][j]<MAXINT))
            {
                newdist=_____【3】_____;
                if(newdist<dist[j])
                {
                    dist[j]=newdist;
                    prev[j]=_____【4】_____;
                }
            }
    }
}
```

五、算法设计题

1. 考虑用哈夫曼算法来找字符 a、b、c、d、e、f 的最优编码。这些字符出现在文件中的频数之比为 20∶10∶6∶4∶44∶16。

(1) 简述使用哈夫曼算法构造最优编码的基本步骤；

(2) 构造对应的哈夫曼树，并据此给出 a、b、c、d、e、f 的一种最优编码。

2. 在图 4-34 最短路径问题实例上应用 Dijkstra 算法，求结点 a 到其他 n−1 个结点的最短路长。

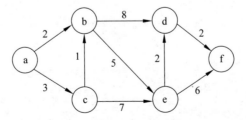

图 4-34　最短路径问题实例

（1）描述 Dijkstra 算法的基本思路；

（2）假定结点 a 是开始结点，填写表 4-8，展示 Dijkstra 算法的迭代过程。

表 4-8　Dijkstra 算法的迭代过程

迭代次数	集　合　S	u	dist［b］ dist［c］ dist［d］ dist［e］ dist［f］	最短路长：最短路径
初始	｛a｝	—	2　3　∞　　∞　　∞	2：a→b
1				
2				
3				
4				
5				

3. 删数问题的贪心算法设计：通过键盘输入一个高精度的正整数 n(n 的有效位数≤240)，去掉其中任意 s 个数字后，剩下的数字按原左右次序将组成一个新的正整数。编程对给定的 n 和 s，试选取一种贪心策略，使得剩下的数字组成的新数最小。例如，输入 178543，当 s＝4 时，输出 13。

第5章

回　溯　法

5.1　回溯法的算法框架

回溯法有通用的解题法之称,是程序设计中常用的一种算法设计技术。它不是按照某种公式或确定的法则来求问题的解,而是通过试探和纠正错误的策略,找到问题的解。这种方法一般是从一个原始状态出发,通过若干步试探,最后达到目标状态并终止。

从理论上来说,回溯法就是在一棵搜索树中从根结点出发,找到一条达到满足某条件的子结点的路径。在搜索过程中,对于每一个中间结点,它的位置以及向下搜索过程是相似的,因此完全可以用递归来处理。典型的例子有著名的 8 皇后问题等。

5.1.1　明确定义问题的解空间

通常将问题的解空间组织成树或图的形式,用回溯法求解时常遇到的两类典型的解空间树为子集树和排列树。

例 5-1　n＝3 时的 0-1 背包问题的解空间树(子集树)。

0-1 背包的解空间可以用完全二叉树表示,如图 5-1 所示,其中有 8 个叶结点,对应的解分别为{0,0,0}、{0,0,1}、{0,1,0}、{0,1,1}、{1,0,0}、{1,0,1}、{1,1,0}、{1,1,1}。

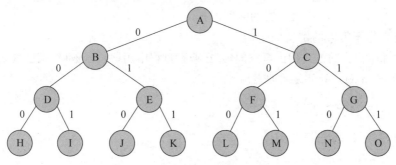

图 5-1　0-1 背包问题的解空间树

设 w＝[16,15,15],p＝[45,25,25],c＝30,以深度优先的方式系统地搜索问题的解:从根结点出发,A→ B→D→ H→……

子集树通常有 2^n 个叶结点,其结点总个数为 $2^{n+1}-1$。遍历子集树的任何算法均需 $\Omega(2^n)$。

例 5-2　旅行商问题的解空间树(排列树)。

给定一个有 n 个顶点的带权图 G,如图 5-2 所示,要在 G 中找出一条有最小费用(权)的周游路线。

图 5-3 树中结点的编号按深度优先搜索的顺序给出,树中有 6 个叶结点,表示周游路线有 6 条。

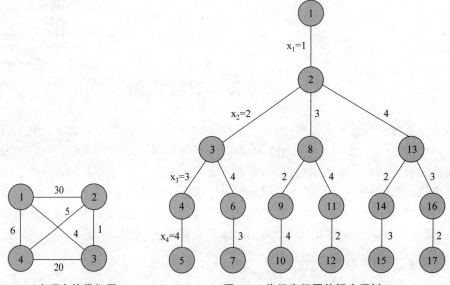

图 5-2　4 个顶点的带权图 G　　　　图 5-3　旅行商问题的解空间树

排列树通常有 n!个叶结点,遍历子集树的任何算法均需 $\Omega(n!)$。

5.1.2　运用回溯法解题的步骤

运用回溯法解题的步骤如下:

(1)针对所给问题,定义问题的空间解;

(2)确定易于搜索的解空间结构;

(3)以深度优先的方式搜索解空间,并在搜索过程中用剪枝函数(约束函数 constrain(t)或限界函数 bound(t))避免无效搜索。

5.1.3　回溯法的算法框架

1. 递归回溯的算法框架

递归回溯的算法框架如下:

```
void backtrack(int t)
{
    if (t>n)
        output(x);                /* 搜索到叶结点,输出 */
    else
```

```
    for (i=f(n,t); i<=g(n,t); i++)
    {
        x[t]=h(i);
        if (constrain(t) && bound(t))
            backtrack(t+1);
    }
}
```

注意：调用一次 backtrack(1) 可完成整个回溯搜索过程。其中，

- t 表示递归深度，即当前扩展结点的深度；
- n 表示解空间树的高度；
- f(n,t) 表示当前扩展结点处未搜索过的子树的起始编号；
- g(n,t) 表示当前扩展结点处未搜索过的子树的终止编号；
- h(i) 表示在当前扩展结点处 x[t] 的第 i 个可选值；
- constrain(t) 表示在当前扩展结点处的约束函数；
- bound(t) 表示在当前扩展结点处的限界函数；
- backtrack(t+1) 表示对其相应子树作进一步搜索。

2. 迭代回溯的算法框架

如果采用树的非递归深度优先遍历，可将回溯法表示为一个非递归的迭代过程如下：

```
void iterativebacktrack(int t)
{
    int t=1;
    while(t>0)
    {
        if (f(n,t)<=g(n,t))
        for (i=f(n,t);i<=g(n,t);i++)
        {
            x[t]=h(i);
            if (constrain(t) && bound(t))
            {
                if (solution(t))
                    output(x);        /*搜索到叶结点,输出*/
                else t++;
            }
        }
        else
            t--;
    }
}
```

注意：算法的 while 循环结束后可完成整个回溯搜索过程。其中，

- t 表示递归深度，即当前扩展结点的深度；
- n 表示解空间树的高度；
- f(n,t)表示当前扩展结点处未搜索过的子树的起始编号；
- g(n,t)表示当前扩展结点处未搜索过的子树的终止编号；
- h(i)表示在当前扩展结点处 x[t]的第 i 个可选值；
- constrain(t)表示在当前扩展结点处的约束函数；
- bound(t)表示在当前扩展结点处的限界函数；
- solution(t)表示在当前扩展结点处是否已得到问题的一个可行解。

5.2　n 皇后问题

5.2.1　问题描述

n 皇后问题要求一个 n×n 格的棋盘上放置 n 个皇后，使得她们不能相吃。按照国际象棋的规则，一个皇后可以吃掉与她处于同一行、同一列或同一对角线上的任何棋子，因此每一行只能摆放一个皇后。n 皇后问题等价于要求在一个 n×n 格的棋盘上放置 n 个皇后，使得任何两个皇后不能放在同一行、同一列或同一对角线上。

5.2.2　算法设计

对于 n 皇后问题，皇后的位置用一个一维数组 x[1..n]来存放，其中 x[i]表示第 i 行皇后放在第 x[i]列。下面主要是判断皇后是否安全的问题。

（1）用一维数组 x[1..n]来表示已经解决了不在同一行的问题；

（2）对于列，当 j!=k 时，要求 x[j]!=x[k]；

（3）对于左上右下的对角线的每个元素有相同的"行－列"值；对于左下右上的对角线有相同的"行＋列"值。若两个皇后分别占有(j,x[j])和(k,x[k])两个位置，则两个皇后在同一对角线上的条件是：j−x[j]=k−x[k]或 j＋x[j]=k＋x[k]，即 j−k=x[j]−x[k]或 j−k=x[k]−x[j]。因此，同一对角线上的条件可归纳为|j−k|=|x[k]−x[j]|。

判断是否可放置一个新皇后的算法如下：

```
int place(int k)
{
    int i;
    for (i=1;i<k;i++)
        if (x[i]==x[k] || abs(x[i]-x[k])==abs(i-k))
            return(0);
    return(1);
}
```

5.2.3 算法实现

下面给出 n 皇后问题的递归回溯算法的实现代码,有兴趣的读者可以自行调试完成 n 皇后问题的迭代回溯算法的实现。

```
void backtrack(int t)
{
    int i,xx;
    if (t>n)
        for (i=1;i<=n;i++)
            printf("%d",x[i]);
    else
        for (i=0;i<n;i++)
        {
            x[t]=i;
            if (t==1 && x[t]>=n/2 )
                break;
            if (place(t)==1)
                backtrack(t+1);
        }
}
```

5.2.4 8皇后问题的不等效解分析与实现

1. 8 皇后问题的不等效解

会下国际象棋的人都很清楚:皇后可以在横、竖、斜线上不限步数地吃掉其他棋子。如何在 8×8 的棋盘上放置八个皇后,使它们不能相吃,这就是古老而著名的 8 皇后问题。显然,每行只能摆放一个皇后,问题转换为求每行上皇后所在的列。

该问题是 19 世纪著名的数学家高斯于 1850 年提出的,当时高斯认为有 76 种方案。1854 年在柏林的象棋杂志上不同的作者发表了 40 种不同的解,后来有人用图论的方法解出 92 种结果,如图 5-4 所示,现已证明了结果的正确性。在数学游戏的书常讨论到 8 皇后问题的对称解。在计算机文献方面,Peter Naur 在 1972 年讲解了对称的问题,Rodney W.Topor 在 1982 年用群论讨论过并有 PASCAL 程序。N.Wirth 在其名著《算法+数据结构=程序》中编程求得 8 皇后问题的 92 个解之后说:"实际上只有 12 个真正不同的解;我们的程序不能识别对称的解。"随后列出这 12 个真正不同的解(即不等效解)。下面以图示的方式总结规律并设计一个有效的求解算法,并用 C 程序加以识别,N.Wirth 那句"我们的程序不能识别对称的解"已成过去式。

2. 8 皇后问题的不等效解分析

对于 n 皇后问题,可以发现一些解是另一些解的简单反射或旋转的结果。比如,n=4 时的两个解(1,3,0,2)和(2,0,3,1)在反射意义下是等效的。n=6 时,其 4 个解等效情

```
QUEEN PROBLEM:   n=8,    total results are:

04752613 25317460 46152037 71306425 31625740 06471352 73025164 52460317
05726314 24175360 36415027 71420635 41362750 06357142 72051463 53602417
13572064 36271405 31750246 27360514 46027531 50417263 64205713 41506372
14602753 52617403 42057136 47306152 35720641 30471625 63175024 25160374
14630752 52613704 52074136 37046152 25703641 40731625 63147025 25164073
15063724 53174602 35041726 57130642 42736051 20647135 62714053 24603175
15720364 26175304 31475026 37420615 46302751 40357162 62057413 51602473
16257403 41357206 47302516 17502463 30475261 60275314 61520374 36420571
16470352 31625704 52470316 37025164 25307461 40752613 61307425 46152073
24170635 35716024 53607142 42061753
24730615 25713064 26174035 31746025 51603742 46031752 53047162 52064713
25147063 46137025 41703625 25704613 36074152 52073164 52630714 31640752

total result of 8 queen:92

its real different result:12
04752613 05726314 13572064 14602753 14630752 15063724 15720364 16257403
16470352 24170635 24730615 25147063
```

图 5-4　8 皇后问题的 12 个不等效解（92 个解中最左列）及对应的等效解（同行右侧）

况如图 5-5 所示。

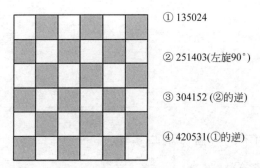

① 135024

② 251403(左旋90°)

③ 304152 (②的逆)

④ 420531(①的逆)

图 5-5　6 皇后的 1 个不等效解及其 3 个等效解

　　当 n=8 时，共有 92 个解，其中有 12 个不等效解，如图 5-4 所示。图 5-6 中除第 10 个不等效解演变出 3 个等效解之外，其他 11 个不等效解经棋盘旋转 90°、180°、270°及简单反射后，各可演变出 7 个等效解，如图 5-7 所示。图 5-5、图 5-6 和图 5-7 分别表示了 8 皇后棋子的一个布局，这 3 个图中的多个解只不过是由于看棋盘的角度不同而导致的。

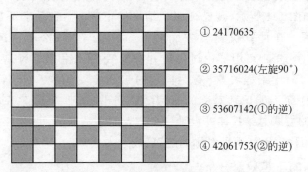

① 24170635

② 35716024(左旋90°)

③ 53607142(①的逆)

④ 42061753(②的逆)

图 5-6　8 皇后第 10 个不等效解 24170635 及其 3 个等效解

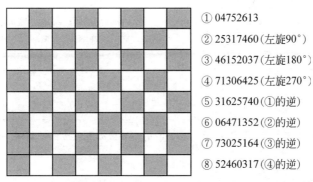

① 04752613

② 25317460（左旋90°）

③ 46152037（左旋180°）

④ 71306425（左旋270°）

⑤ 31625740（①的逆）

⑥ 06471352（②的逆）

⑦ 73025164（③的逆）

⑧ 52460317（④的逆）

图 5-7　8 皇后第 1 个不等效解 04752613 及其 7 个等效解

对于图 5-5、图 5-6 和图 5-7 不等效解及其所产生的等效解之间的关系,可以发现构成简单反射关系的解正好是一半,只要限制第一个皇后所在的列 $x[0]<n/2$ 即可。而构成旋转关系的解有两种情况,一种只需左旋 90°,另一种需依次左旋 90°、180°、270°。进一步考察属第一种情况的如图 5-5 和图 5-6 所示的不等效解 135024 和 24170635,发现其满足 $x[i]+x[n-1-i]=n-1$,因此左旋 180°的解与原不等效解一致,左旋 270°的解与左旋 90°的解一致,要给予剔除。另外,当 $n=4$ 时,只有一个不等效解及其构成简单反射关系的一个等效解,不必经过旋转,否则将产生重复的两个解。通过以上分析,可由一个不等效解构造出与其等效的其他所有解。

顺便说明一下,不等效解与其构造出的等效解之间,并非仅仅通过对称(或称简单反射)可找到,所以称它们为等效解更合适,而有的文献中称为对称解。

3. n 皇后问题不等效解的算法实现思路

皇后问题是回溯算法的典型例题,许多算法教材中都给出了解 n 皇后问题的回溯算法,这里进一步讨论的是如何在产生 n 皇后问题不等效解的基础上,通过不等效解构造出与其等效的其他所有解。输出皇后问题不等效解的算法思路如下:

步骤 1. 生成的第一个解必是不等效解,令 count=1,用于标记不等效解的数目,并存储此解到二维数组 b 中,二维数组 b 的第一个下标为 count,第二个下标为 8 个皇后所在的列。另外,用求等效解的函数 dx(见后面程序)生成第一个解的其他 7 个等效解,并用 m 标记已生成 8 个解,同时存储此 8 个解到二维数组 c 中,二维数组 c 的第一个下标为 m,第二个下标为 8 个皇后所在的列。

步骤 2. 生成第二个解开始,每一个解必须与二维数组 c 中已存的解进行 8 个分量的比较,判别其是新的不等效解还是重复出现的等效解,用 test 函数实现。若是新的不等效解,重复步骤 1,否则,仅标记 sum=sum+1。

下面给出按上述算法思想所实现的求皇后问题不等效解的 C 程序。n=8 的运行结果如图 5-4 所示;当 n=4、6、10 时的运行结果如图 5-8 所示。当 n>8 时,解的数目较大,程序中所用数组要调大,以 n=10 为例,得到的不等效解为 102 个。

```
QUEEN PROBLEM:  n=4,   total results are:        QUEEN PROBLEM:  n=6,   total results are:
1302   2031                                      135024  251403  420531  304152
total result of 4 queen:2                        total result of 6 queen:4
its real different result:1                      its real different result:1
1302                                             135024


total result of 10 queen:804
its real different result:102
```

图 5-8 皇后问题(n=4、6、10)的不等效解及对应的等效解

算法实现程序如下：

```c
#define N 8
int x[100]={0};
int a[N][N],b[2*N][N],c[100][N],row=0;
static int sum=0,count=0,m=1;
void left90(int x[])                    /*产生左旋 90°的等效解*/
{
    int i;
    for (i=0;i<N;i++)
        a[row][N-1-x[i]]=i;
    row++;
}


void left180(int x[])                   /*产生左旋 180°的等效解*/
{
    int i;
    for (i=0;i<N;i++)
        a[row][N-1-i]=N-1-x[i];
    row++;
}


void left270(int x[])                   /*产生左旋 90°的等效解*/
{
    int i;
    for (i=0;i<N;i++)
        a[row][x[i]]=N-1-i;
    row++;
}


void store(int x[],int count)           /*实现存储不等效解*/
{
    int i;
     for(i=0;i<N;i++)
```

```
                b[count][i]=x[i];
    }

    void dx(int x[])                          /*用于构造等效解的函数 dx*/
    {
        int i,j,flag=0;
        for (i=0;i<N;i++)                     /*临时存储用于构造等效解的原不等效解*/
            a[row][i]=x[i];
        row++;
        for (i=0;i<N/2;i++)                   /*判断左旋次数*/
            if (x[i]+x[N-1-i]!=N-1)
            {
                flag=1;
                break;
            }
        if (N>4&&flag==0)
            left90(x);
        else if (flag)
        {
            left90(x);
            left180(x);
            left270(x);
        }
        for (i=0;i<row;i++)                   /*产生简单反射的等效解*/
            for (j=0;j<N;j++)
                a[row+i][N-1-j]=a[i][j];
        printf("\n");
        for (i=0;i<row*2;i++)                 /*输出该不等效解及其产生的所有等效解*/
        {
            printf(" ");
            for (j=0;j<N;j++)
                printf("%d",c[m][j]=a[i][j]);
            m++;
        }
    }

    int test(int x[])                         /*测试是否为不等效解*/
    {
        int i,j;
        for (i=1;i<=m;i++)
        {
            for (j=0;j<N;j++)
                if (c[i][j]!=x[j])
```

```
                       break;
         if (j>=N)
            break;
      }
      if (i>m)
         return(1);
      else
         return(0);
}


int place(int k)                      /* 所放位置是否有冲突 */
{
   int i;
   for (i=0;i<k;i++)
      if (x[i]==x[k]||abs(x[i]-x[k])==abs(i-k))
         return(0);
   return(1);
}


void backtrack(int t)                 /* 回溯求解 */
{
   int i,xx;
   if (t>N-1)
   {
      sum=sum+1;
      if (sum==1||test(x))
      {
         count++;
         store(x,count);
         row=0;
         dx(x);
      }
      if (sum==48) getch();
   }
   else for (i=0;i<N;i++)
   {
      x[t]=i;
      if (t==0&&x[t]>=N/2)
         break;
      if (place(t)==1)
         backtrack(t+1);
   }
}
```

只要调用 backtrack(0)就可以了,其中 0 表示第一个皇后所在的列。所有解的数目为 m−1,不等效解存于 b 数组中,不等效解的数目为 count。

n 皇后问题是回溯算法的经典例题,目前为止,讨论 n 皇后问题解的等效性的文献并不多,而且即便讨论到,但对 n 皇后的一个解通过简单反射、左旋 90°、180°和 270°产生多个等效解的性质分析不够清晰。本节通过对 n 皇后问题解的等效性进行分析和总结规律,提出了产生 n 皇后问题的不等效解的算法,并在此基础上,通过不等效解构造出与其等效的其他所有解。相信对皇后问题解的性质的分析和模块化实现,将有利于促进对 n 皇后问题及其有关算法的研究和学习。

5.3 图的 m 着色问题

5.3.1 问题描述

m 着色问题:给定一个无向连通图 G 和 m>0 种颜色,在只准使用这 m 种颜色对 G 的结点着色的情况下,是否能使图中任何相邻的两个结点都具有不同的颜色呢? m 着色最优化问题是求可对图 G 着色的最小整数 m,这个整数称图 G 的色数。

四色问题是 m 着色性问题的著名特例。四色猜想是指平面或球面上的任何地图的所有区域都可以至多用四种颜色来着色,使任何两个有一段公共边界的相邻区域没有相同的颜色。四色猜想是英国学者于 1852 年提出的,但直到 1976 年这个问题由三位美国学者(阿普尔、黑肯、考齐)在计算机上花费了 1200 小时才给出证明。

平面图是能画在平面上而边不发生交叉的图。地图是一个没有割边的连通平面图,其每条边都是两个不同区域的公共边。对平面图的着色可利用平面图的对偶图转换为对顶点的着色。其方法是将地图的每个区域变成一个结点,两个区域相邻,则相应的两个结点用一条边连接起来。例如,一幅有 5 个区域的地图及其对应的平面图,如图 5-9 所示。

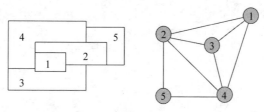

图 5-9 地图及其相应的平面图

给图 5-10 中各图的顶点着色,使相邻顶点的颜色不同,问各图至少需要几种颜色?

对图 5-11 所示的 4 个区域的地图进行着色有多少种不同方案?本问题可转换成对一平面图的 4 着色判定问题。最多使用 3 种颜色,总共有 18 种不同的着色法,其中正好用了 3 种颜色的着色法有 12 种;正好用了 2 种颜色的着色法有 6 种,如图 5-12 所示。

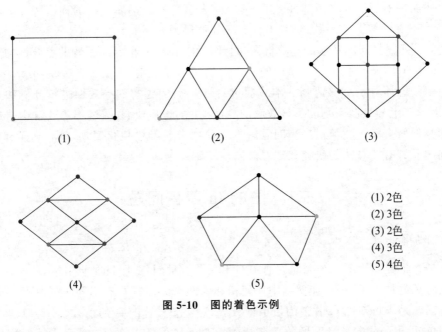

(1) 2色
(2) 3色
(3) 2色
(4) 3色
(5) 4色

图 5-10　图的着色示例

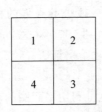
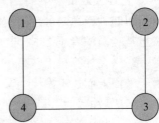

图 5-11　4 个区域的地图及其平面图

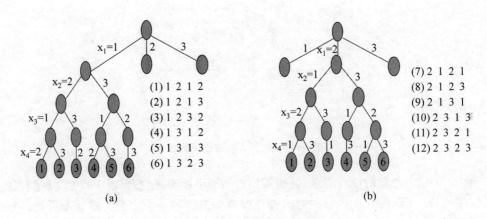

图 5-12　4 个区域的地图着色解空间树

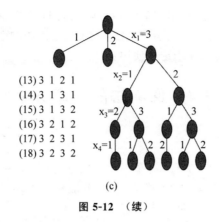

(13) 3 1 2 1
(14) 3 1 3 1
(15) 3 1 3 2
(16) 3 2 1 2
(17) 3 2 3 1
(18) 3 2 3 2

(c)

图 5-12 （续）

5.3.2 算法实现

m 着色问题的递归回溯算法实现如下：

```
int graph[N+1][N+1]={{0,0,0,0,0}, {0,1,1,0,1}, {0,1,1,1,0},
                     {0,0,1,1,1}, {0,1,0,1,1}};
int ok(int k)
{
    int i;
    for (i=1;i<k;i++)
        if (graph[k][i]&&x[i]==x[k])
            return(0);
    return(1);
}

void mcolor(int t)
{
    int i;
    if (t>n)
        for (i=1;i<=n;i++)
            printf("%3d",x[i]);
    else
        for (i=1;i<=m;i++)
        {
            x[t]=i;
            if (ok(t))
                mcolor(t+1);
        }
}
```

m 着色问题的迭代回溯算法，有兴趣的读者可以自行完成，并上机调试。

用递归算法编制的程序具有结构清晰和易读性高的特点,但也有执行效率不高的缺点。但当能够找到明显的递推公式用迭代法求解时,迭代法的效率会比递归方法高很多。因此,对于不同问题要根据情况来选择使用。

5.4　回溯法的效率分析

5.4.1　重排原理

在其他因素相同的情况下,从具有最少元素的集合中做下一次选择,将更为有效。例如,图 5-13 是同一问题的 2 棵不同的解空间树,若能从第 1 层消去一个结点,显然一次消去 12 个叶结点比一次消去 8 个叶结点更有效。

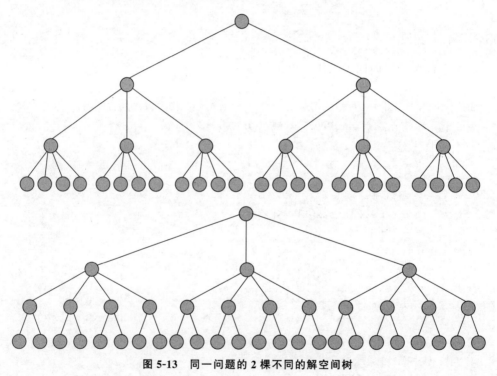

图 5-13　同一问题的 2 棵不同的解空间树

5.4.2　估算结点数

用蒙特卡罗方法可以估算回溯法将要产生的结点数。假设限界函数不变,解空间树上的同一层的结点的度数相同。设 x 是随机路径上的一个结点,位于第 i 层,x 满足约束条件的儿子结点数为 mi,则有:

第 1 层共有 m0 个满足约束条件的结点。

第 2 层共有 m0m1 个满足约束条件的结点。

第 3 层共有 m0m1m2 个满足约束条件的结点。

第 i+1 层共有 m0m1m2…mi 个满足约束条件的结点。

故可估计回溯法要生成的满足约束条件的结点总数为 m ＝ 1 ＋ m0 ＋ m0m1 ＋ m0m1m2＋…。

若选取多条随机路径,然后取各估计数的平均值要更好一些。以 8 皇后问题为例,如图 5-14 所示,选取解空间树中 5 条随机路径所对应的棋盘状态。

(a) (8,5,4,3,2)=1649

(b) (8,5,3,1,2,1)=769

(c) (8,6,4,2,1,1,1)=1785

(d) (8,6,4,3,2)=1977

(e) (8,5,3,2,2,1,1,1)=2329

图 5-14　解空间树中 5 条随机路径所对应的棋盘状态

用蒙特卡罗方法估算 5 条随机路径产生的结点数如下:

(a) $(8,5,4,3,2)＝1＋8＋8×5＋8×5×4＋8×5×4×3＋8×5×4×3×2$
$＝49＋160＋480＋960＝1649$

(b) $(8,5,3,1,2,1)＝1＋8＋8×5＋8×5×3＋8×5×3＋8×5×3×2＋8×5×3×2$
$＝49＋240＋480＝769$

(c) $(8,6,4,2,1,1,1)＝1＋8＋8×6＋8×6×4＋8×6×4×2×4$
$＝57＋192＋384×4＝1785$

(d) $(8,6,4,3,2) = 1+8+8\times6+8\times6\times4+8\times6\times4\times3+8\times6\times4\times3\times2$
$$= 9+260+576\times3 = 1977$$

(e) $(8,5,3,2,2,1,1,1) = 1+8+8\times5+8\times5\times3+8\times5\times3\times2+8\times5\times3\times2\times4$
$$= 49+120+240+960\times2 = 2329$$

5.4.3 回溯法的效率

用蒙特卡罗方法由 5 条随机路径估算回溯法产生的结点总数 m 的平均值为 $(1649+1785+769+1977+2329)/5 = 8509/5 = 1701.8 \approx 1702$。而对于穷举法，n＝8，要处理 C_{64}^8 大小的空间 $\approx 4.4\times10^9$；排除同行同列的可能，要处理 8! 大小的空间（＝40 320 个 8 元组）。

8 皇问题的解空间树的结点总数是 109 601。

$$1 + \sum_{j=0}^{7}\left(\prod_{i=0}^{j}(8-i)\right) = 109\ 601$$
$$= 1+8+8\times7+8\times7\times6+\cdots+8!$$

其中 $\prod_{i=1}^{n} a_i = a_1 \cdot a_2 \cdots \cdot a_n$ 中任意加括所得结果。

因此回溯法产生的平均结点数 m＝1702 是解空间树的结点总数 109601 的 1.55%。这表明回溯法的效率大大高于穷举法。

如果解空间的结点数为 2 的 n 次方或 n!，则回溯法的时间耗费和穷举法同一数量级，但一般回溯法有一个较小的常数因子，因此，回溯法常常还是有效的。

习 题 5

一、选择题

1. 下列算法中通常以深度优先方式系统搜索问题解的是（ ）。
   (A) 备忘录法　　　(B) 动态规划法　　(C) 贪心算法　　　(D) 回溯法

2. 回溯法解旅行商问题时的解空间树是（ ）。
   (A) 子集树　　　　　　　　　　　(B) 排列树
   (C) 深度优先生成树　　　　　　　(D) 广度优先生成树

3. （ ）是回溯法中为避免无效搜索采取的策略。
   (A) 递归函数　　(B) 剪枝函数　　(C) 搜索函数　　(D) 随机函数

4. 回溯法的效率不依赖于（ ）。
   (A) 满足显约束的值的个数　　　　(B) 计算约束函数的时间
   (C) 计算限界函数的时间　　　　　(D) 确定解空间的时间

5. 回溯法搜索状态空间树是按照（ ）的顺序。
   (A) 中序遍历　　　　　　　　　　(B) 广度优先遍历
   (C) 深度优先遍历　　　　　　　　(D) 层次优先遍历

6. 0-1 背包问题的回溯算法所需的计算时间为（ ）。
   (A) $O(n2^n)$　　　(B) $O(n\log n)$　　(C) $O(2^n)$　　　(D) $O(n)$

7. 关于回溯搜索法的介绍,下面描述不正确的是(　　)。

(A) 回溯法有"通用解题法"之称,它可以系统地搜索一个问题的所有解或任意解

(B) 回溯法是一种既带系统性又带有跳跃性的搜索算法

(C) 回溯算法在生成解空间的任一结点时,先判断该结点是否可能包含问题的解,如果肯定不包含,则跳过对该结点为根的子树的搜索,逐层向祖先结点回溯

(D) 回溯算法需要借助队列这种结构来保存从根结点到当前扩展结点的路径

8. 回溯法在问题的解空间树中,按(　　)策略,从根结点出发搜索解空间树。

(A) 广度优先 　　　　　　　　(B) 活结点优先

(C) 深度优先 　　　　　　　　(D) 扩展结点优先

9. 程序块(　　)是回溯法中遍历排列数的算法框架程序。

(A)
```
void backtrack(int t)
{
    if (t>n) output(x);
    else for (int i=t;i<n;i++)
        {
            swap(x[t],x[i]);
            if (legal(t))
                backtrack(t+1);
        swap(x[t],x[i]);
        }
}
```

(B)
```
void backtrack(int t)
{
    if (t>n) output(x);
    else for (int i=0;i<=1;i++)
        {
            x[i]=t;
            if (legal(t))
                backtrack(t+1);
        }
}
```

(C)
```
void backtrack(int t)
{
    if (t>n) output(x);
    else for (int i=0;i<=1;i++)
        {
            x[t]=i;
            if (legal(t))
                backtrack(t-1);
        }
}
```

（D）
```
void backtrack(int t)
{
    if (t>n) output(x);
    else for (int i=t;i<n;i++)
    {
        swap(x[t],x[i]);
        if (legal(t))
            backtrack(t+1);
    }
}
```

10. 下列问题不能用贪心法解决的是（　　）。

（A）单源最短路径问题　　　　　　（B）n 皇后问题

（C）最小生成树问题　　　　　　　（D）背包问题

二、填空题

1. 回溯法是一种既带有_____又带有_____的搜索算法。

2. 回溯法搜索解空间树时，常用的两种剪枝函数为_____和_____。

3. 使用回溯法进行状态空间树裁剪分支时一般有两个标准：约束条件和目标函数的界。n 皇后问题和 0-1 背包问题正好是两种不同的类型，其中同时使用约束条件和目标函数的界进行裁剪的是_____，只使用约束条件进行裁剪的是_____。

4. 图的 m 着色问题可用_____法求解，其解空间树中叶子结点个数是_____，解空间树中每个内结点的孩子数是_____。

5. 用回溯法解问题时，应明确定义问题的解空间，问题的解空间至少应包含一个_____解。

6. 0-1 背包问题的回溯算法所需的计算时间为_____，用动态规划算法所需的计算时间为_____。

7. 用回溯法解题的一个显著特征是在搜索过程中动态产生问题的解空间。在任何时刻，算法只保存从根结点到当前扩展结点的路径。如果解空间树中从根结点到叶结点的最长路径的长度为 h(n)，则回溯法所需的计算空间通常为_____。

8. 回溯法的算法框架按照问题的解空间一般分为_____算法框架与_____算法框架。

9. 用回溯法解 0-1 背包问题时，该问题的解空间结构为_____结构。

10. 用回溯法解批处理作业调度问题时，该问题的解空间结构为_____结构。

三、简答题

1. 简述回溯法的基本思想。

2. 简述回溯法中常见的两类典型的解空间树。

3. 使用回溯法解 0-1 背包问题：n=3，C=9，V={6,10,3}，W={3,4,4}，其解空间由长度为 3 的 0-1 向量组成，要求用一棵完全二叉树表示其解空间（从根出发，左 1 右 0），并画出其解空间树，计算其最优值及最优解。

四、算法填空

1. 设计 n 皇后问题回溯法。

（1）用二维数组 A[N][N]存储皇后位置,若第 i 行第 j 列放有皇后,则 A[i][j]为非 0 值,否则值为 0。

（2）分别用一维数组 M[N]、L[2 * N−1]、R[2 * N−1]表示竖列、左斜线、右斜线是否放置有棋子,有则值为 1,否则值为 0。

```
for(j=0;j<N;j++)
    if(_____【1】_____)           /*安全检查*/
    {
        A[i][j]=i+1;                 /*放置皇后*/
        _____【2】_____;
        if(i==N-1)
            输出结果;
        else
            _____【3】_____;       /*试探下一行*/
        _____【4】_____;           /*去皇后*/
        _____【5】_____;
    }
```

2. 设计图的着色问题回溯法,按每个循环语句和条件判断语句后所加注释补充程序。

```
int Ok(int k)
{
    for (int j=1; j<k; j++)          //检查前 k-1 个点与当前第 k 点颜色是否冲突
        if ((a[k][j]==1)&&(x[j]==__【1】__)) //判断第 j 点与当前第 k 点颜色是否冲突
            return____【2】____;
        else
            return 1;
}


void Backtrack(int t)
{
    if (____【3】____)               // 判断是否到叶结点
    {
        sum++;
        for (int i=1;i<=n; i++)      //输出每个点的色号
            cout <<x[i]<<' ';
            cout <<endl;
    }
```

```
    else
        for (int i=1; i<=4; i++)
                                // 依次检查当前第 t 点是否可着第 i(1≤i≤4)种颜色
        {
            x[t]=i;
            if (Ok(t))    【4】    ;        //若当前点(第 t 点)可着第 i 种颜色,则递归调用
        }
    }
```

3. 子集和问题的一个实例为〈S,n,c〉。其中,S=(x1,x2,…,xn)是 n 个元素的整数的集合,c 是一个正整数。子集和问题判定是否存在 S 的一个子集 S1,使得 S1 中的所有元素之和等于 c。设计一个解子集和问题的回溯法。例如,若 n=4,S={x1,x2,x3,x4}=(11,13,24,7),c=31,则满足要求的子集是(11,13,7)和(24,7)。运行实例:输入 n、c 的值 5,10,再输入 n 个元素的值 2、2、6、5、4,则输出和为 10 的子集元素 2、2、6。

```
    void Backtrace(int i)
    {
        if(flag) return ;                //找到一组解就返回
        if (sum==c)                      //当前子集和 sum, 寻找标志 flag
        {
            flag=1;
            for(int i=0;i<n;i++)
            {
                if(x[i])
                    printf("%d ",s[i]);  //打印输出可行解
            }
            printf("\n");
            return;
        }
        else
        {
            x[i]=1;
            sum+=s[i];
            Backtrace(i+1);
            x[i]=0;                      //回溯时要还原
               【1】    ;
               【2】    ;
        }
    }
```

第6章

分支限界法

6.1 分支限界法的基本思想

回溯法是用限界函数的深度优先生成结点的方法。类似于回溯法,分支限界(branch and bound)法也是一种在问题的解空间树 T 上搜索问题解的算法,是一种 E-结点一直保持到死为止的状态生成方法。分支限界法是一种系统地搜索解空间的方法,它常以广度优先或以最小耗费(最大效益)优先的方式搜索问题的解空间树。在搜索解空间时,经常使用树形结构来组织解空间,常用的树结构有子集树和排列树。

分支限界法的搜索策略是:在当前扩展结点处,先生成其所有的儿子结点(从该扩展结点移动一步即可到达的所有新结点),然后再从当前的活结点表中选择下一个扩展结点。为了有效地选择下一个扩展结点,加速搜索的进程,在每一个活结点处,计算一个函数值(限界),并根据函数值,从当前活结点表中选择一个最有利的结点作为扩展结点,使搜索朝着解空间上有最优解的分支推进,以便尽快地找出一个最优解。分支限界法解决了大量离散最优化的问题。

分支限界法的基本思想是:以广度优先或以最小耗费(最大效益)优先的方式搜索。每一个活结点只有一次机会成为扩展结点,活结点一旦成为扩展结点,就一次性产生其所有儿子结点。在这些儿子结点中,导致不可行解或导致非最优解的儿子结点被舍弃,其余儿子结点被加入活结点表中。此后,从活结点表中选择一个结点成为当前扩展结点,并对其进行扩充。重复上述结点扩展过程,直到找到所需的解或活结点表为空,扩充过程才结束。

分支限界法与回溯法的主要区别在于对 E-结点(扩展结点)的扩充方式。从活结点表中选择下一扩展结点的不同方式导致不同的分支限界法。有三种常用的方法可用来选择下一个 E-结点(也可能存在其他的方法):

(1) 先进先出(First In First Out Search,FIFO)检索:按照队列先进先出原则选取下一个结点为扩展结点,即从活结点表中取出结点的顺序与加入结点的顺序相同,因此活结点表的性质与队列相同。

(2) 后进先出(Last In First Out Search,LIFO)检索:即从活结点表中取出结点的顺序与加入结点的顺序相反,因此活结点表的性质与栈相同。

(3) 优先队列式分支限界法:按照优先队列中规定的优先级选取优先级最高的结点成为当前扩展结点。

最大优先队列：使用最大堆，体现最大效益优先。在这种模式中，每个结点都有一个对应的收益，要搜索一个具有最大收益的解，则可用最大堆来构造活结点表，下一个 E-结点就是具有最大收益的活结点。

最小优先队列：使用最小堆，体现最小耗费（Least Cost，LC）优先。在这种模式中，每个结点都有一个对应的耗费，要查找一个具有最小耗费的解，则活结点表可用最小堆来建立，下一个 E-结点就是具有最小耗费的活结点。

分支限界法与回溯法的求解目标不同。回溯法是找出满足约束条件的所有解；而分支限界法找出满足条件的一个解，或某种意义下的最优解。

分支限界法与回溯法的搜索方式不同。回溯算法使用深度优先方法搜索树结构，而分支限界法一般用广度优先或最小耗费优先的方法来搜索这些树。相对而言，分支限界法的解空间比回溯法大得多，因此当内存容量有限时，回溯法成功的可能性更大。

6.2 分支限界法的算法实例

6.2.1 分支限界法解 0-1 背包问题

例 6-1　0-1 背包问题：给定 n 个物体和一个背包。对于物体 i，其价值为 p_i，重量为 w_i，背包的容量为 c。如何选取物品装入背包，使背包中所装入的物品总价值最大？

考虑 0-1 背包问题的实例：n＝3，c＝30，w＝[16,15,15]，p＝[45,25,25]，其解空间树如图 6-1 所示。

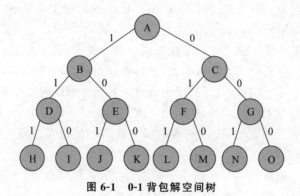

图 6-1　0-1 背包解空间树

方法 1：队列式分支限界法（处理法则为先进先出）。

```
[A]B, C =>B, C              //E-结点 A, 生成了结点 B 和 C
[B, C]D, E =>E             //D 是不可行解, 舍弃
[C, E]F, G =>F, G
[E, F, G]J, K =>K(45) [1,0,0]      //J 是不可行解, 舍弃
[F, G]L, M =>L(50) [0, 1, 1] M(25)
[G]N, O =>N(25), O(0)
```

它与广度优先遍历的唯一不同在于不搜索以不可行结点为根的子树。

0-1 背包问题队列式分支限界法可描述为：

（1）FIFO 分支限界利用一个队列来记录活结点，结点将按照 FIFO 顺序从队列中取出。

（2）初始时以根结点 A 作为 E-结点，此时活结点队列为空。当结点 A 展开时，生成了结点 B 和 C，由于这两个结点都是可行的，因此都被加入活结点队列中，结点 A 被删除。

（3）下一个 E-结点是 B，展开它并产生了结点 D 和 E，D 是不可行解，被删除，而 E 被加入队列中。

（4）下一步结点 C 成为 E-结点，它展开后生成结点 F 和 G，两者都是可行结点，加入队列中。

（5）下一个 E-结点 E 生成结点 J 和 K，J 不可行而被删除，K 是一个可行的叶结点，并产生一个到目前为止可行的解，它的收益值为 45。

（6）下一个 E-结点是 F，它产生两个孩子 L、M，L 代表一个可行的解且其收益值为 50，M 代表另一个收益值为 25 的可行解。

（7）G 是最后一个 E-结点，它的孩子 N 和 O 都是可行的。由于活结点队列变为空，因此搜索过程终止，最佳解的收益值为 50。

方法 2：优先队列式分支限界法（处理法则为价值大者优先）。

```
[A] B, C =>B(45), C(0)
[B, C] D, E =>E(45)
[E, C] J, K =>K(45) [1, 0, 0]
[C] F, G =>F(25), G(0)
[F, G] L, M =>L(50) [0, 1, 1], M(25)
[G] N, O =>N(25), O(0)
```

类似于回溯方法，可利用一个定界函数或剪枝函数来加速最优解的搜索过程。

0-1 背包问题优先队列式分支限界法可描述为：

（1）最大收益分定界算法使用一个最大堆，其中的 E-结点按照每个活结点收益值的降序从队列中取出。

（2）以解空间树中的根结点 A 作为初始结点。展开初始结点得到结点 B 和 C，两者都是可行的并被插入堆中，结点 B 获得的收益值是 45（设 $x_1 = 1$），而结点 C 得到的收益值为 0。A 被删除，B 成为下一个 E-结点，因为它的收益值比 C 的大。

（3）当展开 B 时得到了结点 D 和 E，D 是不可行的而被删除，E 加入堆中。由于 E 具有收益值 45，而 C 为 0，因此 E 成为下一个 E-结点。

（4）展开 E 时生成结点 J 和 K，J 不可行而被删除，K 是一个可行的解，因此 K 作为目前能找到的最优解而记录下来，其价值为 45，然后 K 被删除。

（5）由于只剩下一个活结点 C 在堆中，因此 C 作为 E-结点被展开，生成 F、G 两个结点插入堆中。F 的收益值为 25，因此成为下一个 E-结点，展开后得到结点 L 和 M，但 L、

M 都被删除,因为它们是叶结点,同时 L 所对应的解被作为当前最优解记录下来,其价值为 50。

（6）最终 G 成为 E-结点,生成的结点为 N 和 O,两者都是叶结点而被删除,两者所对应的解都不比当前的最优解更好,因此最优解保持不变。此时堆变为空,没有下一个 E-结点产生,搜索过程终止。从根结点 A 到结点 L 的搜索即为最优解(0,1,1)。

6.2.2 分支限界法解旅行商问题

例 6-2 旅行商问题:某售货员要到若干城市去推销商品,已知各城市之间的路程（或差旅费）。他要选定一条从驻地出发,经过每个城市一次,最后回到驻地的路线,使总的路程（或总差旅费）最小。可以任意选择一个城市,作为出发点。因为最后都是一个回路,无所谓从哪出发。如图 6-2 所示,1、2、3、4 四个城市及其路线费用图,任意两个城市之间不一定都有路可达。

四个城市的旅行商问题的解空间树,如图 6-3 所示。

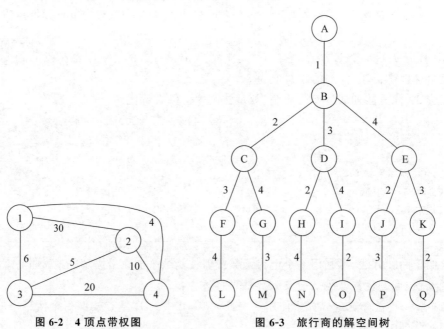

图 6-2 4 顶点带权图   图 6-3 旅行商的解空间树

方法 1:队列式分支限界法。

```
[B] C, D, E
[C, D, E] F, G
[D, E, F, G] H, I
[E, F, G, H, I] J, K
[F, G, H, I, J, K] L(59) [1,2,3,4]
[G, H, I, J, K] M(66)
```

```
[H, I, J, K] N(25) [1, 3, 2, 4]
[I, J, K] 1-3-4(26)
[J, K] P(25)
[K] Q(59)
```

旅行商问题队列式分支限界法可描述为：

（1）FIFO 分支定界使用结点 B 作为初始的 E-结点，活结点队列初始为空。当 B 展开时，生成结点 C、D 和 E。由于从顶点 1 到顶点 2、3、4 都有边相连，所以 C、D、E 三个结点都是可行的并加入队列中。当前的 E-结点 B 被删除，新的 E-结点是队列中的第一个结点，即结点 C。

（2）因为在图中存在从顶点 2 到顶点 3 和 4 的边，因此展开 C，生成结点 F 和 G，两者都被加入队列。下一步，D 成为 E-结点，接着又是 E，到目前为止活结点队列中包含结点 F 到 K。

（3）下一个 E-结点是 F，展开它得到了叶结点 L。至此找到了一个旅行路径，它的开销是 59。展开下一个 E-结点 G，得到叶结点 M，它对应于一个开销为 66 的旅行路径。

（4）接着 H 成为 E-结点，从而找到叶结点 N，对应开销为 25 的旅行路径。下一个 E-结点是 I，它对应的部分旅行 1-3-4 的开销已经为 26，超过了目前最优的旅行路径，因此，I 不会被展开。

（5）结点 J 和 K 成为 E-结点并被展开。经过这些展开过程，队列变为空，算法结束。找到的最优方案是结点 N 所对应的旅行路径。

方法 2：优先队列式分支限界法，用一极小堆来存储活结点表。

```
[B] C, D, E =>C(30), D(6), E(4)
[E, D, C] J, K =>J(14), K(24)
[D, J, K, C] H, I =>H(11), I(26)
[H, J, K, I, C] N =>N(25) [1, 3, 2, 4]
[J, K, I, C] P =>P(25)
[K, I, C] Q =>Q(59)
[I, C] I, C 限界掉
```

旅行商问题优先队列式分支限界法可描述为：

（1）使用最小耗费方法来搜索解空间树，即用一个最小堆来存储活结点。

（2）这种方法同样从结点 B 开始搜索，并使用一个空的活结点列表。当结点 B 展开时，生成结点 C、D 和 E 并将它们加入最小堆中。在最小堆的结点中，E 具有最小耗费（因为 1-4 的局部旅行的耗费是 4），因此成为 E-结点。

（3）展开 E，生成结点 J 和 K 并将它们加入最小堆，这两个结点的耗费分别为 14 和 24。此时，在所有最小堆的结点中，D 具有最小耗费，因而成为 E-结点，并生成结点 H 和 I。至此，最小堆中包含结点 C、H、I、J 和 K，H 具有最小耗费，因此 H 成为下一个 E-结点。

（4）展开结点 H，得到一个完整的旅行路径 1-3-2-4-1，它的开销是 25。结点 J 是下一个 E-结点，展开它得到结点 P，它对应于一个耗费为 25 的旅行路径。结点 K 和 I 是下两个 E-结点。由于 I 的开销超过了当前最优的旅行路径，因此搜索结束，而剩下的所有活结点都不能使我们找到更优的解。

6.2.3 分支限界法解 15 谜问题

例 6-3 15 谜问题（15-puzzle）。

15 谜问题描述：在 4×4 的方格棋盘上，将数字 1,2,3,…,15 以任意顺序放置在棋盘的各个方格中，空出一格，图 6-4(a) 为 15 谜问题的一种初始棋盘格局。要求通过有限次移动，把如图 6-4(a) 所示的一个初始状态变为如图 6-4(b) 所示的目标状态。

1	3	4	15
2		5	12
7	6	11	14
8	9	10	13

(a) 初始状态

1	2	3	4
5	6	7	8
9	10	11	12
13	14	15	

(b) 目标状态

图 6-4　15 谜问题的一个实例

移动规则是：每次只能在空格周围的四个数字任选一个移入空格，当空格在边角位置时，只有两种或三种数字向空格的移动是合法的。显然，移动数字与移动空格是等效的，如果对于某个状态 A 可通过一系列合法移动得到另一状态 B，则称状态 A 可达状态 B。一个实例的状态空间树由初始状态可达的所有状态构成。15 谜问题一共有 16! 个棋盘格局。

有人证明，对于任一给定的初始状态，有 16!/2 个状态可由初始状态到达。因此，15 谜问题的状态空间树很大。另外，由于空格的移动是可逆的，很容易形成死循环。如果每产生一个新状态都要与已产生的状态一一对比，把重复状态删去，这势必要搜索整个状态空间树，工作量太大，这是不许可的。

如果给棋盘上的各方格按行为主序编号 1～16，其中空格为 16 号，如图 6-4(b) 所示的目标状态的棋子号码。定义 $l(i)$ 是棋盘上第 $i+1$ 格到 16 格中，比 i 格中棋子号码小的棋子的个数。如图 6-5 所示，对于图 6-4(a)，$l(1)=0,l(2)=1,l(6)=10,l(16)=0$；对于图 6-4(b)，$l(i)=0,1\leqslant i\leqslant 16$。

1	3	4	15
2		5	12
7	6	11	14
8	9	10	13

图6-4(a)初始状态

0	1	1	11
0	10	0	6
1	0	3	4
0	0	0	0

图6-4(a)中l(i)值

图 6-5　图 6-4(a)各方格对应的 l(i)值

15 谜问题的实例解的存在性定理：对于一个给定的状态，设空格坐标为 (j,k)，如果

$\sum\limits_{i=1}^{16} l(i) + j + k$ 的和是偶数,则这个状态可达目标状态,否则其他任何初态都是不可达目标状态。

对于图 6-4(a)所示的初始状态,$\sum\limits_{i=1}^{16} l(i) = 37$,又空格坐标为(2,2),即 j = 2,k = 2,所以 $\sum\limits_{i=1}^{16} l(i) + j + k = 37 + 2 + 2 = 41$,根据上述存在性定理可知,不可达目标状态,无解。

如图 6-6 所示,$\sum\limits_{i=1}^{16} l(i) = 15$,又空格坐标为(2,3),即 j = 2,k = 3,根据上述存在性定理可知,可达目标状态,有解。

1	2	3	4
5	6		8
9	10	7	11
13	14	15	12

(a) 初始状态

0	0	0	0
0	0	9	1
1	1	0	0
1	0	1	0

(a)中各方格的l(i)值

图 6-6 l(i)值计算示例

下面给出 15 谜问题一个实例的部分状态空间树,如图 6-7 所示。图 6-7(a)～图 6-7(c)共展示了 24 种状态。这个实例中,FIFO 检索的顺序按图中结点的编号顺序进行。从检索的路径可以看出,这样的检索是很盲目的。

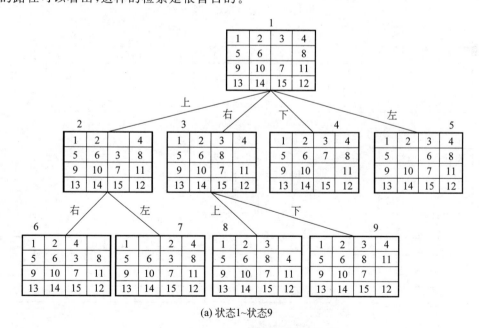

(a) 状态1~状态9

图 6-7 15 谜问题实例的部分状态空间树

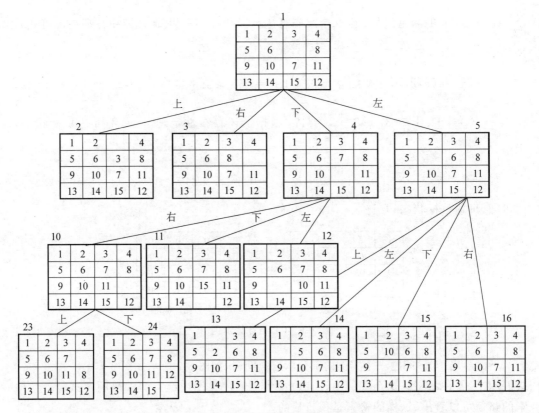

(b) 状态10~状态16以及状态23、24

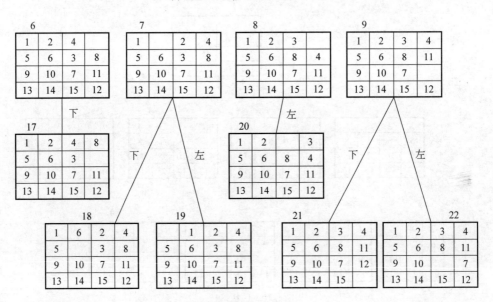

(c) 状态17~状态22

图 6-7 （续）

15 谜问题 LC 分支限界法分析如下：

定义从初始状态到目标状态的路径长度为成本函数 $C(x)$，设 $C(x)=f(x)+g(x)$，其中 $f(x)$ 是从根到结点的路径长度，$g(x)$ 是结点 X 表示的状态中没有到达目标位置的非空白牌的数目。

图 6-8 中状态 X 只有 7 号牌不在目标位置上（空白牌除外），于是 $g(x)=1$，但要使这个状态变为目标状态，需要移动空白牌的次数比 1 多得多。

1	2	3	4
5	6		8
9	10	11	12
13	14	15	7

图 6-8　一种状态

$g(x)$ 是成本函数 $C(x)$ 的下界，而且容易求得。

在图 6-7 中，由初始状态(1)出发，把(1)作为 E-结点，生成它的四个儿子(2)、(3)、(4)、(5)后，(1)成为死结点，由于 $C(2)=1+4$，$C(3)=1+4$，$C(4)=1+2$，$C(5)=1+4$（见图 6-9），因此，(4)作为 E-结点，生成它的三个儿子(10)、(11)、(12)，此时活结点是(2)、(3)、(5)、(10)、(11)、(12)，其中具有最小 C 值的活结点是(10)，它成为下一个 E-结点，接着生成两个儿子(23)、(24)，结点(24)被判为目标结点。

1	2	3	4
5	6		8
9	10	7	11
13	14	15	12

C(1)=0+3

1	2	3	4
5	6	7	
9	10	11	8
13	14	15	12

C(23)=3+2

1	2	3	4
5	6	7	8
9	10	11	12
13	14	15	

C(24)=3+0

1	2		4
5	6	3	8
9	10	7	11
13	14	15	12

C(2)=1+4

1	2	3	4
5	6		8
9	10	7	11
13	14	15	12

C(3)=1+4

1	2	3	4
5	6	7	8
9	10		11
13	14	15	12

C(4)=1+2

1	2	3	4
5		6	8
9	10	7	11
13	14	15	12

C(5)=1+4

1	2	3	4
5	6	7	
9	10	11	8
13	14	15	12

C(10)=2+1

1	2	3	4
5	6	7	8
9	10	15	11
13	14		12

C(11)=2+3

1	2	3	4
5	6	7	8
9		10	11
13	14	15	12

C(12)=2+3

图 6-9　15 谜问题一个实例的 $C(x)$ 计算

	2	3	4
5	6	7	8
9	10	11	12
13	14	15	1

图 6-10　另一种状态

设想 2：定义 $g(x)=\sum\limits_{i=1}^{16} l(i)-l(j)$，其中 j 表示空格的位置。

图 6-10 中按设想 1，$g(1)=1$，$c(x)=f(x)+g(x)=0+1=1$。

按设想 2，$g(1)=14$，$c(x)=f(x)+g(x)=0+14=14$。

而 $C(x)$ 是从初始状态到目标状态的路径长度，即需要移动空白牌的次数，显然本例中设想 2 所求的 $C(x)$ 更理想。

6.3 单源最短路径问题

6.3.1 问题描述

单源最短路径问题的一个具体实例,如图 6-11 所示,在该有向图 G 中,每一边都有一个非负边权,要求图 G 的从源顶点 s 到目标顶点 t 之间的最短路径。

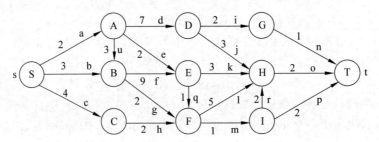

图 6-11 单源最短路径带权有向图 G

6.3.2 算法分析

用优先队列式分支限界法解有向图 G 的单源最短路径问题产生的解空间树,如图 6-2 所示。其中,每一个结点旁边的数字表示该结点所对应的当前路长。算法开始时创建最小堆,用于表示活结点优先队列。堆中每个结点的当前路长是优先队列的优先级,按最小路长优先。算法从有向图 G 的源点 S 和空优先队列开始。结点 S 被扩展后,它的儿子结点被依次插入堆中。此后,算法从堆中取出具有最小当前路长的结点作为当前扩展结点,并依次检查与当前扩展结点相邻的所有顶点。如果从当前扩展结点 i 到顶点 j 有边可达,且从源出发,途经顶点 i 再到顶点 j 的所相应的路径的长度小于当前最优路径长度,则将该顶点作为活结点插入活结点优先队列中。这个结点的扩展过程一直继续到活结点优先队列为空时为止。

优先队列式分支限界法:用一极小堆来存储活结点表。

[S] A,B,C =>A(2), B(3), C(4)	
[A, B, C] B,E,D =>E(4), D(9)	//B(5>3),舍弃
[B, C, E, D] F, E =>F(5)	//E(12>4),舍弃
[C, E, D, F] F	//F(6>5),舍弃
[E, F, D] F,H =>H(7)	//F(5≥5),没有得到优化,舍弃
[F, H, D] I,H =>I(6)	//H(10>7),舍弃
[I, H, D] H, T=>T(8)	//H(8>7),舍弃
[H,D] T	//T(9>8),限界掉
[D] 搜索结束	//D(9>8),舍弃

(1) 结点 S 被扩展之后,S 的儿子结点 A(S→A,路长 2)、B(S→B,路长 3)、C(S→C,

路长 4)按路长从小到大一次插入队列当中。如表 6-1 所示 A 具有最小路长,因此成为 E-结点。

表 6-1 A、B、C 结点路长

结点	A	B	C
路长	2	3	4

（2）取出队头元素 A,进行下一步扩展,保证每一次扩展时,源到当前结点的和都是最小的。结点 A 有 3 个子树,结点 A 沿边 u 扩展到 B 时,路径长度为 5,而结点 B 的当前路长为 3(S→B),没有得到优化,该子树被剪掉。结点 A 沿边 d、e 扩展到 D、E 时,两个结点的路长分别为 9 和 4,将 E(路长 4)、D(路长 9)加入优先队列,如表 6-2 所示。

表 6-2 B、C、D、E 结点路长

结点	B	C	D	E
路长	3	4	9	4

（3）取出队头结点 B,它有两个子树。结点 B 沿 f 边扩展到结点 E 时,该路径长度为 12,而结点 E 的当前路径为 4(S→A→E),该路径没有被优化,该子树被剪枝。结点 B 沿 g 扩展到 F 时,将 F 加入优先队列,如表 6-3 所示。

表 6-3 C、D、E、F 结点路长

结点	C	D	E	F
路长	4	9	4	5

重复上面操作,直到队列为空,可以求得 S 到各个结点的最短路径。从源点 S 到终点 T 的最短路径是 S→B→F→I→T,路长是 8。结点 H 是下一个 E-结点,展开它得到结点 T,它对应于一个路长为 9 的路径。结点 D 是下一个 E-结点。由于 D 的路长 9 已超过了当前最优路长,因此搜索结束。

在一般情况下,如果解空间树中以结点 X 为根的子树中所含的解优于以结点 Y 为根的子树中所含的解,则称结点 X 控制了结点 Y。以被控制的结点 Y 为根的子树可以剪去,如图 6-12 所示。

在图 6-13 中,从源结点 s 出发,经过边 a、e、q(路长为 5)和边 c、h(路长为 6)的 2 条路径到达图 G 的同一个顶点。在问题的解空间树中,这 2 条路径对应于解空间树的 2 个不同结点 X 和 Y。由于结点 X 所对应的路长小于结点 Y 所对应的路长,因此以结点 X 为根的子树中所包含的从 s 到 t 的路长小于以结点 Y 为根的子树中所包含的从 s 到 t 的路长,可以将以结点 Y 为根的子树剪去。在这种情况下,称结点 X 控制了结点 Y。显然,算法可将被控制结点所对应的子树剪去。

6.3.3 分支限界算法实现

求解单源最短路径问题的优先队列式分支限界法使用一极小堆来存储活结点表。其

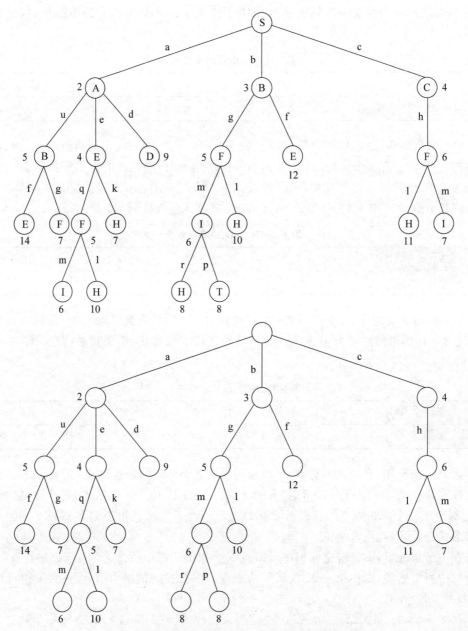

图 6-12 有向图 G 的单源最短路径问题的解空间数

优先队列的优先级是结点所对应的当前路长。算法开始时创建最小堆,用于表示活结点优先队列。

单源最短路径带权有向图 G,如图 6-11 所示。在具体实现时,算法用邻接矩阵表示所给的图 G。在类 Graph 中用二维数组 c 存储图 G 的邻接矩阵,用数组 dist 记录从源到各顶点的距离,用数组 prev 记录从源到各顶点的路径上前驱顶点。

单源最短路径问题的优先队列式分支限界算法如下:

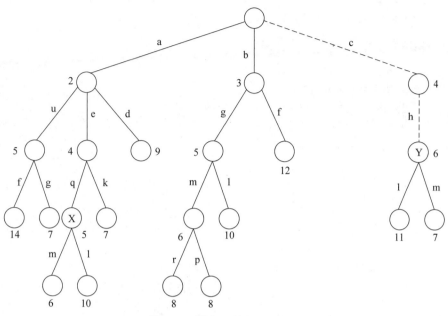

图 6-13　结点 X 控制了结点 Y

```
public class BBShortest
{
    static class HeapNode implements Comparable
    {
        int i;                          // 顶点编号
        float length;                   // 当前路长
        HeapNode(int ii,float ll)
        {
            i=ii;
            length=ll;
        }
        public int compareTo(Object x)
        {
            float x1=((HeapNode)x).length;
            if (length<x1)
                return -1;
            if (length==x1)
                return 0;
            return 1;
        }
    }
}
```

```
    public static void shortest(int v,float [ ]dist,int [ ]p)
    {
        int n=p.length-1;
        MinHeap heap=new MinHeap();
        //定义源为初始扩展结点
        HeapNode enode=new HeapNode (v,0);
        for(int j=1;j<=n;j++)
            dist[j]=Float.Max_VALUE;
        dist[v]=0;

        // 搜索问题的解空间树
        while (true)
        {
            for(int j=1;j<=n;j++)
            if (a[enode.i][j]<Float.Max_VALUE&& enode.length+
                        a[enode.i][j]<dist[j])
            {
                dist[j]=enode.length+a[enode.i][j];
                p[j]=enode.i;           //前驱顶点数组 p
                HeapNode node=new HeapNode(j,dist[j]);
                heap.put(node);         //加入活结点优先队列
            }
            //取下一扩展结点
            if (heap.isEmpty())
                break;
            else
                enode=(HeapNode)heap.removeMin();
        }
    }
}
```

    算法的 while 循环体完成对解空间内部结点的扩展。对于当前扩展结点,算法依次检查与当前扩展结点相邻的所有顶点。

    如果从当前扩展结点 i 到顶点 j 有边可达,且从源结点出发展,途经顶点 i 再到顶点 j 的所对应的路径的长度小于当前最优路径长度,则将该顶点加入活结点优先队列中。

    完成对当前结点的扩展后,算法从活结点优先队列中取出下一个活结点作为当前扩展结点,重复上述结点的分支扩展,直到活结点优先队列为空为止。

    算法结束后,dist 返回从源到各顶点的最短距离,相应的最短路径从前驱顶点数组 p 记录的信息中构造出。

6.4 装 载 问 题

装载问题的实质是寻找第一条船的最大装载方案。这个问题是一个子集选择问题，它的解空间被组织成一棵子集树。

6.4.1 队列式分支限界法

装载问题的队列式分支限界算法如下：

```
public class FIFOBBLoading
{
    static int n;
    static int bestw;                       //当前最优载重量
    static ArrayQueue queue;                //活结点队列
    public static int MaxLoading(int[] w, int c)
    {
        //使用 FIFO 分支限界算法,返回最优装载值
        //初始化
        n =w.length -1;
        bestw =0;                           // 目前的最优值
        queue =new ArrayQueue();
        quene.put(new Integer(-1));
        int i =1;                           //当前扩展结点所处的层
        int ew =0;                          //扩展结点所对应的载重量

        // 搜索子集空间树
        while (true)
        {
            if (ew +w[i] <=c)               //检查 E-结点的左孩子,x[i] =1
                enQueue(ew +w[i], i);
            enQueue(ew, i);                 // 右孩子总是可行的,x[i] =0
            ew =((Integer)queue.remove()).intValue();
            // 取下一个 E-结点
            if (ew ==-1)                    // 到达层的尾部
            {
                if (queue.isEmpty())
                    return bestw;
                quene.put(new Integer(-1)); //添加同层结点尾部标记-1
                ew =((Integer)queue.remove()).intValue();   // 取下一个 E-结点
                i++;                        // 进入下一层
```

```
        }
      }
    }

    private static void enQueue(int wt, int i)
    {    // 若不是叶结点,则将结点权值 wt 加入活结点队列 Q 中
      if (i ==n)
      {    // 可行叶结点
        if (wt >bestw)
          bestw =wt;
      }
      else                                // 不是叶结点
        quene.put(new Integer(wt));
    }
  }
```

只求出所要求的最优值(最大装载的重量)。函数 MaxLoading()具体实施对解空间树的分支搜索。

队列 queue 用于保存活结点表,queue 中元素的值记录着各活结点对应的权值(当前载重量)。当值为 -1 时,表示队列已到达解空间树同一层结点的尾部。

函数 enQueue()用于增加结点(即把结点对应的权值加入活结点队列)。该函数首先检验 i(当前 E-结点在解空间树中的层)是否等于 n,如果相等,则已到达了叶结点。叶结点不被加入队列中,因为它们不被展开。搜索中所到达的每个叶结点都对应着一个可行的解,而每个解都会与当前最优解比较,并适时更新最优解。如果 $i<n$,则结点 i 就会被加入队列中。

MaxLoading()函数首先初始化 $i = 1$(因为当前 E-结点是根结点),bestw $= 0$(目前最优解的对应值),此时,活结点队列为空。

然后,将同层结点尾部标志 -1 加入活结点队列中,表示此时正处在第一层结点的末尾。当前 E-结点对应的权值为 ew。

在 while 循环中,首先检查 E-结点的左孩子是否可行。如果可行,则调用 enQueue()将其加入活结点队列中,然后将右孩子加入队列(此结点必定是可行的),注意到 enQueue()可能会失败,因为可能没有足够的内存来给队列增加结点,enQueue()并没有去捕获 queue. Add 中的 NoMem 异常,这项工作请自行完成。

如果 E-结点的两个孩子都已产生,则删除该 E-结点。从队列中取出下一个 E-结点,此时队列必不为空,因为队列中至少含有本层末尾的标识 -1。

如果到达了某一层的结尾,则从下一层寻找活结点,当且仅当队列不为空时,这些结点存在。当下一层存在活结点时,向队列中加入下一层的结尾标志并开始处理下一层的活结点。

MaxLoading()函数的时间和空间复杂度都是 $O(2^n)$。

6.4.2　算法的改进

与解装载问题的回溯法类似,可利用一个定界函数或剪枝函数来加速最优解的搜索过程。设 bestw 为当前最优解,ew 是当前扩展结点所对应的重量,r 是剩余货箱的重量,则只有当右孩子对应的重量 ew 加上剩余货箱的重量 r 超出 bestw 时,才选择右孩子。算法 MaxLoading 初始时将 bestw 置为 0,在 i 变为 n 之前,总有 bestw = 0 且 r > 0,因此 ew+r > bestw 总是成立,此时对右孩子的测试不起作用。

如想要使右孩子的测试尽早生效,应当提早改变 bestw 的值。我们知道,最优装载的重量是子集树中可行结点的重量的最大值。由于仅在向左子树移动时这些重量才会增大,因此可以在每次进入左子树时更新 bestw 的值。根据以上思想,可对算法做进一步的改进。

当活结点加入队列时,wt 不会超过 bestw,故不用更新 bestw。因此用一条直接插入 MaxLoading 的简单语句取代了函数 enQueue()。

6.4.3　构造最优解

为了构造出与最优值相应的最优解,需要记录从每个活结点到达根的路径,因此在找到最优装载所对应的叶结点之后,就可以利用所记录的路径返回到根结点来设置 x 的值。活结点队列中元素的类型是 QNode。这里,当且仅当结点是它的父结点的左孩子时,leftChild 为 true。

定义类 QNode 如下:

```
private static class QNode
{
    QNode parent;                   // 父结点
    boolean leftChild;
    // 当且仅当是父结点的左孩子时,取值为 true
    int weight;                     // 由到达本结点的路径所定义的部分解的值
    private QNode(QNode theParent, boolean theLeftChild, int theWeight)
    {
        parent=theParent;
        leftChild=theLeftChild;
        weight=theWeight;
    }
}

private static void enQueue(int wt, int I, QNode parent, boolean leftChild)
{// 若不是叶结点,则将结点权值 wt 加入活结点队列 queue 中
    if (i ==n)
    {   // 可行叶结点
        if (wt ==bestw)
```

```
            {
                bestE =parent;
                bestx[n]=(leftchild)?1:0;
            }
            return;
        }
    // 不是叶结点
        QNode b=new QNode (parent , leftChild ,wt);
    quene.put(b);
    }
```

把 enQueue 和 MaxLoading 定义成类成员函数，是为了它们之间可以共享诸如 queue、i、n、bestw、bestE 和 bestw 等类成员。在程序结束时要删除类型为 QNode 的结点。

6.4.4 最大收益分支限界（优先队列式）

在对子集树进行最大收益分支限界搜索时，活结点列表是一个最大优先级队列，其中每个活结点 x 都有一个相应的重量上限（最大收益）。这个重量上限是结点 x 相应的重量加上剩余货箱的总重量，所有的活结点按其重量上限的递减顺序变为 E-结点。需要注意的是，如果结点 x 的重量上限是 x.uweight，则在子树中不可能存在重量超过 x.uweight 的结点。另外，当叶结点对应的重量等于它的重量上限时，可以得出结论：在最大收益分支限界算法中，当某个叶结点成为 E-结点并且其他任何活结点都不会帮助我们找到具有更大重量的叶结点时，最优装载的搜索终止。

上述策略可以用两种方法来实现。在第一种方法中，最大优先级队列中的活结点都是互相独立的，因此每个活结点内部必须记录从子集树的根到此结点的路径。一旦找到了最优装载所对应的叶结点，就利用这些路径信息来计算 x 值。在第二种方法中，除了把结点加入最大优先队列之外，结点还必须放在另一个独立的树结构中，这个树结构用来表示所生成的子集树的一部分。当找到最大装载之后，就可以沿着路径从叶结点一步一步返回到根，从而计算出 x 值。

最大优先队列可用 HeapNode 类型的最大堆来表示。uweight 是活结点的重量上限，level 是活结点所在子集树的层，ptr 是指向活结点在子集树中位置的指针。子集树中结点的类型是 BBnode。结点按 uweight 值从最大堆中取出。

本章的几个例子中，可以利用限界函数来降低所产生的树形解空间的结点数目。

当设计限界函数时，必须记住主要目的是利用最少的时间，在内存允许的范围内去解决问题。而通过产生具有最少结点的树来解决问题并不是根本目标。因此，我们需要的是一个能够有效地减少计算时间并因此而使产生的结点数目也减少的限界函数。

回溯法比分支限界在占用内存方面具有优势。回溯法占用的内存是 O(解空间的最大路径长度)，而分支限界所占用的内存为 O(解空间大小)。

对于一个子集空间，回溯法需要 O(n) 的内存空间，而分支限界则需要 O(2n) 的空间。对于排列空间,回溯法需要 O(n) 的内存空间,分支限界需要 O(n!)的空间。

虽然最大收益(或最小耗费)分支限界在直觉上要好于回溯法,并且在许多情况下可能会比回溯法检查更少的结点,但在实际应用中,它可能会在回溯法超出允许的时间限制之前就超出了内存的限制。

习　题　6

一、选择题

1. 在对问题的解空间树进行搜索的方法中,一个活结点最多有一次机会成为扩展结点的是(　　)。

　　(A) 回溯法　　　　　　　　　　　(B) 分支限界法

　　(C) 回溯法和分支限界法　　　　　(D) 回溯法求解子集树问题

2. 从活结点表中选择下一个扩展结点的不同方式将导致不同的分支限界法,以下除(　　)之外都是最常见的方式。

　　(A) 队列式分支限界法　　　　　　(B) 优先队列式分支限界法

　　(C) 栈式分支限界法　　　　　　　(D) FIFO 分支限界法

3. 分支限界法与回溯法都是在问题的解空间树 T 上搜索问题的解,二者(　　)。

　　(A) 求解目标不同,搜索方式相同　(B) 求解目标不同,搜索方式也不同

　　(C) 求解目标相同,搜索方式不同　(D) 求解目标相同,搜索方式也相同

4. 分支限界法在问题的解空间树中,按(　　)策略,从根结点出发搜索解空间树。

　　(A) 广度优先　　(B) 活结点优先　　(C) 扩展结点优先　　(D) 深度优先

5. 常见的两种分支限界法为(　　)。

　　(A) 广度优先分支限界法与深度优先分支限界法

　　(B) 队列式(FIFO)分支限界法和堆栈式分支限界法

　　(C) 排列树法与子集树法

　　(D) 队列式(FIFO)分支限界法和优先队列式分支限界法

6. 广度优先分支限界法选取扩展结点的原则是(　　)。

　　(A) 先进先出　　(B) 后进先出　　(C) 结点的优先级　　(D) 随机

7. 采用最大效益优先搜索方式的算法是(　　)。

　　(A) 分支限界法　　(B) 动态规划法　　(C) 贪心算法　　(D) 回溯法

8. 采用广度优先策略搜索的算法是(　　)。

　　(A) 分支限界法　　(B) 动态规划法　　(C) 贪心算法　　(D) 回溯法

9. 分支限界法解旅行商问题时,活结点表的组织形式是(　　)。

　　(A) 最小堆　　(B) 最大堆　　(C) 栈　　(D) 数组

10. 关于回溯算法和分支限界法,以下描述不正确的是(　　)。

　　(A) 回溯法中,每个活结点只有一次机会成为扩展结点

　　(B) 分支限界法中,活结点一旦成为扩展结点,则一次性产生其所有儿子结点,在这些儿子结点中那些导致不可行解或导致非最优解的儿子结点被舍弃,

其余儿子加入活结点表中

（C）回溯法采用深度优先的结点生成策略

（D）分支限界法采用广度优先或最小耗费优先（最大效益优先）的结点生成策略

二、填空题

1. 最大效益优先是_____的一种搜索方式。

2. 以广度优先或以最小耗费方式搜索问题解的算法称为_____。

3. 分支限界法解旅行商问题时，活结点表的组织形式是_____。

4. 优先队列式分支限界法选取扩展结点的原则是_____。

5. 在对问题的解空间树进行搜索的方法中，每一个结点最多有一次机会成为扩展结点的是_____。

6. 分支限界法主要有_____分支限界法和_____分支限界法。

7. 队列式（FIFO）分支限界法是按照队列_____原则选取下一个结点为扩展结点。

8. 优先队列式分支限界法是按照优先队列中规定的优先级选取_____的结点成为当前扩展结点。

9. 分支限界法采用_____优先或最小耗费优先的方法搜索解空间树，并且在分支限界法中，每一个活结点最多只有一次机会成为_____结点。

10. 解决 0-1 背包问题可以使用动态规划、回溯法和分支限界法，其中不需要排序的是_____，需要排序的是_____、_____。

三、简答题

1. 简述分支限界法与回溯法的异同点。

2. 简述用分支限界法设计算法的步骤。

3. 简述常见的两种分支限界法的算法框架。

4. 简述分支限界法的搜索策略。

四、算法设计

1. 用价值密度优先队列式分支限界法求解 0-1 背包问题。假设有 4 个物品，其重量 w 分别为（4,7,5,3），价值 v 分别为（40,42,25,12），背包容量 c＝10，计算背包所装入物品的最大价值。

（1）画出由算法生成的状态空间树，并标明各结点的优先级的值。

（2）给出各结点被选作当前扩展结点的先后次序。

（3）给出最优解。（答案：x＝[1,0,1,0]，v＝65）

（4）简述分支限界法的一般过程。

2. 栈式分支限界法将活结点表以后进先出（LIFO）的方式存储于一个栈中。试画出 2 个物品（n＝2）的 0-1 背包问题的解空间树，并说明队列式分支限界法、栈式分支限界法与回溯法在结点搜索次序上的区别。

第7章

概 率 算 法

前面几章所讨论的分治法、动态规划法、贪心算法、回溯法和分支限界法等的每一计算步骤都是确定的,本章所讨论的概率算法允许在执行过程中随机选择下一计算步骤。在多数情况下,当算法在执行过程中面临一个选择时,随机性选择通常比最优选择省时,因此概率算法可在很大程度上降低算法复杂性。

概率算法的一个基本特征是对所求解问题的同一实例用同一概率算法求解两次可能得到完全不同的效果(所需时间或计算结果)。概率算法大致分为四类:数值概率算法、蒙特卡罗(Monte Carlo)算法、拉斯维加斯(Las Vegas)算法和舍伍德(Sherwood)算法。

(1) 数值概率算法:求解数值问题的近似解,精度随计算时间增加而不断提高。

(2) 蒙特卡罗算法:求解问题的准确解,但这个解未必正确,且一般情况下无法有效地判定解的正确性。随计算时间增加,得到正确解的概率不断提高。

(3) 拉斯维加斯算法:求解问题的正确解,但可能找不到解。随计算时间增加,找到正确解的概率不断提高。

(4) 舍伍德算法:求解问题的正确解,并总能求得一个解。消除或减少问题的好坏实例间的算法复杂性的较大差别,但并不提高平均性能,也不是刻意避免算法的最坏情况行为。

7.1 随 机 数

随机数在概率算法设计中扮演着十分重要的角色。在现实计算机上无法产生真正的随机数,因此在概率算法中使用的随机数都只是一定程度上随机的,即伪随机数。

线性同余法是产生伪随机数的最常用的方法。由线性同余法产生的随机序列 a_0, $a_1, \cdots, a_n$ 满足

$$\begin{cases} a_0 = d \\ a_n = (ba_{n-1} + c) \bmod m \quad n = 1, 2, \cdots \end{cases}$$

其中,$b \geqslant 0, c \geqslant 0, d \geqslant m$。d 称为该随机序列的种子。如何选取该方法中的常数 b、c 和 m 直接关系到所产生的随机序列的随机性能。这是随机性理论研究的内容,已超出本书讨论的范围。从直观上看,m 应取得充分大,因此可取 m 为机器大数 65536,另外应取 $\gcd(m, b) = 1$,因此可取 b 为一素数。

例 7-1 产生 1000 以内的 10 个随机整数和 1 以内的 10 个随机实数。

产生随机整数和随机实数的 C++ 实现代码如下:

```cpp
#include <iostream>
#include <ctime>
#include <iomanip>
using namespace std;
const unsigned long maxshort=65536L;
const unsigned long multiplier=119411693L;
const unsigned long adder=12345l;

class RandomNumber
{
    private:
        unsigned long randSeed;
    public:
        RandomNumber(unsigned long s=0);
        unsigned short Random(unsigned long n);
        double fRandom(void);
};

RandomNumber::RandomNumber(unsigned long s)
{
    if (s==0)
        randSeed=time(0);
    else
        randSeed=s;
};

unsigned short RandomNumber::Random(unsigned long n)
{
    randSeed=multiplier*randSeed+adder;
    return(unsigned short)((randSeed>>16)%n);
}

double RandomNumber::fRandom(void)
{
    result[i]=rnd.Random(1000);        //输出 n 个 1000 以内的随机整数
    cout<<result[i]<<"\t";
    real[i]=frnd.fRandom();            //输出 n 个[0~1)的随机实数
    cout<<real[i]<<"\t";
    return Random(maxshort)/double(maxshort);
}
int TossCoins(int numberCoins)
{
    static RandomNumber coinToss;
```

```
    int i,tosses=0;
    for (i=0;i<numberCoins;i++)
        tosses+=coinToss.Random(2);
    return tosses;
}


int main()
{
    int i,n=10;
    RandomNumber rnd,frnd;
    int result[10];
    double real[10];
    for (i=0;i<n;i++)
    {
        result[i]=rnd.Random(1000);     //输出 n 个 1000 以内的随机整数
        cout<<result[i]<<"\t";
        real[i]=frnd.fRandom();         //输出 n 个[0,1)的随机实数
        cout<<real[i]<<"\t";
        cout<<endl;
    }
}
```

运行结果如图 7-1 所示。

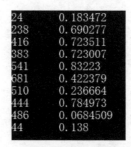

图 7-1 产生 1000 以内的 10 个随机整数和 1 以内的 10 个随机实数

例 7-2 模拟抛硬币。假设抛 10 次硬币,每次抛硬币得到正面(用 1 表示)和反面(用 0 表示)是随机的。算法 tossCoins 模拟抛 10 次硬币这一事件 50000 次,用 head[i]记录这 50000 次模拟恰好得到 i 次正面的次数,并输出模拟抛硬币事件得到正面事件的频率图。

模拟抛硬币的 C++实现代码如下:

```
# include <iostream>
# include <ctime>
# include <iomanip>
```

```cpp
using namespace std;
const unsigned long maxshort=65536L;
const unsigned long multiplier=119411693L;
const unsigned long adder=12345l;
class RandomNumber
{
    private:
        unsigned long randSeed;
    public:
        RandomNumber(unsigned long s=0);
        unsigned short Random(unsigned long n);
        double fRandom(void);
};

RandomNumber::RandomNumber(unsigned long s)
{
    if (s==0)
        randSeed=time(0);
    else
        randSeed=s;
};

unsigned short RandomNumber::Random(unsigned long n)
{
    randSeed=multiplier*randSeed+adder;
    return(unsigned short)((randSeed>>16)%n);
}

double RandomNumber::fRandom(void)
{
    return Random(maxshort)/double(maxshort);
}
int TossCoins(int numberCoins)
{
    static RandomNumber coinToss;
    int i,tosses=0;
    for (i=0;i<numberCoins;i++)
        tosses+=coinToss.Random(2);
    return tosses;
}
```

```
int main()
{
    const int NCOINS=10;
    const long NTOSSES=50000L;
    long i,heads[NCOINS+1];
    int j,position;
    for (j=0;j<NCOINS+1;j++)
        heads[j]=0;
    for (i=0;i<NTOSSES;i++)
        heads[TossCoins(NCOINS)]++;
    for (i=0;i<=NCOINS;i++)
        cout<<"head["<<i<<"]="<<heads[i]<<endl;
    for (i=0;i<=NCOINS;i++)
    {
        position=int(float(heads[i])/NTOSSES * 72);
        cout<<"  "<<setw(2)<<i<<"  ";
        for (j=0;j<position-1;j++)
        cout<<" ";
        cout<<" * "<<endl;
    }
}
```

程序运行结果如图 7-2 所示。

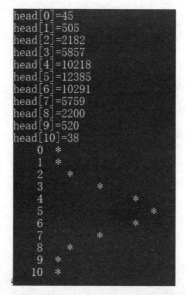

图 7-2 模拟抛硬币得到的正面事件频率图

7.2　数值概率算法

7.2.1　用随机投点法计算 π 值

设有一半径为 r 的圆及其外切四边形,如图 7-3 所示。往该正方形内随机地投掷 n 个点。设落入圆内的点数为 k。由于所投入的点在正方形上均匀分布,因而所投入的点落入圆内的概率为 $\frac{\pi r^2}{4r^2}=\frac{\pi}{4}$,所以当 n 足够大,k 与 n 之比就逼近这一概率,即 $\pi/4$,从而 $\pi\approx\frac{4k}{n}$。

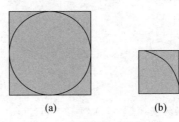

(a)　　　　　　(b)

图 7-3　随机投点法计算 π 值

例 7-3　用随机投点法计算 π 值。

用随机投点法计算 π 值的 C++实现代码如下:

```cpp
#include <iostream>
#include <ctime>
using namespace std;
const unsigned long maxshort=65536L;
const unsigned long multiplier=1194211693L;
const unsigned long adder=12345L;
class RandomNumber
{
    private:
        unsigned long randSeed;
    public:
        RandomNumber(unsigned long s=0);
        unsigned short Random(unsigned long n);
        double fRandom(void);
};

RandomNumber::RandomNumber(unsigned long s)
{
    if (s==0)
        randSeed=time(0);
    else
        randSeed=s;
```

```
};

unsigned short RandomNumber::Random(unsigned long n)
{
    randSeed=multiplier*randSeed+adder;
    return(unsigned short)((randSeed>>16)%n);
}

double RandomNumber::fRandom(void)
{
    return Random(maxshort)/double(maxshort);
}

double Darts(long n)
{
    static RandomNumber dart;
    int i,k=0;
    for (i=1;i<=n;i++)
    {
        double x=dart.fRandom();
        double y=dart.fRandom();
        if(x*x+y*y<=1)
            k++;
    }
    return 4*k/double(n);
}

int main()
{
    double pi;
    int i, n =10;
    double s =0;
    double result[10];
    for (i =0; i <n; i++)
    {
        result[i] =Darts(1000+i*3000);
        s =s +result[i];
        cout<<"result["<<i<<"]=" <<result[i]<<endl;
    }
    pi=s/10;
    cout<<"计算次 π 值取平均值 pi=";
    cout<<s/10<<endl;
}
```

当投掷次数分别为 $1000,4000,7000,\cdots,28\,000$ 时的运行结果如图 7-4 所示。

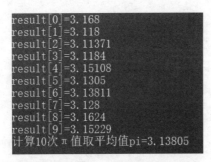

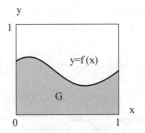

图 7-4　随机投点法计算π值的结果图　　　　图 7-5　计算定积分的随机投点法

7.2.2　计算定积分

1. 用随机投点法计算定积分 $I = \int_0^1 f(x)dx$

设 $f(x)$ 是 $[0,1]$ 上的连续函数，且 $0 \leqslant f(x) \leqslant 1$。需要计算的积分为 $I = \int_0^1 f(x)dx$，积分 I 等于图 7-5 中面积 G。在图 7-5 所示单位正方形内均匀地作投点实验，则随机点落在曲线下面的概率为

$$P_r\{y \leqslant f(x)\} = \int_0^1 \int_0^{f(x)} dydx = \int_0^1 f(x)dx$$

假设向单位正方形内随机地投入 n 个点 $(x_i, y_i), i = 1, 2, \cdots, n$。如果有 m 个点落入 G 内 $(y_i \leqslant f(x_i))$，则 m/n 近似等于随机点落入 G 内的概率，即 $I = \int_0^1 f(x)dx \approx \dfrac{m}{n}$。

几个验证实例：

$$I_1 = \int_0^1 xdx = \frac{1}{2}x^2 \Big|_0^1 = \frac{1}{2}$$

$$I_2 = \int_0^1 x^2 dx = \frac{1}{3}x^3 = \frac{1}{3}$$

$$I_3 = \int_0^1 \cos xdx = \sin x \Big|_0^1 = \sin 1 = 0.841\,47$$

对于 I_1，$f(x) = x$，当 $n = 50\,000$ 时，$I_1 = 0.499\,38 \approx 0.5$，n 是随机投点数。

对于 I_2，$f(x) = x^2$，当 $n = 50\,000$ 时，$I_2 = 0.335\,54 \approx 0.333\,33$。

对于 I_3，$f(x) = \cos x$，当 $n = 50\,000$ 时，$I_3 = 0.840\,16 \approx 0.841\,471$。

例 7-4　用随机投点法计算 $f(x) = x$ 在 $[0,1]$ 上的定积分 $I_1 = \int_0^1 xdx = \frac{1}{2}x^2 \Big|_0^1 = \frac{1}{2}$。

```
//计算函数值 f(x)
double f(double x)
{
    double y=x;
```

```
        return y;
    }

    //用随机投点法计算在[0,1]上的定积分
    double Darts(int n)
    {
        static RandomNumber dart;
        int k=0;
        for (int i=1;i<=n;i++)
        {
            double x=dart.fRandom();
            double y=dart.fRandom();
            if (y<=f(x))
                k++;
        }
        return k/double(n);
    }
```

对于 $I_1 = \int_0^1 x \mathrm{d}x = \frac{1}{2}x^2 \Big|_0^1 = \frac{1}{2}$，当投掷次数分别为 3000，6000，9000，…，30 000 时的运行结果如图 7-6 所示。

2. 用随机投点法计算定积分 $I = \int_a^b f(x)\mathrm{d}x$

设 $f(x)$ 在 $[a,b]$ 上有界，$L \leqslant f(x) \leqslant M$，令 $x = a + (b-a)z$，则有

$$z = \frac{x-a}{b-a}, \quad 当 x = a 时，z = 0，当 x = b 时，z = 1,$$

$$\mathrm{d}x = (b-a)\mathrm{d}z$$

$$I = (b-a)\int_0^1 f(a+(b-a)z)\mathrm{d}z$$

```
result[0]=0.492667
result[1]=0.506167
result[2]=0.504667
result[3]=0.4975
result[4]=0.502333
result[5]=0.507833
result[6]=0.507381
result[7]=0.504042
result[8]=0.50163
result[9]=0.499
取平均值I1=0.502322
```

图 7-6　计算 $f(x) = x$ 在 $[0,1]$ 上的定积分

令 $f^*(z) = \frac{1}{M-L}[f(a+(b-a)z) - L]$，使 $0 \leqslant f^*(z) \leqslant 1$，$I^* = \int_0^1 f^*(z)\mathrm{d}z$

可用随机投点法，由

$$I^* = \int_0^1 f^*(z)\mathrm{d}z = \frac{1}{M-L}\int_0^1 [f(a+(b-a)z) - L]\mathrm{d}z$$

可求得

$$\int_0^1 f(a+(b-a)z)\mathrm{d}z = (M-L)I^* + L$$

$$I = (b-a)\int_0^1 f(a+(b-a)z)\mathrm{d}z = (b-a)[(M-L)I^* + L]$$

即 $I = cI^* + d$，$c = (M-L)(b-a)$，$d = L(b-a)$。

几个验证实例：

$$I_1 = \int_0^2 |1-x| \, dx = \int_0^1 (1-x)dx + \int_1^2 (x-1)dx$$

$$= \left(x - \frac{1}{2}x^2\right)\Big|_0^1 + \left(\frac{1}{2}x^2 - x\right)\Big|_1^2 = 1$$

$$I_2 = \int_0^4 \frac{1}{1+\sqrt{x}}dx = \int_0^2 \frac{2t}{1+t}dt = 2\int_0^2 \left(1 - \frac{1}{1+t}\right)dt$$

$$= 2(t - \ln|1+t|)\Big|_0^2 = 2(2 - \ln3) = 1.8028$$

$$I_3 = \int_0^{\frac{\pi}{2}} \frac{dx}{1+\sin x} = \int_0^1 \frac{2}{1+2t+t^2}dt$$

$$\left(\diamondsuit\ t = \tan\frac{x}{2}, \sin x = \frac{2t}{1+t^2}, dx = \frac{2dt}{1+t^2}\right)$$

$$= 2\int_0^1 \frac{dt}{(1+t)^2} = \frac{2}{1+t}\Big|_0^1 = 1$$

例 7-5　用随机投点法计算 $f1(x) = |1-x|$ 在 $[0,2]$ 上的定积分 $I_1 = \int_0^2 |1-x| \, dx = 1$。

C++实现代码如下：

```cpp
//计算函数值 f1(x)
double f1(double x)
{
    double y=fabs(1-x);
    return y;
}
double f2(double x)
{
    double y=1/(1+sqrt(x));
    return y;
}
double f3(double x)
{
    double y=1/(1+sin(x));
    return y;
}


double Darts(int n)
{
    //用随机投点法计算 f1(x) 在[a,b]上的定积分
    static RandomNumber dart;
    int a=0,b=2,k=0;
```

```
double M = 1, L = 0, c, d;
c = (M - L) * (b - a);
d = L * (b - a);
for (int i=1; i <= n; i++)
{
    double x=dart.fRandom();
    double y=dart.fRandom();
    if (y<= (f1(a+(b-a) * x)-L)/(M-L))
        k++;
}
return c * k/(double)n+d;
}
```

对于 I_1，当投掷次数分别为 $3000,6000,9000,\cdots,30\ 000$ 时，运行结果如图 7-7 所示。当投掷次数分别为 5000 时，定积分 I_1、I_2、I_3 的运行结果如图 7-8 所示。

```
result[0]=0.998
result[1]=0.995333
result[2]=0.992667
result[3]=0.992
result[4]=0.998133
result[5]=0.999
result[6]=1.00286
result[7]=1.00458
result[8]=1.00363
result[9]=1.00467
取平均值I1=0.999087
```

```
I[0]=1.0048
I[1]=1.8069333333333333
I[2]=0.99918352643

I[0]=0.9868
I[1]=1.8064
I[2]=1.00279635792

I[0]=1.0224
I[1]=1.7893333333333334
I[2]=0.9958845542000001
```

图 7-7　计算函数 $f1(x) = |1-x|$ 在 $[0,2]$ 上的定积分 I_1　图 7-8　计算三个函数在 $[a,b]$ 上的定积分

3. 用平均值法计算定积分 $I = \int_a^b f(x)dx$

根据定积分的几何意义，$\int_0^1 f(x)dx = \dfrac{1}{n}\sum_{i=1}^n f(x_i), 0 \leqslant x_i \leqslant 1$，$\int_a^b f(x)dx = \dfrac{b-a}{n}\sum_{i=1}^n f(x_i), a \leqslant x_i \leqslant b$，令 $0 \leqslant z \leqslant 1, x = a + (b-a)z$，则 $a \leqslant x \leqslant b$。

例 7-6　用平均值法计算定积分 $I = \int_0^4 (\cos x + 2.0)dx, I = \int_0^4 (\cos x + 2.0)dx = (\sin x + 2x)\Big|_0^4 = \sin 4 + 8 = 7.2432$。

C++实现代码如下：

```
//计算函数值 f(x)
double f(double x)
{
    double y;
    y = cos(x)+2.0;
```

```
        return y;
    }
double integration(double a,double b,int n)
{
    //用平均值法计算定积分
    static RandomNumber rnd;
    double y=0;
    for (int i=1;i <=n;i++)
    {
        double x=(b-a) * rnd.fRandom()+a;
        y+=f(x);
    }
    return (b-a) * y/(double)n;
}

int main()
{
    int i, n =20;
    double a=0,b=4,s=0;
    double I[20];
    for (i =0; i <n; i++)
    {
        I[i] =integration(a, b, 5000 * (i+1));
        s =s +I[i];
        cout<<"I["<<i<<"]=" <<I[i]<<endl;
    }
    cout<<"取平均值 I1=";
    cout<<s/20<<endl;
}
```

```
I[0] =7.19598
I[1] =7.24789
I[2] =7.22211
I[3] =7.22102
I[4] =7.22308
I[5] =7.22851
I[6] =7.22514
I[7] =7.22273
I[8] =7.22138
I[9] =7.21742
I[10] =7.21905
I[11] =7.22259
I[12] =7.21976
I[13] =7.22037
I[14] =7.22074
I[15] =7.22191
I[16] =7.22373
I[17] =7.2249
I[18] =7.22328
I[19] =7.22701
取平均值I1=7.22243
```

图 7-9　定积分的平均值法计算结果

$I = \int_0^4 (\cos x + 2.0) dx = 8.0 + \sin 4.0 = 7.2432$，定积分的平均值法计算结果如图 7-9 所示。

7.2.3　解非线性方程

例 7-7　用简单迭代法求解非线性方程 $f(x) = x^3 - x - 1 = 0$ 在 $x = 1.5$ 附近的一个根。

解：所给方程可改写为 $x = \sqrt[3]{x+1}$，将初值 $x_0 = 1.5$ 代入得到

$$x_1 = \sqrt[3]{x_0 + 1} = \sqrt[3]{1.5 + 1} = 1.357\ 21$$

$$x_2 = \sqrt[3]{x_1 + 1} = \sqrt[3]{1.357\ 21 + 1} = 1.330\ 86$$

$$x_3 = \sqrt[3]{x_2 + 1} = \sqrt[3]{1.330\ 86 + 1} = 1.325\ 88$$

迭代公式为 $x_{k+1} = \sqrt[3]{x_k + 1}$，$k = 0, 1, 2, \cdots$

迭代结果如表 7-1 所示,仅取 6 位数字,x_7 与 x_8 相同,故取 x_7 为方程的根。

表 7-1　迭代结果

k	x_k	k	x_k
0	1.5	5	1.324 76
1	1.357 21	6	1.324 73
2	1.330 86	7	1.324 72
3	1.325 88	8	1.324 72
4	1.324 94		

可以用简单随机模拟计算非线性方程的近似解。简单随机模拟算法思想是:选定一个随机步长 dx,得到随机点 $x = x_0 + dx$,计算目标函数 $f(x)$,并把满足精度要求的随机点 x 作为所求非线性方程的近似解。

例 7-8　用简单随机模拟算法求解非线性方程 $f(x) = x^3 - x - 1 = 0$ 在 $x = 1.5$ 附近的一个根。

C++实现代码如下:

```cpp
//计算函数值 f(x)
double f(double x)
{
    double y;
    y = x * x * x - x - 1;
    return y;
}


double NonLinear(double x)
{
    //用简单随机模拟计算非线性方程的近似解
    RandomNumber rnd;
    long i = 0, n = 50000;
    double dx, x1 = x, x2 = x;
    double fx1 = f(x), fx2 = f(x);
    while (fabs(fx1) >= 1e-4 && i <= n)
    {
        dx = rnd.fRandom() / 10000;      //随机步长
        x1 -= dx;
        fx1 = f(x1);
        i++;
    }
    if (fabs(fx1) < 1e-4)
        return x1;
```

```
        else
        {
            i =0;
            while (fabs(fx2) >=1e-4 && i <=n)
            {
                dx = rnd.fRandom() / 1000;      //随机步长
                x2 +=dx;
                fx2 = f(x2);
                i++;
            }
            if (fabs(fx2) <1e-4)
                return x2;
        }
        return 0;
    }


int main()
{
    double s=0,x=1.5;
    RandomNumber rnd;
    s =NonLinear(x);
    if (fabs(s) <=1e-4)
        cout<<"迭代"<<50000<<"次内无解"<<endl;
    else
        cout<<"近似解 x="<<s<<endl;
    return 0;
}
```

运行结果：

近似解 x=1.32474

7.2.4   解非线性方程组

1. 求解非线性方程组

$$
\begin{cases}
f_1(x_1,x_2,\cdots,x_n)=0 \\
f_2(x_1,x_2,\cdots,x_n)=0 \\
\cdots\cdots \\
f_n(x_1,x_2,\cdots,x_n)=0
\end{cases}
$$

其中，$x_1,x_2,\cdots,x_n$ 是实变量，$f_i(i=1,2,\cdots,n)$ 是未知量 $x_1,x_2,\cdots,x_n$ 的非线性实函数。要求确定上述方程组在指定求根范围内的一组解 $x_1^*,x_2^*,\cdots,x_n^*$。

构造目标函数 $\Phi(x)=\sum\limits_{i=1}^{n}f_i^2(x)$，其中 $x=(x_1,x_2,\cdots,x_n)$。

由最优化理论，该目标函数 $\Phi(x)$ 的极小值点(零点)即是所求非线性方程组的一组解。

例如，非线性方程组

$$\begin{cases} f_1(x,y)=3x^2+3y^2+x=2 \\ f_2(x,y)=-x^2+y^2+y=-2 \end{cases}$$

构造目标函数 $\Phi(x,y)=(3x^2+3y^2+x-2)^2+(-x^2+y^2+y+2)^2$。

显然，使 $\Phi(x,y)=0$ 的解 (x,y) 即是所求非线性方程组的一组解。

在程序代码中，未知数存储在数组 x 中，目标函数改写为

$$\Phi(x)=\text{pow}(3\times x[1]\times x[1]+3\times x[2]\times x[2]+x[1]-2,2)+$$
$$\text{pow}(-x[1]\times x[1]+x[2]\times x[2]+x[2]+2,2)$$

也可以写成

$$y=\text{pow}(3\times x[1]\times x[1]+3\times x[2]\times x[2]+x[1]-2,2)+$$
$$\text{pow}(-x[1]\times x[1]+x[2]\times x[2]+x[2]+2,2)$$

2. 解非线性方程组的概率算法基本思想

在求目标函数 $\Phi(x)$ 的极小值点时可采用简单随机模拟算法。在指定求根区域 D 内，选定一个随机点 x0 作为根的初值。按照预先选定的某种分布(如以 x0 为中心的正态分布等)，逐个选取随机点 x，计算目标函数 $\Phi(x)$，并把满足精度要求的随机点 x 作为所求非线性方程组的近似解。

简单随机模拟算法的特点：直观、简单，但工作量大。

3. 解非线性方程组的随机搜索算法

在指定求根区域 D 内，选定一个随机点 x0 作为随机搜索的出发点。在算法的搜索过程中，假设第 j 步随机搜索得到的随机搜索点为 xj。在第 j+1 步，计算出下一步的随机搜索增量 Δxj。从当前点 xj 及 Δxj 得到第 j+1 步的随机搜索点 xj+1。当 $\Phi(xj+1)<\varepsilon$ 时，取 xj+1 为所求非线性方程组的近似解，否则进行下一步新的随机搜索过程。

例 7-9 解二阶非线性方程组

$$\begin{cases} f_1(x,y)=x^2-y^2=1 \\ f_2(x,y)=x^2+y=3 \end{cases}$$

构造目标函数

$$y=\text{pow}(x[1]\times x[1]-x[2]\times x[2]-1,2)+\text{pow}(x[1]\times x[1]+x[2]-3,2)$$

为了方便验证，这里先估算方程组的解满足：

$$\begin{cases} x^2=5 \\ y=-1 \end{cases} \quad \text{或} \quad \begin{cases} x^2=2 \\ y=1 \end{cases}$$

非线性方程组的概率算法的 C++实现代码如下：

```
# include <iostream>
# include <ctime>
```

```cpp
#include <cmath>
using namespace std;
int t =1;                          //用来表示函数内程序的循环执行次数
const unsigned long maxshort=65536L;
const unsigned long multiplier=119411693L;
const unsigned long adder=12345l;

class RandomNumber
{
    private:
        unsigned long randSeed;
    public:
        RandomNumber(unsigned long s=0);
        unsigned short Random(unsigned long n);
        double fRandom(void);
};

RandomNumber::RandomNumber(unsigned long s)
{
    if (s==0)
        randSeed=time(0);
    else
        randSeed=s;
}

unsigned short RandomNumber::Random(unsigned long n)
{
    randSeed=multiplier * randSeed+adder;
    return(unsigned short)((randSeed>>16)%n);
}

double RandomNumber::fRandom(void)
{
    return Random(maxshort)/double(maxshort);
}

//计算函数值 f(x)
double f(double x)
{
    double y;
    y =x * x * x-x-1;
    return y;
```

```
}

//计算目标函数值
double f(double x[],int n)              // n 为未知数个数或方程个数
{
    double y;
    // y =pow(x[1]*x[1]-x[2]*x[2]-1,2)+pow(x[1]*x[1]+x[2]-3,2);
    y=(x[1]*x[1]-x[2]*x[2]-1)*(x[1]*x[1]-x[2]*x[2]-1)+
        (x[1]*x[1]+x[2]-3)*(x[1]*x[1]+x[2]-3);
    return y;
}


//解非线性方程组的随机搜索算法
int NonLinear(double x0[], double dx0[], double x[], double a0, double ep,
        double k, int n,int steps, int m
{
    static RandomNumber rnd;
    int success;                    //搜索成功标志
    double dx[3];                   //步进增量向量
    double r[3];                    //搜索方向向量
    int mm =0;                      //当前搜索失败次数
    int j =0;                       //迭代次数
    double a =a0;                   //步长因子
    for (int i =1; i <=n; i++)      //将初值和初始步进向量赋值给新的变量
    {
        x[i] =x0[i];
        dx[i] =dx0[i];
    }
    double fx =f(x, n);             //计算目标函数值
    double min =fx;      //当前最优值,若本次结果比上一次结果更小,则认为搜索成功
    while (j<Steps)
    {
        //(1)计算随机搜索步长
        if (fx<min)                 //搜索成功
        {
            min =fx;
            a *=k;      //成功,增大步长因子就是用更小的精度搜索,每次的搜索跨度变大
            success =1;
            if (t <15)
            {
                cout <<"第"<<t<<"次"<<"搜索成功" <<endl;
                cout <<"目标函数的值:" <<fx <<endl;
                cout <<"*******************************************" <<endl;
```

```cpp
                cout <<"第" <<t+1 <<"次" <<"搜索开始" <<endl;
                cout <<"改变随机搜索的步长:" <<a <<endl;
        }
    }
    else                              //搜索失败
    {
        mm++;
        if (mm%M==0)      //搜索失败次数大于 M 次后减小步长因子,用更大的精度搜索
        //搜索步长越来越小,容易陷入死循环,可设置下限,防止无限减小步长
        {
            a /=k;
            if (a <=0.005) a =0.005;
            cout <<"当搜索失败次数大于1000次后,改变随机搜索的步长:";
            cout <<a <<endl;
            cout <<"*****************************************" <<endl;
        }
        success =false;
        if (t <15)
        {
            cout <<"第" <<t <<"次" <<"搜索失败" <<endl;
            cout <<"目标函数的值:" <<fx<<" 上一次目标函数值:"<<min <<endl;
            cout <<"*****************************************" <<endl;
            cout <<"第" <<t +1 <<"次" <<"搜索开始" <<endl;
        }
    }
    if (min<ep) break;  //min 值小于精度则搜索完成,当前的变量值就是方程组的解
    //(2)计算随机搜索方向和增量
        for (int i =1; i <=n; i++)
        {
            r[i] =2.0 * rnd.fRandom() -1;
            //对每一个变量产生一个-1~1 的随机数,作为搜索方向
        }
    if (success)
    {
        for (int i =1; i <=n; i++)
        {
            dx[i] =a * r[i];    //搜索成功时,继续搜索
        }
    }
    else
    {
        for (int i =1; i <=n; i++)
        {
```

```
            dx[i] =a * r[i] -dx[i];              //搜索失败,退回到前一个增量后再搜索
        }
    }
//(3)计算随机搜索点
for (int i =1; i <=n; i++)
{
    x[i] +=dx[i];
}
if (t <15)
{
    if (success)
    {
        cout <<"搜索成功情况下,继续在这一层的变量基础随机搜索:" <<endl;
        cout <<"dx1=" <<dx[1] <<endl;
        if (dx[1] >0)
            cout <<"方向为正" <<endl;
        else
            cout <<"方向为负" <<endl;
        cout <<"x1=" <<x[1] <<endl;
        cout <<"dx2=" <<dx[2] <<endl;
        if (dx[2] >0)
            cout <<"方向为正" <<endl;
        else
            cout <<"方向为负" <<endl;
        cout <<"x2=" <<x[2] <<endl;
        cout <<"*****************************************" <<endl;
    }
    else
    {
        cout <<"搜索失败情况下,退回到上一层变量基础随机搜索:" <<endl;
        cout <<"dx1=" <<dx[1] <<endl;
        if (dx[1] >0)
            cout <<"方向为正" <<endl;
        else
            cout <<"方向为负" <<endl;
        cout <<"x1=" <<x[1] <<endl;
        cout <<endl;
        cout <<"dx2=" <<dx[2] <<endl;
        if (dx[2] >0)
            cout <<"方向为正" <<endl;
        else
            cout <<"方向为负" <<endl;
        cout <<"x2=" <<x[2] <<endl;
```

```
                            cout <<"**************************************"<<endl;
                    }
            }
            //(4)计算目标函数值
            fx = f(x, n);
            t++;
            j++;
        }
        if (fx <=ep)
            return 1;
        else
            return 0;
}

int main()
{
        double x0[3]={0},dx0[3]={0,0.01,0.01},x[3]={0};
        //x0 为根初值数组 , x 为根数组 , dx0 为增量初值数组
        double a0=0.001;                    //步长
        double ep=0.01;                     //精度
        double k=1.1;                       //步长变参
        int n=2;                            // n 为未知数个数或方程个数
        int steps=10000;                    //steps 执行次数
        int m=1000;                         //m 为失败次数
        int flag;
        cout <<"二阶非线性方程组为:" <<endl;
         cout <<"x1 * x1-x2 * x2=1" <<endl;
         cout <<"x1 * x1+x2=3" <<endl;
        cout <<"**************************************" <<endl;
        cout <<"第一次搜索开始" <<endl;
        cout <<"变量的初始值:" <<x0[1] <<"和" <<x0[2] <<endl;
        cout <<"步进因子的初始值:" <<a0 <<endl;
        cout <<"**************************************" <<endl;
        cout <<endl;
        flag =NonLinear(x0, dx0, x, a0, ep, k, n, steps, m);
        while (!flag)
        {
            flag =NonLinear(x0, dx0, x, a0, ep, k, n, steps, m);
        }
        cout <<"此方程组的根为:" <<endl;
        for (int i =1; i <=n; i++)
        {
            cout <<"x" <<i <<"=" <<x[i] <<" ";
```

```
        }
    cout <<endl;
    cout <<t <<"次" <<"搜索" <<endl;
    system("pause");
    return 0;
}
```

三次运行结果,方程的根有所不同,可以验证三组解都是正确的,如图 7-10～图 7-12 所示。

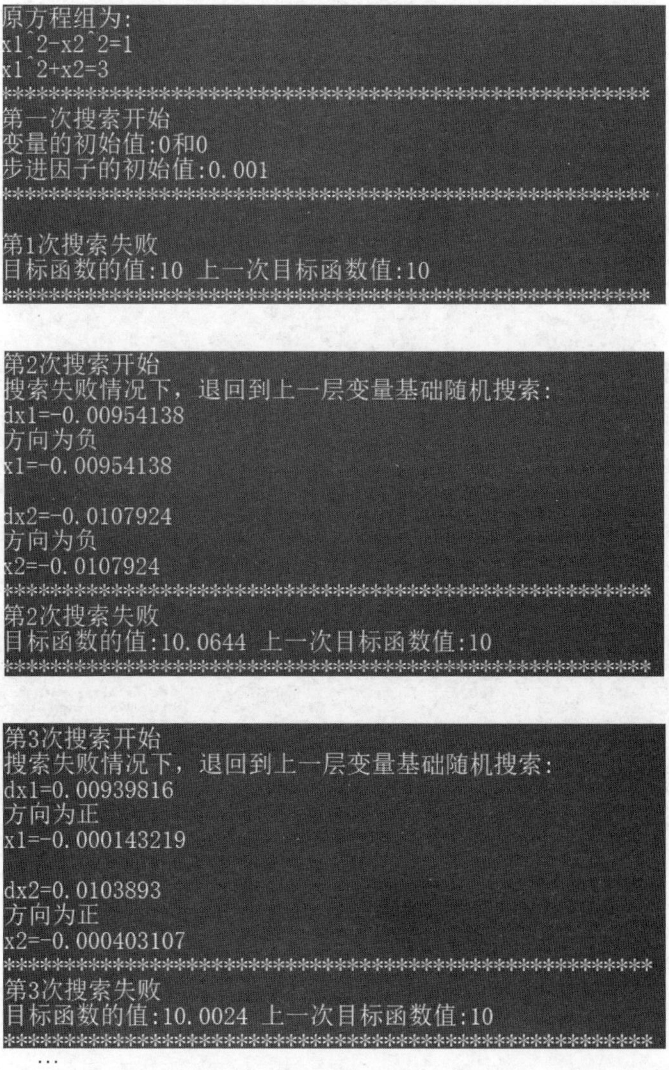

图 7-10　程序运行结果(1)

```
第14次搜索失败
目标函数的值:10.0512  上一次目标函数值:10
************************************************
第15次搜索开始
搜索失败情况下，退回到上一层变量基础随机搜索：
dx1=0.00989117
方向为正
x1=0.00114368

dx2=0.00753296
方向为正
x2=-0.00106744
************************************************
当搜索失败次数大于1000次后，改变随机搜索的步长:0.789747
当搜索失败次数大于1000次后，改变随机搜索的步长:0.717952
************************************************
当搜索失败次数大于1000次后，改变随机搜索的步长:0.652683
************************************************
当搜索失败次数大于1000次后，改变随机搜索的步长:0.593349
************************************************
当搜索失败次数大于1000次后，改变随机搜索的步长:0.539408
************************************************
当搜索失败次数大于1000次后，改变随机搜索的步长:0.490371
************************************************
当搜索失败次数大于1000次后，改变随机搜索的步长:0.445792
************************************************
当搜索失败次数大于1000次后，改变随机搜索的步长:0.405265
************************************************
当搜索失败次数大于1000次后，改变随机搜索的步长:0.368423
************************************************
当搜索失败次数大于1000次后，改变随机搜索的步长:0.33493
************************************************
当搜索失败次数大于1000次后，改变随机搜索的步长:0.304482
************************************************
当搜索失败次数大于1000次后，改变随机搜索的步长:0.276801
************************************************
当搜索失败次数大于1000次后，改变随机搜索的步长:0.251638
************************************************
此方程组的根为：
x1=2.21761  x2=-1.96815
16012次搜索
```

图 7-10 （续）

第14次搜索失败
目标函数的值:9.98315 上一次目标函数值:9.97752
****
第15次搜索开始
搜索失败情况下，退回到上一层变量基础随机搜索：
dx1=-0.000315408
方向为负
x1=0.000761051

dx2=-0.000484033
方向为负
x2=0.00232592
****
当搜索失败次数大于1000次后，改变随机搜索的步长:0.490371
****
当搜索失败次数大于1000次后，改变随机搜索的步长:0.490371
****
当搜索失败次数大于1000次后，改变随机搜索的步长:0.445792
****
当搜索失败次数大于1000次后，改变随机搜索的步长:0.405265
****
当搜索失败次数大于1000次后，改变随机搜索的步长:0.368423
****
当搜索失败次数大于1000次后，改变随机搜索的步长:0.33493
****
此方程组的根为：
x1=2.23367 x2=-2.01076
6263次搜索

图 7-11　程序运行结果（2）

第14次搜索开始
搜索失败情况下，退回到上一层变量基础随机搜索：
dx1=-0.00120692
方向为负
x1=-0.00164154

dx2=0.000587642
方向为正
x2=0.000506453
****
第14次搜索失败
目标函数的值:9.99694 上一次目标函数值:9.98961
****
第15次搜索开始
搜索失败情况下，退回到上一层变量基础随机搜索：
dx1=0.000191591
方向为正
x1=-0.00144995

dx2=-0.000678612
方向为负
x2=-0.000172159
****
此方程组的根为：
x1=-1.40695 x2=0.983514
309次搜索

图 7-12　程序运行结果（3）

7.3 蒙特卡罗算法

蒙特卡罗(Monte Carlo)方法于 20 世纪 40 年代由 S. M. 乌拉姆和 J. 冯·诺依曼首先提出。数学家冯·诺依曼用驰名世界的赌城摩纳哥的蒙特卡罗来命名这种方法,为它蒙上了一层神秘色彩。在这之前,蒙特卡罗方法就已经存在。1777 年,法国数学家蒲丰提出用投针实验的方法求圆周率,这被认为是蒙特卡罗方法的起源。

随着科学技术的不断发展,出现了越来越多的复杂而困难的问题,用通常的解析方法或数值方法都很难得到解决。蒙特卡罗方法就是在这些情况下,作为一种可行的而且是不可缺少的计算方法被提出和迅速发展起来的。

在实际应用中常会遇到一些问题,不论采用确定性算法或概率算法都无法保证每次都能得到正确的解答。蒙特卡罗算法则在一般情况下可以保证对问题的所有实例都以高概率给出正确解,但通常无法判定一个具体解是否正确。由于产生随机数的随机性,当用 n 个随机点以蒙特卡罗方法来求解具体的问题时,其计算得到近似解的误差值有大有小,但是肯定有一个确定的平均值,即一些误差大于此值,而其余误差小于此值。用蒙特卡罗方法求解问题时,影响结果好坏的主要是随机数序列的均匀性。

蒙特卡罗方法的理论基础是大数定律。大数定律是描述相当多次数重复试验的结果的定律,根据这个定律知道,样本数量越多,其平均值就越趋近于真实值。

7.3.1 蒙特卡罗算法的基本思想

蒙特卡罗算法又称为随机模拟法、统计实验方法、统计模拟法或随机抽样技术,简称为 MC 方法。它是以概率和统计理论方法为基础的一种计算方法。将所求解的问题与一定的概率模型相联系,用电子计算机实现统计模拟或抽样,以获得问题的近似解。

蒙特卡罗算法的基本原理及思想如下:当所要求解的问题是某种事件出现的概率,或者是某个随机变量的期望值时,它们可以通过某种"试验"的方法,得到这种事件出现的频率,或者这个随机变量的平均值,并用它们作为问题的解。

蒙特卡罗算法解题的三个主要步骤如下:

(1) 构造或描述概率过程:对于本身具有随机性质的问题,如粒子输运问题,主要是正确描述和模拟这个概率过程;对于本身不具有随机性质的确定性问题,如计算定积分,要将问题转换为随机性质的问题,即必须事先构造一个人为的概率过程,它的某些参量正好是所要求问题的解。

(2) 实现从已知概率分布抽样:构造了概率模型以后,由于各种概率模型都可以看作由各种各样的概率分布构成的,因此产生已知概率分布的随机变量(或随机向量),就成为实现蒙特卡罗算法模拟实验的基本手段,这也是蒙特卡罗算法被称为随机抽样的原因。最简单、最基本、最重要的一个概率分布是(0,1)上的均匀分布(或称矩形分布)。随机数就是具有这种均匀分布的随机变量,产生随机数的问题,就是从这个分布抽样的问题。由已知分布随机抽样有各种方法,与从(0,1)上均匀分布抽样不同,但这些方法都是借助于随机序列来实现的,也就是说,都是以产生随机数为前提的。因此,随机数是实现蒙特卡罗模拟的基本工具。

（3）建立各种估计量：一般来说，构造了概率模型并从中抽样实现模拟实验后，要确定一个与计算步数 N 有关的统计估计量或随机变量作为所要求的问题的解，称为无偏估计。建立各种估计量，相当于对模拟实验的结果进行考查和登记，从中得到问题的解。例如，检验产品的正品率问题，可以用 1 表示正品，0 表示次品，于是对每个产品检验可以定义如下的随机变数 T_i，作为正品率的估计量，T_i 为无偏估计。当然，还可以引入其他类型的估计，如最大似然估计、渐近有偏估计等。但是，在蒙特卡罗计算中，使用最多的是无偏估计。

设 p 是一个实数，且 $0.5 < p < 1$。如果一个蒙特卡罗算法对于问题的任一实例得到正确解的概率不小于 p，则称该蒙特卡罗算法是 p 正确的，且称 $p-0.5$ 是该算法的优势。

如果对于同一实例，蒙特卡罗算法不会给出两个不同的正确解答，则称该蒙特卡罗算法是一致的。对于一个一致的 p 正确蒙特卡罗算法，要提高获得正确解的概率，只要执行该算法若干次，并选择出现频次最高的解即可。

随机算法在采样不全时，通常不能保证找到最优解，只能说是尽量找。根据这么个"尽量"法，可以把随机算法分成两类：

（1）蒙特卡罗算法：采样越多，越近似最优解；

（2）拉斯维加斯算法：采样越多，越有机会找到最优解。

例如，假如筐里有 100 个苹果，每次闭眼拿 1 个，挑出最大的。开始随机拿 1 个，再随机拿 1 个跟它比，留下大的，再随机拿 1 个……每拿一次，留下的苹果都至少不比上次的小。拿的次数越多，挑出的苹果就越大，但除非拿 100 次，否则无法肯定挑出了最大的。这个挑苹果的算法，就属于蒙特卡罗算法——尽量找好的，但不保证是最好的。

7.3.2 蒙特卡罗算法的简单应用

利用蒙特卡罗算法可以求圆周率 π 和自然常数 e 的值。

例 7-10 利用蒙特卡罗算法求圆周率 π。

算法分析：在 7.2.1 节中用随机投点法计算 π 值，设有一半径为 r 的圆及其外切四边形，向正方形内随机地投掷 n 个点。设落入圆内的点数为 k。由于所投入的点在正方形上均匀分布，因而所投入的点落入圆内的概率为 $\frac{\pi r^2}{4r^2} = \frac{\pi}{4}$，所以当 n 足够大，k 与 n 之比就逼近这一概率，即 π/4，从而 $\pi \approx \frac{4k}{n}$。

C++实现代码如下：

```
#include <stdlib.h>
#include <iostream>
#include <ctime>
#define N 100000                    //N为投点次数
using namespace std;
```

```
double Rand(double L, double R)
{
    return L+(R - L) * rand()/RAND_MAX;
}


double GetPi()
{
    int k=0;
    for(int i = 0; i < N; i++)
    {
        double x = Rand(-1, 1);
        double y = Rand(-1, 1);
        if(x * x + y * y <= 1)
            k++;
    }
    return k * 4.0 / N;
}
int main()
{   double s=0,pi;
    for(int i = 0; i < 10; i++)
    {
        pi=GetPi();
        s+=pi;
        cout <<" "<<pi <<endl;
    }
    cout <<" pi="<<s/10 <<endl;
    return 0;
}
```

运行结果如图 7-13 所示。

例 7-11　利用蒙特卡罗算法求自然常数 e 的值。

先利用蒙特卡罗算法求定积分 $s = \int_1^2 \frac{1}{x} dx$ 的值。

$s = \int_1^2 \frac{1}{x} dx$ 的几何意义就是求图 7-14 阴影部分的面积。

图 7-13　随机投点法求圆周率

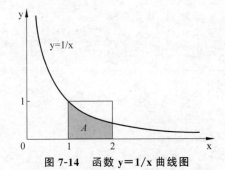

图 7-14　函数 y＝1/x 曲线图

在图 7-14 所标的矩形(注意到矩形面积为 1)内取 n 对随机点(x_i, y_i), $i = 1, 2, \cdots, n$。对于每一对随机点,考查是否满足条件:$\dfrac{1}{x_i} \geqslant y_i$,假设满足上述条件的点有 m 个,而全部的点有 n 个,所以得到近似公式为 $s = \displaystyle\int_1^2 \dfrac{1}{x} dx = \dfrac{m}{n}$,又依据牛顿-莱布尼茨公式,可以得到 $s = \displaystyle\int_1^2 \dfrac{1}{x} dx = \ln x \Big|_1^2 = \ln 2 - \ln 1 = \ln 2$,即有

$$s = \int_1^2 \frac{1}{x} dx = \frac{m}{n} = \ln 2 = \frac{\log_2 2}{\log_2 e} = \frac{1}{\log_2 e}$$

$$\Rightarrow \log_2 e = \frac{n}{m} \Rightarrow e = 2^{\frac{n}{m}}$$

用蒙特卡罗积分求自然常数 e 的值,C++实现代码如下:

```cpp
#include <stdlib.h>
#include <iostream>
#include <ctime>
#include <cmath>
#include <iomanip>
#define N 100000
using namespace std;

double Rand(double L, double R)
{
    return L+(R-L) * rand()/RAND_MAX;
}

struct Point
{
    double x, y;
};

Point getPoint()
{
    Point t;
    t.x =Rand(1.0, 2.0);
    t.y =Rand(0.0, 1.0);
    return t;
}

double getResult()
{
    int m =0;
    int n =N;
```

```
        //srand(time(NULL));
        for(int i =0; i <n; i++)
        {
            Point t =getPoint();
            double res =t.x * t.y;
            if(res <=1.0)
                m++;
        }
        return pow(2.0, 1.0 * n / m);
}


int main()
{   double s,sum=0;
    for(int i =0; i <10; i++)
    {
        s=getResult();
        sum+=s;
        cout <<" "<<fixed <<setprecision(6) <<s <<endl;
    }
    cout <<" s="<<sum/10 <<endl;
    return 0;
}
```

运行结果如图 7-15 所示。

图 7-15　随机投点法求自然常数 e

7.3.3　主元素问题

大小为 n 的数组 t,其主元素是一个出现超过 n/2 次的元素(这样的元素最多有一个)。例如,数组[3,3,4,2,4,4,2,4,4]有一个主元素 4,而数组[3,3,4,2,4,4,2,4]没有主元素。

对于给定的输入数组 t,判定数组 t 是否含有主元素的蒙特卡罗算法如下:

```
int majority(int t[],int n)
{
```

```
//判定主元素的蒙特卡罗算法
srand((unsigned int)time(0));
int i=rand()%9;
int x=t[i];                          // 随机选择数组元素
int k=0;
for (int j=1;j<=n;j++)
    if (t[j]==x)k++;
//k>n/2 时 t 含有主元素
if (k>n/2)
{
    cout<<"数组含有主元素"<<endl;
    cout<<x<<"是主元素,出现次数"<<k<<endl;
    return 1;
}
else
{
    cout<<x<<"不是主元素,出现次数"<<k<<endl;
    return 0;
}
}
```

上述算法测试随机选择的数组元素 x 是否为数组 t 的主元素。算法用 k 统计 x 在数组 t 出现的次数,如果 k>n/2,则表明数组 t 中含有主元素 x;否则表明 x 不是数组 t 的主元素,但数组 t 未必没有主元素。

由于数组 t 的非主元素个数小于 n/2,故该算法是一个偏真的 1/2 正确算法。

算法 majority2 的思路是:若第 1 次调用 majority 算法找到主元素,则调用结束;否则,在第 1 次调用 majority 算法未找到主元素的情况下,可以再次调用 majority 算法寻找数组 t 中的主元素。当数组 t 含有主元素时,算法 majority2 两次调用 majority 找到主元素的概率是 p+(1−p)p>3/4,算法 majority2 是一个偏真的 3/4 正确算法。

```
int majority2(int t[],int n)
{
    if (majority(t,n)==1 ) return 1;
    else majority(t,n);
}
```

下面设计重复调用多次的 majorityMC 算法,对于任何给定的 m>0,算法 majorityMC 重复调用 k=⌈log(1/m)⌉次算法 majority,它是一个偏真蒙特卡罗算法,且其错误概率小于 m。例如,当 m=0.001 时,1/m=1000,k=⌈log(1/m)⌉=10 次。算法 majorityMC 所需的计算时间显然是 O(nlog(1/m))。

```
int majorityMC(int t[],int n,double m)
{
    //重复 k 次调用算法 majority
    int k=(int)ceil(log(1/m)/log(2));
    cout<<"重复用算法"<<k<<"次"<<endl;
    for (int i=1;i<=k;i++)
        if (majority(t,n)) return 1;
    return 0;
}
```

7.3.4 素数测试

1. Wilson 定理

一个数是素数(也叫质数),当且仅当它的约数只有两个——1 和它本身。规定这两个约数不能相同,因此 1 不是素数。一些好记的素数,比如 4567、24567、3214567、23456789、55566677、1234567894987654321、11111111111111111111111(23 个 1)等。素数在密码学中被广泛使用。素数有很多神奇的性质,下面举两个例子。

(1) 素数的个数无限多(不存在最大的素数):假设存在最大的素数 P,那么可以构造一个新的数 $2 \times 3 \times 5 \times 7 \times \cdots \times P + 1$(所有的素数相乘加 1)。显然这个数不能被任一素数整除(所有素数除它都余 1),所以总是可以找到一个更大的素数。

(2) 所有大于 2 的素数都可以唯一地表示成两个平方数之差。显然大于 2 的素数都是奇数,设这个数是 $2n+1$,而 $(n+1)^2 = n^2 + 2n + 1$,即 $2n+1 = (n+1)^2 - n^2$。

关于素数的研究已有相当长的历史,近代密码学的研究又给它注入了新的活力。在关于素数的研究中,素数的测试是一个非常重要的问题。在初等数论中,Wilson 定理给出了判定一个自然数是否为素数的充分必要条件。但由于阶乘是呈爆炸增长的,其结论对于实际操作意义不大,但借助计算机的运算能力有广泛的应用,也可以辅助数学推导。

Wilson 定理:对于给定的正整数 n,判定 n 是一个素数的充要条件是

$$(n-1)! \equiv -1 \pmod n$$

例如,当 $n=3$ 时,$(n-1)! \equiv -1 \pmod n$ 显然成立。当 $n=4$ 时,$(n-1)! \equiv 6 \equiv 2 \pmod n$,不满足 Wilson 定理。

Wilson 定理有很高的理论价值,但实际用于素数测试所需要计算量太大,无法实现对较大素数的测试。到目前为止,尚未找到素数测试的有效的确定性算法或拉斯维加斯算法。首先容易想到下面的素数测试概率算法 prime:

```
int prime(int n)
{
    srand((unsigned int)time(0));
```

```
        int m=(int)sqrt(n);
        int a=rand()%(m-1)+2;              //返回[2,m]区间的随机整数
        return (n%a!=0);
    }
    int main()
    {
        for (int i=1;i<=100;i++)
        {
            cout<<prime(2653)<<" ";        //2653=43×61
            if (i%10==0)
                cout<<"\n";
        }
        return 0;
    }
```

运行结果如图 7-16 所示。

算法 prime 返回 0 时,算法幸运地找到 n 的一个非平凡因子,因此可以肯定 n 是一个合数。但对于上述算法 prime 来说,即使 n 是一个合数,算法仍可以高概率返回 1。例如,当 n=43×61=2653 时,算法在 2～51 范围内随机选择一个整数 a,仅当选择到 a=43 时,算法返回 0,其余情况均返回 1。而在 2～51 范围内选到 a=43 的概率约为 2%,因此算法以 98% 的概率返回错误的结果 1。当 n 增大时,情况就更糟。

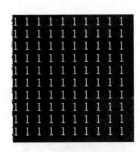

图 7-16　素数测试返回
错误判断结果

2. 费尔马小定理

费尔马小定理为素数判定提供了一个有力的工具。

费尔马小定理：如果 n 是一个素数,且 $0<a<n$,则 $a^{n-1}\equiv 1(\bmod n)$。

例如,67 是一个素数,则 $2^{66} \bmod 67=1$。

利用费尔马小定理,对于给定的整数 n,可以设计一个素数判定算法。通过计算 $d=2^{n-1} \bmod n$ 来判定整数 n 的素性。当 $d\neq 1$ 时,n 肯定不是素数;当 $d=1$ 时,n 则很可能是素数,但也存在合数 n,使得 $2^{n-1}\equiv 1(\bmod n)$。例如,满足此条件的最小合数是 n=341。为了提高测试的准确性,可以随机地选取整数 $1<a<n-1$,然后用条件 $a^{n-1}\equiv 1(\bmod n)$ 来判定整数 n 的素性。例如,对于 n=341,取 a=3 时,有 $3^{340}\equiv 56(\bmod 341)$,故可判定 n 不是素数。

费尔马小定理毕竟只是素数判定的一个必要条件。满足费尔马小定理条件的整数 n 未必全是素数,有些合数也满足费马小定理的条件,这些合数被称为 Carmichael 数,前 3 个 Carmichael 数是 561、1105 和 1729。Carmichael 数是非常少的,在 1～100 000 000 范围内的整数中,只有 255 个 Carmichael 数。

利用下面的二次探测定理可以对上面的素数判定算法做进一步改进,以避免将

Carmichael 数当作素数。

3. 模 n 的大数幂乘的快速算法

在介绍二次探测定理之前,先介绍一下模 n 的大数幂乘的快速算法。

数论计算中经常出现的一种运算就是求一个数的幂(a^b)对另外一个数 n 的模的运算,即计算 $a^b \bmod n$(其中 a、b 和 n 都是正整数)。

由于计算机只能表示有限位的整数,所以编程时模取幂的运算要注意值的大小范围。如何解决这个问题,这里引出一个能计算 $a^b \bmod n$ 的值的有用算法,即反复平方法,如图 7-17 所示。

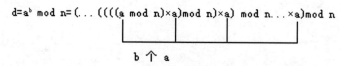

$$d = a^b \bmod n = (\ldots (((a \bmod n) \times a) \bmod n) \times a) \bmod n \ldots \times a) \bmod n$$

b 个 a

图 7-17 用反复平方法计算 $a^b \bmod n$ 的值

由此引出一个迭代式:

```
d=a;
for(i=2;i<=b;i++)
{
    d=(d mod n) * a;
    d=d mod n
}
```

问题是当 b 很大时,运行的时间将受之影响,为了提高效率,不妨将 b 转换为二进制数 $b_k, b_{k-1}, \cdots, b_1, b_0$,然后从最低位 b_0 开始,由右至左逐位扫描。每次迭代时,用到下面两个恒等式中的一个:

$$a^{2c} \bmod n = (a^c \bmod n)^2, \quad b_i = 0$$
$$a^{2c+1} \bmod n = a(a^c \bmod n)^2, \quad b_i = 1, \quad 0 \leqslant c \leqslant b$$

用哪一个恒等式取决于 $b_i = 0$ 还是 1。其中,c 为 b 的二进制数的后缀($b_{i-1}, b_{i-2}, \cdots, b_0$)对应的十进制数,当 c 成倍增加时,算法保持条件 $d = a^c \bmod n$ 不变,直至 $c = b$。由于平方在每次迭代中起着关键作用,所以这种方法称为"反复平方法"。在读入 b[i] 位并进行相应处理后,c 的值与 b 的二进制表示 $<b[k], b[k-1], \cdots, b[0]>$ 的前缀的值相同。事实上,算法中并不真正需要变量 c,只是为了说明算法才设置了变量 c。

如果输入 a、b,n 是 k 位的数,则算法总共需要执行的算术运算次数为 $O(k)$,总共需要执行的位操作次数为 $O(k^3)$。

算法 power(long a, long b, long n)在输入底数 a、幂次 b 和模 n 后,通过反复平方法计算返回 $a^b \bmod n$ 的值。例如,调用 power(2,66,67),可求得 $2^{66} \bmod 67 = 1$;调用 power(3,340,341),可求得 $3^{340} \bmod 341 = 56$。

```
long power(long a, long b, long n)
{
    long d=1;
    long t=a;
    while(b>0)
    {
        if(b%2==1)
            d=(d*t)%n;
        b=b/2;
        t=(t*t)%n;
    }
    return d;
}
```

二次探测定理：如果 n 是一个素数，且 $0<x<n$，则方程 $x^2\equiv1(\mathrm{mod}\ n)$ 的解为 $x=1$ 或 $x=n-1$。

事实上，$x^2\equiv1(\mathrm{mod}\ n)$ 等价于 $x^2-1\equiv0(\mathrm{mod}\ n)$。由此可知，$(x-1)(x+1)\equiv1(\mathrm{mod}\ n)$，故 n 必须整除 $x-1$ 或 $x+1$。由 n 是素数且 $0<x<n$，推导出 $x=1$ 或 $x=n-1$。

利用二次探测定理，可以在利用费尔马小定理计算 $a^{n-1}\ \mathrm{mod}\ n$ 的过程中增加对于整数 n 的二次探测，一旦发现违背二次探测条件，即可得出 n 不是素数的结论。

算法 power(long a, long b, long n)可以计算 $a^b\ \mathrm{mod}\ n$ 的值，算法 power2 也可以用于计算 $a^b\ \mathrm{mod}\ n$ 的值，并在计算过程中实施对 n 的二次探测。

```
long power2(long a, long b, long n)
{
    long x, d;
    if(b==0) v d=1;
    else
    {
        x=power2(a, b/2, n);        //递归计算
        d=(x*x)%n;                  //二次探测
        if((b%2)==1)
            d=(d*a)%n;
    }
    return d;
}
```

在算法 power2 的基础上，可设计素数测试的蒙特卡罗算法 prime，具体如下：

```
long prime(int n)
{
```

```
//素数测试的蒙特卡罗算法
long a,d;
if (n==2)
    return 1;
a=rand()%(n-2)+2;
d=power2(a,n-1,n);
if (d!=1)
    return 0;
else
    return 1;
}
```

当算法 prime 返回 0 时,整数 n 一定是一个合数;而当返回值为 1 时,整数 n 在高概率意义下是一个素数。仍然可能存在合数 n,对于随机选取的基数 a,算法返回 1。但对于上述算法的深入分析表明,当 n 充分大时,这样的基数 a 不超过(n−9)/4 个。

算法 prime 是一个偏假 3/4 正确的蒙特卡罗算法,其错误概率可通过多次重复调用而迅速降低,分析计算得到算法的错误概率不超过 $\left(\dfrac{1}{4}\right)^k$,这是一个很保守的估计,实际使用的效果要好得多。

重复调用 prime 算法 k 次的蒙特卡罗算法 primeMC 可描述如下:

```
int primeMC(int n,int k)
{
    //重复 k 次调用算法 prime
    for (int i=1;i<=k;i++)
        if (prime(n))
            return 1;
    return 0;
}
```

或者重复调用 power2 算法 k 次的蒙特卡罗算法 primeMC2 可描述如下:

```
int primeMC2(int n,int k)              //重复 k 次调用算法 power2
{
    //素数测试的蒙特卡罗算法
    long a;
    int d;
    if (n==2)
        return 1;
    for(int i=1;i<=k;i++)
    {
```

```
        a=rand()%(n-2)+2;
        d=power2(a,n-1,n);
        if (d!=1)
            return 0;
    }
    return 1;
}
```

蒙特卡罗算法是非完美算法的依据。非完美算法是什么？它包括抽样测试法、随机化贪心（随机与贪心结合）、部分忽略法等。非完美算法复杂度低，空间和时间效率高，但准确性低一些。

7.4　拉斯维加斯算法

假如有一把锁和 100 把钥匙，只有其中一把钥匙能打开该锁。每次随机拿一把钥匙去试，打不开就再换一把，试的次数越多，打开（找到最优解）的机会就越大，但在打开之前，那些错的钥匙都是没有用的。这种试钥匙的算法，就是拉斯维加斯算法。拉斯维加斯算法就是每次采样尽量找最好的，但不保证能找到，采样越多，就越有机会找到最优解。

拉斯维加斯算法能显著地改进算法的有效性，甚至对于某些迄今为止找不到有效算法的问题，也能得到满意结果。拉斯维加斯算法的一个显著特征是其所做的随机性决策有可能导致算法找不到所需的解。因此，通常将拉斯维加斯算法表示为 boolean 型，若算法未能找到一个解时，可对同一个实例再次独立调用相同的算法。

设 $p(x)$ 是对输入 x 调用拉斯维加斯算法获得问题的一个解的概率，$t(x)$ 是算法 obstinate 找到具体实例 x 的一个解所需的平均时间，$s(x)$ 和 $e(x)$ 分别是算法对于具体实例 x 求解成功或求解失败所需的平均时间，则有：

$$t(x)=p(x)s(x)+(1-p(x))(e(x)+t(x))$$

解此方程可得：

$$t(x)=s(x)+\frac{1-p(x)}{p(x)}e(x)$$

7.4.1　n 皇后问题

拉斯维加斯算法的一个简单应用是结合深度优先搜索 DFS 求解 n 较大（如 n＝100）时的 n 皇后问题，即前几行选择用随机法放置皇后，剩下的选择用回溯法解决。

对于 n 皇后问题的任何一个解而言，每个皇后在棋盘上的位置无任何规律，不具有系统性，而更像是随机放置的，因此可以应用拉斯维加斯算法。

n 皇后问题描述：在 n×n 的棋盘上，放上 n 个皇后，按国际象棋规则，没有任何两个皇后会互相攻击。要求打印出其中一种摆放的方法，并考虑 n 较大（如 n＝100）时程序得到答案的速度问题。

标准的拉斯维加斯算法：在棋盘上相继的各行中随机地放置皇后，并注意使新放置的皇后与已放置的皇后互不攻击,直至 n 个皇后均已相容地放置好,或已没有下一个皇后的可放置位置时为止。算法每次运行的时间都不一样。用拉斯维加斯算法除非找不到解,如果找到,答案就一定是正确的。其特点是:当无法继续往下摆放时,就从头重新开始。

n 皇后问题的拉斯维加斯算法 C++实现代码如下:

```
#define  N 8
static int n=N;                        //皇后个数
static int x[N+1];                     //数组 x 存储 n 皇后问题的解
int place(int k)                       //测试皇后 k 置于第 x[k]列的合法性
{
    for (int j =1; j < k; j++)
        if (fabs(k -j) ==fabs(x[k] -x[j]) || x[k] ==x[j])
            return 0;
    return 1;
}

int queensLV()                         //随机放置 n 个皇后的拉斯维加斯算法
{
    int k=1;                           //下一个放置的皇后编号
    int count=1;
    srand((unsigned int)time(0));
    while ((k<=n)&&(count>0))
    {
        count=0;
        int j =0;
        for (int i=1;i<=n;i++)
        {
            x[k]=i;
            if (place(k))
                if (rand()%(++count)==0)
                    j=i;               //随机位置
        }
        if (count>0)
            x[k++]=j;
    }
    return(count>0);                   //count>0 表示放置成功
}

void nQueen()
{
    int x[N+1];
    for (int i =1; i <=n; i++)
```

```
        x[i]=0;                        //初始化 x
    while (!queensLV());               //反复调用拉斯维加斯算法,直到放置成功
}
int main()
{
    nQueen();
    for (int i =1; i <=n; i ++)
        cout<<x[i]<<"\t";
    return 0;
}
```

运行结果如图 7-18 所示。

图 7-18　8 皇后问题的一种解

也可以用 Java 实现 n 皇后问题的拉斯维加斯算法,Java 实现代码如下:

```
public class LVQueen
{
    static Random rnd;                 //随机数产生器
    static int n=8;                    //皇后个数
    static int[] x;                    //数组 x 存储 n 皇后问题的解
    private static boolean place(int k)  //测试皇后 k 置于第 x[k]列的合法性
    {
        for (int j =1; j < k; j++)
            if (Math.abs(k -j) ==Math.abs(x[k] -x[j]) || x[k] ==x[j])
                return false;
        return true;
    }

    public static boolean queensLV()    //随机放置 n 个皇后的拉斯维加斯算法
    {
        rnd =new Random();             //初始化随机数
        int k=1;                       //下一个放置的皇后编号
        int count=1;
        while ((k<=n) &&(count>0))
        {
            count=0;
            int j =0;
            for (int i=1;i<=n;i++)
            {
```

```
            x[k]=i;
            if (place(k))
                if (rnd.Random(++count)==0)
                    j=i;                        //随机位置
        }
        if (count>0)
            x[k++]=j;
    }
    return(count>0);                        //count>0 表示放置成功
}

public static void nQueen()
{
    x =new int[n+1];
    for (int i =1; i <=n; i++)
        x[i]=0;                             //初始化 x
    while(!queensLV());                     //反复调用拉斯维加斯算法，直到放置成功
}

public static void main(String[] args)
{
    rnd.nQueen();                           /* * 调用 nQueen() * /
    for (int i =1; i <=n; i++)
        System.out.print(x[i]+"\t"); /* * 输出 n 皇后问题的解 * /
    }
}
```

　　如果将随机放置策略与回溯法相结合,可能会获得更好的效果。可以先在棋盘的若干行中随机地放置皇后,然后在后继行中用回溯法继续放置,无论在哪一行受阻无法摆放,第 1 次受阻后退 1 行继续摆;第 2 次受阻后退 2 行继续摆;以此类推,直至找到一个解或宣告失败。随机放置的皇后越多,后继回溯搜索所需的时间就越少,但失败的概率也越大。

　　优化后算法用 Java 实现如下:

```
public class LVQueenoptimal
{
    static Random rnd;                      //随机数产生器
    static int n=8;                         //皇后个数
    static int[] x;                         //数组 x 存储 n 皇后问题的解
    static int[] y;
```

```
private static boolean place(int k)    //在数组 a 中选择第 k 小的数
{
    for (int j =1; j < k; j++)
        if (Math.abs(k -j) ==Math.abs(x[k] -x[j]) || x[k] ==x[j])
            return false;
    return true;
}

public static void backtrack(int t)    //回溯法
{
    if (t>n)
    {
        for (int i=1;i<=n;i++)
            y[i]=x[i];
        return;
    }
    else
        for (int i=1;i<=n;i++)
        {
            x[t]=i;
            if(place(t))
                backtrack(t+1);
        }
}

//随机放置 stop 个皇后的拉斯维加斯算法
public static boolean queensLV(int stop)
{
    rnd =new Random();               //初始化随机数
    int k=1;                         //下一个放置的皇后编号
    int count=1;
    while ((k<=stop)&&(count>0))      //允许随机放置的皇后数 stop
    {
        count=0;
        int j =0;
        for (int i=1;i<=n;i++)
        {
            x[k]=i;
            if (place(k))
                if (rnd.Random(++count)==0)
                    j=i;                 //随机位置
        }
        if (count>0)
```

```
            x[k++]=j;
        }
        return(count>0);                    //count>0 表示放置成功
    }


    public static void nQueen(int stop)
    {
        x =new int[n+1];
        y =new int[n+1];
        for (int i =1; i <=n; i++)
        {
            x[i] =0;
            y[i] =0;
        } //初始化 x
        while(!queensLV(stop));//反复调用拉斯维加斯算法,直到放置成功
        backtrack(stop +1);                  //回溯搜索
    }
}
```

优化后算法的 C++实现,请读者自行完成。

用上述算法解 8 皇后问题时,关于不同的 stop 值,表 7-2 列出算法成功的概率 p,一次成功搜索访问的平均结点数 s,一次不成功搜索访问的平均结点数 e,以及反复调用算法后最终找到一个解所访问的平均结点数 $t＝s＋(1－p)e/p$。

表 7-2　解 8 皇后问题的拉斯维加斯算法中不同 **stop** 值所相应的算法效率

stop	p	s	e	t
0	1.0000	114.00	—	114.00
1	1.0000	39.63	—	39.63
2	0.8750	22.53	39.67	28.20
3	0.4931	13.48	15.10	29.01
4	0.2618	10.31	8.79	35.10
5	0.1624	9.33	7.29	46.92
6	0.1375	9.05	6.98	53.50
7	0.1293	9.00	6.97	55.93
8	0.1293	9.00	6.97	55.93

stop＝0 相应于完全使用回溯法的情形。

表 7-3 列出解 12 皇后问题的拉斯维加斯算法中不同 stop 值所相应的算法效率,显然 stop＝5 时,算法效率较高。

表 7-3 解 12 皇后问题的拉斯维加斯算法中不同 stop 值所相应的算法效率

stop	p	s	e	t
0	1.0000	262.00	—	262.00
5	0.5039	33.88	47.23	80.39
12	0.0465	13.00	10.20	222.11

7.4.2 整数因子分解

设 n>1 是一个整数。关于整数 n 的因子分解问题是找出 n 的如下形式的唯一分解式：

$$n = p_1^{m_1} p_2^{m_2} \cdots p_k^{m_k}$$

其中，$p_1 < p_2 < \cdots < p_k$ 是 k 个素数，$m_1, m_2, \cdots, m_k$ 是 k 个正整数。

如果 n 是一个合数，则 n 必有一个非平凡因子 x，$1 < x < n$，使得 x 可以整除 n。

```
private static int split(int n)
{
    int m = (int) Math.floor(Math.sqrt((double)n));
    for (int i=2; i<=m; i++)
        if (n%i==0)
            return i;
    return 1;
}
```

事实上，算法 split(n) 是对 $1 \sim \sqrt{n}$ 的所有整数进行了试除而得到范围在 $1 \sim n$ 的任一整数的因子分割。在最坏情况下，算法 split(n) 所需的计算时间为 $\Omega(\sqrt{n})$。对于正整数 n，设其位数为 $m = \lceil \log_{10}(1+n) \rceil$，由 $\sqrt{n} = \theta(10^{m/2})$ 知，算法 split(n) 是关于 m 的指数时间算法。当 n 较大时，上述算法无法在可接受的时间内完成因子分割任务。

整数 n 的因子分割的拉斯维加斯算法是由 Pollard 提出的，该算法的效率比算法 split(n) 有较大的提高。

Pollard 算法在开始时选取 $0 \sim n-1$ 内的随机数 x_1，然后递归地由

$$x_i = (x_{i-1}^2 - 1) \bmod n$$

产生无穷序列 $x_1, x_2, \cdots, x_k, \cdots$。

对于 $i = 2^k, k = 0, 1, \cdots,$ 以及 $2^k < j \leqslant 2^{k+1}$，算法计算出 $x_j - x_i$ 与 n 的最大公因子 $d = \gcd(x_j - x_i, n)$。如果 d 是 n 的非平凡因子，则实现对 n 的一次分割，算法输出 n 的因子 d。

pollard 算法如下：

```
private static void pollard(int n)        //整数 n 因子分割的拉斯维加斯算法
{
```

188

```
    rnd =new Random();                    //初始化随机数
    int i=1;
    int x=rnd.Random(n);
    int y=x;
    int k=2;

    while (true)
    {
        i++;
        x=(x * x-1)%n;
        int d =gcd(y-x,n);                //求 n 的非平凡因子
        if ((d>1)&&(d<n))
            System.out.println(d+"\t");
        if (i==k)
        {
            y=x;
            k * =2;
        }
    }
}
```

对 pollard 算法更深入的分析可知,执行算法的 while 循环约 $\sqrt{p}$ 次后,pollard 算法会输出 n 的一个因子 p。由于 n 的最小素因子 $p \leqslant \sqrt{n}$,故 pollard 算法可在 $O(n^{1/4})$ 时间内找到 n 的一个素因子。

7.5　舍伍德算法

舍伍德(Sherwood)算法用于求解问题的正确解,并总能求得一个解。它可以消除或减少问题的好坏实例间的算法复杂性的较大差别,但并不提高平均性能,也不是刻意避免算法的最坏情况行为。

线性时间选择算法和快速排序算法的随机化版本就是舍伍德型概率算法。例如,对于快速排序算法,当输入的数据均匀分布时,其平均时间复杂度为 $O(nlogn)$。而当输入已几乎排好序时,这个时间界就不再成立。在这种情况下,通常可采用舍伍德算法来消除算法所需计算时间与输入实例间的这种联系。

设 A 是一个确定性算法,当它的输入实例为 x 时所需的计算时间记为 $tA(x)$。设 Xn 是算法 A 的输入规模为 n 的实例的全体,则当问题的输入规模为 n 时,算法 A 所需的平均时间为

$$\bar{t}_A(n) = \frac{1}{|X_n|} \sum_{x \in X_n} t_A(x)$$

这显然不能排除存在 $x \in X_n$,使得 $t_A(x) \gg \bar{t}_A(n)$ 的可能性。希望获得一个概率算

法 B,使得对问题的输入规模为 n 的每一个实例 $x \in X_n$ 均有 $t_B(x) = \bar{t}_A(n) + s(n)$,这就是舍伍德算法设计的基本思想。当 $s(n)$ 与 $\bar{t}_A(n)$ 相比可忽略时,舍伍德算法可获得很好的平均性能。

7.5.1　线性时间选择算法

线性时间选择算法和快速排序算法的随机化版本就是舍伍德型概率算法。这两个算法的核心都在于选择合适的划分基准。

对于选择问题,用拟中位数作为划分基准可以保证在最坏情况下用线性时间完成选择。但如果只简单地选取第一个元素作为划分基准,则算法的平均性能较好,而在最坏情况下需要 $O(n^2)$ 计算时间。

舍伍德型选择算法随机地选择一个数组元素作为划分基准,既保证了算法的线性时间平均性能,又避免了计算拟中位数的麻烦。

非递归的舍伍德型选择算法可描述如下:

```java
//在数组 a 中选择第 k 小的元素
public static Comparable select(Comparable[]a,int k)
{
    if (k<1||k>a.length)
        throw new IllegalArgumentException("k 介于和 a.length 之间");
    MyMath.swap(a,a.length,MyMath.max(a,a.length-1));  //将最大元移至右端
    int l=0;
    int r=a.length-1;
    rnd=new Random();
    while (true)
    {
        if (l>=r)
            return a[l];
        int i=l;
        int j=l+rnd.Random(r-l);              //随机选择的划分基准
        MyMath.swap(a,i,j);
        j=r+1;
        Comparable pivot=a[l];
        //以划分基准为轴作元素交换
        while(true)
        {
            while(a[++i].compareTo(pivot)<0);
             while(a[--j].compareTo(pivot)>0);
             if(i>=j)
               break;
```

```
            MyMath.swap(a,i,j);           //交换 a[i]和 a[j]
        }
      if(j-l+1==k)
        return pivot;
      a[l]=a[j];
      a[j]=pivot;
    //对子数组重复划分过程
      if(j-l+1<k)
      {
          k=k-j+l-1;
          l=j+1;
      }
      else
          r=j-1;
    }
  }
```

由于算法 select 所产生的划分基准是随机的。设 $T(n)$ 是算法 select 作用于一个含有 n 个元素的输入数组上所需的期望时间的一个上界，$T(n)$ 是单调递增的。在最坏情况下，第 k 小的元素总是被划分在较大的数组中。

$$T(n) \leqslant \frac{1}{n}(T(1) + T(n-1) + \sum_{q=1}^{n-1}(T(q) + T(q-q))) + \theta(n)$$

$$T(n) \leqslant \frac{1}{n}(T(\max(1,n-1)) + \sum_{i=1}^{n-1}T(\max(i,n-i))) + O(n)$$

$$T(n) \leqslant \frac{1}{n}(T(n-1) + 2\sum_{i=1}^{n/2}T(i)) + O(n)$$

$$T(n) = \frac{2}{n}\sum_{i=1}^{n/2}T(i) + O(n)$$

解得 $T(n) = O(n)$

这表明，非递归的舍伍德型选择算法 select 可以在 $O(n)$ 平均时间内找出 n 个输入元素中的第 k 小元素。

上述舍伍德型选择算法对确定型选择算法所做的修改非常简单又易于实现。对于舍伍德型快速排序算法，分析是类似的。但有时也会遇到这样的情况，即所给的确定性算法无法直接改造成舍伍德型算法。此时可借助于随机预处理技术，不改变原有的确定性算法，仅对其输入进行随机洗牌，同样可收到舍伍德算法的效果。例如，对于确定性选择算法，可以用下面的洗牌算法 shuffle 将数组 a 中元素随机排列，然后用确定性选择算法求解。这样做所收到的效果与舍伍德型算法的效果是一样的。

```
public static void shuffle(Comparable []a, int n)
{    //随机洗牌算法
```

```
    rnd = new Random();
    for (int i=0;i<n;i++)
    {
        int j=rnd.Random(n-i)+i;
        MyMath.swap(a, i, j);
    }
}
```

7.5.2　跳跃表

舍伍德型算法的设计思想还可用于设计高效的数据结构,跳跃表就是一个例子。如果用有序链表来表示一个含有 n 个元素的有序集 S,则在最坏情况下,搜索 S 中一个元素需要 $\Omega(n)$ 计算时间。

提高有序链表效率的一个技巧是在有序链表的部分结点处增设附加指针,以提高其搜索性能。在增设附加指针的有序链表中搜索一个元素时,可借助于附加指针跳过链表中若干结点,加快搜索速度。这种增加了向前附加指针的有序链表称为跳跃表,如图 7-19 所示。

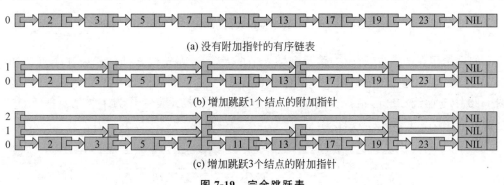

(a) 没有附加指针的有序链表

(b) 增加跳跃1个结点的附加指针

(c) 增加跳跃3个结点的附加指针

图 7-19　完全跳跃表

应在跳跃表的哪些结点增加附加指针以及在该结点处应增加多少指针完全采用随机化方法来确定。这使得跳跃表可在 O(logn) 平均时间内支持关于有序集的搜索、插入和删除等运算。

在跳跃表中,如果一个结点有 k+1 个指针,则称此结点为一个 k 级结点。

以图 7-19(c)中的跳跃表为例,来看如何在该跳跃表中搜索元素 8。利用 2 级指针搜索该跳跃表的 2 级结点发现元素 8 位于结点 7 和结点 19 之间。此时在结点 7 处降至 1 级指针继续搜索,发现元素 8 位于结点 7 和结点 13 之间。此时在结点 7 处降至 0 级指针继续搜索,发现元素 8 位于结点 7 和结点 11 之间,从而知道元素 8 不在所搜索的集合 S 中。

在一般情况下,给定一个含有 n 个元素的有序链表,可以将它改造成一个完全跳跃表,使得每一个 k 级结点含有 k+1 个指针,分别跳过 $2^k-1,2^{k-1}-1,\cdots,2^0-1$ 个中间结点。第 i 个 k 级结点安排在跳跃表的位置 $i2^k$ 处,$i \geq 0$,这样就可以在时间 O(logn) 内完成集合成员的搜索运算。在一个完全跳跃表中,最高级的结点是 $\lceil logn \rceil$ 级结点。

完全跳跃表与完全二叉搜索树的情形非常类似。它虽然可以有效地支持成员搜索运算，但不适应于集合动态变化的情况。集合元素的插入和删除运算会破坏完全跳跃表原有的平衡状态，影响后继元素搜索的效率。

为了在动态变化中维持跳跃表中附加指针的平衡性，必须使跳跃表中 k 级结点数维持在总结点数的一定比例范围内。注意到在一个完全跳跃表中，50％的指针是 0 级指针；25％的指针是 1 级指针；……；$(100/2^{k+1})$％的指针是 k 级指针。因此，在插入一个元素时，以概率 1/2 引入一个 0 级结点，以概率 1/4 引入一个 1 级结点，……，以概率 $1/2^{k+1}$ 引入一个 k 级结点。另外，一个 i 级结点指向下一个同级或更高级的结点，它所跳过的结点数不再准确地维持在 $2^i - 1$。经过这样的修改，就可以在插入或删除一个元素时，通过对跳跃表的局部修改来维持其平衡性。跳跃表中结点的级别在插入时确定，一旦确定便不再更改。

遵循上述原则的跳跃表如图 7-20 所示。

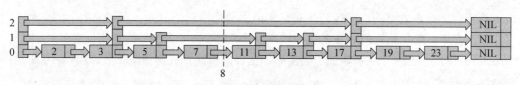

图 7-20 跳跃表的示例图

如果希望在图 7-20 所示的跳跃表插入一个元素 8，则先搜索其位置应在结点 7 和结点 11 之间，并以随机的方式确定该新结点的级别。若元素 8 作为 2 级结点插入，应调整图 7-20 中与虚线相交的指针为图 7-21(a)所示结果。若元素 8 作为 1 级结点插入，应调整指针为图 7-21(b)所示结果。

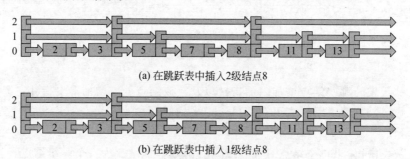

(a) 在跳跃表中插入2级结点8

(b) 在跳跃表中插入1级结点8

图 7-21 在跳跃表中插入新结点

在上述算法中，一个关键的问题是如何随机地生成新插入结点的级别。注意到，在一个完全跳跃表中，具有 i 级指针的结点中有一半同时具有 i+1 级指针。为了维持跳跃表的平衡性，可以事先确定一个实数 0＜p＜1，并要求在跳跃表中维持具有 i 级指针同时具有 i+1 级指针的结点的比例约为 p。跳跃表的具体实现细节有兴趣的读者请自行完成。

习 题 7

一、选择题

1.舍伍德算法总能求得问题的(　　　)。

　　(A) 一个解　　　　　(B) 所有解　　　　(C) 正确解　　　　(D) 不保证正确

2.拉斯维加斯算法找到的解一定是(　　　)。

　　(A) 一个解　　　　　(B) 所有解　　　　(C) 正确解　　　　(D) 不保证正确

3.利用概率的性质计算近似值的随机算法是数值概率算法,运行时以一定的概率得到正确解的随机算法是(　　　)。

　　(A) 蒙特卡罗算法　　　　　　　　　(B) 数值概率算法

　　(C) 舍伍德算法　　　　　　　　　　(D) 拉斯维加斯算法

4.舍伍德算法是(　　　)的一种。

　　(A) 分支界限算法　　(B) 概率算法　　　(C) 贪心算法　　　(D) 回溯算法

5.下列(　　　)是随机化算法。

　　(A) 贪心算法　　　　(B) 回溯法　　　　(C) 动态规划算法　(D) 舍伍德算法

6.拉斯维加斯算法是(　　　)的一种。

　　(A) 分支界限算法　　(B) 概率算法　　　(C) 贪心算法　　　(D) 回溯算法

7.在下列算法中,得到的解未必正确的是(　　　)。

　　(A) 数值概率算法　　　　　　　　　(B) 蒙特卡罗算法

　　(C) 拉斯维加斯算法　　　　　　　　(D) 舍伍德算法

8.在下列算法中,有时找不到问题解的是(　　　)。

　　(A) 数值概率算法　　　　　　　　　(B) 蒙特卡罗算法

　　(C) 拉斯维加斯算法　　　　　　　　(D) 舍伍德算法

9.下列随机算法中,运行时有时候成功有时候失败的是(　　　)。

　　(A) 数值概率算法　　　　　　　　　(B) 蒙特卡罗算法

　　(C) 拉斯维加斯算法　　　　　　　　(D) 舍伍德算法

10.舍伍德算法是一种常用的(　　　)算法。

　　(A) 确定性　　　　　(B) 近似　　　　　(C) 概率　　　　　(D) 加密

二、填空题

1.数值概率算法常用于求数值问题的_____。

2.利用概率的性质计算近似值的随机算法是_____,运行时以一定的概率得到正确解的随机算法是_____。

3.拉斯维加斯算法找到的解一定是_____。

4._____算法总能求得问题的一个解。

5._____算法用于求问题的准确解,但无法有效判断得到的解是否肯定正确。

6._____算法不会得到不正确的解,但可能找不到解。

7.如果问题要求在有限采样内,必须给出一个解,但不要求是最优解,则适合的算法是_____。

8. 如果问题要求必须给出最优解,但对采样没有限制,则适合的算法是_____。

9. AlphaGo 程序是美国谷歌公司旗下 DeepMind 团队开发的一款人机对弈的围棋程序,其涉及的随机算法是_____。

10. pollard 算法可在 O(_____)时间内找到 n 的一个素因子。

三、简答题

1. 概率算法大致分为哪几类?

2. 举例说明蒙特卡罗算法和拉斯维加斯算法的异同之处。

四、算法应用

1. 分别用随机投点法和平均值法计算定积分 $p = \int_0^1 \frac{e^x - 1}{e - 1} dx$。当投掷次数 n = 1000、10 000、100 000 时,对每一个 n 重复做 10 次,计算结果取 10 次的平均值。

2. 分别用随机投点法和平均值法计算定积分 $q = \int_{-1}^1 e^x dx$。当投掷次数 n = 1000、10 000、100 000 时,对每一个 n 重复做 10 次,计算结果取 10 次的平均值。

3. 用 $pi = 4 \int_0^1 \sqrt{1 - x^2} dx$ 估计 π 值。

4. 利用随机搜索算法解二阶非线性方程组,取初始值 $(x_0, y_0) = (1, -1.7)$。
$$\begin{cases} f_1(x, y) = 4 - x^2 - y^2 = 0 \\ f_2(x, y) = 1 - e^x - y = 0 \end{cases}$$

5. 利用随机搜索算法解二阶非线性方程组
$$\begin{cases} f_1(x, y) = x^2 + y^2 - 5 = 0 \\ f_2(x, y) = (x + 1)y - (3x + 1) = 0 \end{cases}$$

第 8 章

实 验 指 导

实验 1　分治法上机实验

一、实验目的

（1）掌握分治法的问题描述、算法设计思想、程序设计和算法复杂性分析等。

（2）掌握棋盘覆盖问题、合并排序问题、快速排序问题、循环赛日程表安排、最大子段和问题等的分治法设计。

（3）掌握用 Java 或 C/C++语言进行算法实现。

二、实验环境

装有 Eclipse 并配好 Java 运行环境的计算机，或者装有 VC++/Dev C++的计算机。

三、实验内容

从以下实验中任选两个实验任务，完成分治法算法实现，给出完整的算法实现的 Java/C/C++代码，以及测试数据运行结果。

实验 1-1.棋盘覆盖问题的分治法设计。

实验 1-2.合并排序问题的分治法设计。

实验 1-3.快速排序问题的分治法设计。

实验 1-4.循环赛日程表安排的分治法设计。

实验 1-5.最大子段和问题的分治法设计。

实验 1-6.其他自选问题的分治法设计（自选完成）。

实验 1-1　棋盘覆盖问题的分治法设计

1. 问题描述

残缺棋盘是一个有 $2^k \times 2^k$ 个方格的棋盘，其中恰有一个方格残缺。对于任意 k，恰好存在 4^k 种不同的残缺棋盘。残缺棋盘的问题要求用 L 型骨牌覆盖残缺棋盘。在此覆盖中，两个 L 型骨牌不能重叠，L 型骨牌也不能覆盖残缺方格，但必须覆盖其他所有的方格。

2. 算法分析

使用分治法解决残缺棋盘问题，将覆盖 $2^k \times 2^k$ 残缺棋盘的问题转化为覆盖较小残缺棋盘的问题。$2^k \times 2^k$ 棋盘可以划分为 4 个 $2^{k-1} \times 2^{k-1}$ 棋盘。注意到当完成这种划分后，4 个小棋盘中仅仅有一个棋盘存在残缺方格。首先覆盖其中包含残缺方格的 $2^{k-1} \times 2^{k-1}$ 残缺棋盘，然后通过将一个 L 型骨牌放在由这 3 个小棋盘形成的角上，把剩下的 3

个小棋盘转变为残缺棋盘。采用这种分割技术递归地覆盖 $2^k \times 2^k$ 残缺棋盘。当棋盘的大小减为 1×1 时,递归过程终止。此时 1×1 的棋盘中仅仅包含一个方格且此方格残缺,所以无须放置 L 型骨牌。

3. 算法实现关键代码

```
//定义了一个全局的二维整数数组变量 Board 来表示棋盘
//Board[0][0]表示棋盘中左上角的方格
//定义了一个全局整数变量 tile,其初始值为 0
//形参 tr 是棋盘中左上角方格所在行,tc 是棋盘中左上角方格所在列;
//dr 是残缺方块所在行;dc 是残缺方块所在列
//size 棋盘的行数或列数,size =2 的 k 次方
//函数调用格式为 ChessBoard(0,0, dr, dc,size)
//覆盖残缺棋盘的算法实现关键代码
int title=0;
int Board[8][8]=0;
void ChessBoard (int tr, int tc, int dr, int dc, int size)
{
    // 覆盖残缺棋盘
    if (size ==1)
        return;
    int t =tile++;                          // 所使用的三格板的数目
    int s =size/2;                          // 象限大小

    //覆盖左上象限
    if (dr <tr +s && dc <tc +s)
        ChessBoard (tr, tc, dr, dc, s);     // 残缺方格位于本象限
    else
    {
        //本象限中没有残缺方格,把三格板 t 放在右下角
        Board[tr +s -1][tc +s -1] =t;
        ChessBoard (tr, tc, tr+s-1, tc+s-1, s);    // 覆盖其余部分
    }

    //覆盖右上象限
    if (dr <tr +s && dc >=tc +s)
        ChessBoard (tr, tc+s, dr, dc, s);
    else
    {
        //本象限中没有残缺方格,把三格板 t 放在左下角
        Board[tr +s -1][tc +s] =t;
```

```
            ChessBoard (tr, tc+s, tr+s-1, tc+s, s);
        }

        //覆盖左下象限
        if (dr >=tr +s && dc <tc +s)
            ChessBoard (tr+s, tc, dr, dc, s);
        else
        {
            Board[tr +s][tc +s -1] =t;          // 把三格板 t 放在右上角
            ChessBoard (tr+s, tc, tr+s, tc+s-1, s);
        }

        // 覆盖右下象限
        if (dr >=tr +s && dc >=tc +s)
            ChessBoard (tr+s, tc+s, dr, dc, s);
        else
        {
            Board[tr +s][tc +s] =t;             // 把三格板 t 放在左上角
            ChessBoard (tr+s, tc+s, tr+s, tc+s, s);
        }
    }
}
void OutputBoard(int size)
{
    for (int i =0; i <size; i++)
    {
        for (int j =0; j <size; j++)
            cout <<setw (5) <<Board[i][j];
        cout <<endl;
    }
}
```

4. 实验结果分析

略。

5. 实验总结

略。

实验 1-2　利用分治法实现合并排序

1. 问题描述

给定 n 个数据,将待排序元素分成大小大致相同的两个子集,分别对两个子集排序,最终将排好序的子集合并。二路归并排序是将两个有序表合并为一个有序表。

使用分治法和二路归并算法,根据不同的随机数规模和数量,能准确地输出通过二路归并排序后的数组,并计算出程序运行所需要的时间。

实验要求如下:

a. 先输入随机数组的长度和规模,产生一个随机数组。

b. 计时开始,调用排序函数。

c. 输出排序后的数组,输出算法花费的时间。

d. 比较在同样数据规模的情况下,不加入随机化过程和加入随机化过程的运行时间。

2. 算法分析

设 $c[l:r]$ 由两个有序子表 $c[l:m]$ 和 $c[m+1:r]$ 组成,两个子表长度分别为 $m-l+1$、$r-m$。合并方法为:

Step 1. $i=l,j=m+1,k=l;i<=m$ //置两个子表的起始下标及辅助数组的起始下标。

Step 2.若 $i>m$ 或 $j>r$,转(4) //其中一个子表已合并完,比较选取结束

Step 3.选取 $c[i]$ 和 $c[j]$ 较小的存入辅助数组 d:

　　　　如果 $c[i]<c[j]$,$d[k]=c[i]$; $i++$; $k++$; 转 b;

　　　　否则,$d[k]=c[j]$; $j++$; $k++$; 转 Step 2。

Step 4.将尚未处理完的子表中元素存入 d:

　　　　如果 $i<=m$,将 $c[i..m]$ 存入 $d[k..r]$ //前一子表非空

　　　　如果 $j<=r$,将 $c[j..r]$ 存入 $df[k..r]$ //后一子表非空

Step 5.合并结束。

3. 算法实现关键代码

```
//二路归并的递归算法
void MergeSort(int a[ ],int b[ ],int left,int right)
{
    if (left==right)
        b[left]=a[left];
    else
    {
    i=(left +right)/2;                    //平分 a 表
    //递归地将 a[left..i]归并为有序的 b[left..i]
    MergeSort(a,b, left,i);
    //递归地将 a[i+1..right]归并为有序的 b[i+1..right]
    MergeSort(a,b, i+1,right);
    //将 b[left..i]和 b[i+1..right]归并到 a[left..right ]
    Merge(b,a,left,i+1,right);
```

```
        }
    }

    //算法 Merge 合并两个排好序的数组段到另一个数组中,可在 O(n)时间内完成
    void Merge(int c[],int d[],int l,int m,int r)
    {
        for(i=l,j=m+1,k=l;i<=m&&j<=r;k++)
            if(c[i]<=c[j])
                d[k]=c[i++];
            else
                d[k]=c[j++];
        if(i>m)
            for(int q=j;q<=r;q++)
                d[k++]=c[q];
        else for(int q=i;q<=m;q++)
            d[k++]=c[q];
    }


    //二路归并的迭代算法如下:
    void MergeSort(int a[ ],int b[ ])
    {
        //对 a 表归并排序,b 为与 a 表等长的辅助数组
        int * q1, * q2;
        q1=b;q2=a;
        for(len=1;len<n;len=2 * len)                //从 b 归并到 a
        {
            for(i=1;i+2 * len-1<=n;i=i+2 * len)
                Merge(b,a,i,i+len,i+2 * len-1);     //对等长的两个子表合并
            if(i+len-1<n)
                Merge(b,a,i,i+len,n);               //对不等长的两个子表合并
            else if(i<=n) while(i<=n)
                q1[i]=q2[i];                        //若还剩下一个子表,则直接传入
            q1<-->q2;                               //交换,以保证下一趟归并时,仍从 q2 归并到 q1
            if(q1!=a)
                for(i=1;i<=n;i++)
                    a[i]=q1[i];                     //若最终结果不在 a 表中,则传入 a
        }
    }
```

4. 实验结果分析

通过实验更加理解了分治法的策略和递归的调用,了解了二路归并排序的实现。特别是在数据基本有序的情况下,加入随机化过程能够大大提高速度。计算算法运行的时

间和程序运行的时间是不一样的,计算算法运行时间时注意不要计入数据输入的时间。

5. 实验总结

略。

实验 1-3　用分治法实现快速排序算法

1. 问题描述

给定任意几个数据,利用分治法的思想,将数据进行快速排序并将排好的数据进行输出。

2. 算法分析

分治思想:通过一趟排序将要排序的数据分割成独立的两部分,其中一部分的所有数据都比另外一部分的所有数据都要小,然后再按此方法对这两部分数据分别进行快速排序,整个排序过程可以递归进行,以此达到整个数据变成有序序列。

快速排序算法的性能取决于划分的对称性。通过随机地选取支点值,可以期望划分是较对称的,减少了出现极端情况的次数,使得排序的效率提高。

对比几种寻找 pivot 的方法:

(1)选择 a[p∶r]的第一个元素 a[p]的值作为 pivot。

(2)选择 a[p∶r]的最后一个元素 a[r]的值作为 pivot;

(3)选择 a[p∶r]中间位置的元素 a[m]的值作为 pivot;

(4)选择 a[p∶r]的某一个随机位置上的值 a[random(r−p)+p]的值作为 pivot。

按照第 4 种方法随机选择 pivot 的快速排序法,即随机化版本的快速排序法,具有平均情况下最好的性能。通过修改划分函数 Partition,可以设计出采用随机选择策略的快速排序算法。

n 个数据元素被分成三段(组):左段 left,右段 right 和中段 middle。中段仅包含一个元素。左段中各元素都小于或等于中段元素,右段中各元素都大于或等于中段元素。因此 left 和 right 中的元素可以独立排序,并且不必对 left 和 right 的排序结果进行合并。middle 中的元素被称为支点(pivot)。其基本思想是:对于输入的子数组 a[p∶r],如果规模足够小则直接进行排序,否则按以下三个步骤排序:

(1)分解:从 a[p∶r]中选择一个元素 a[q],以该元素为支点,将 a[p∶r]划分成 3 段:a[p∶q−1],a[q]和 a[q+1∶r],使得 a[p∶q−1]中的元素都小于或等于支点,而 a[q+1∶r]中的元素都大于或等于支点。下标 q 在划分过程中确定。

(2)递归求解:通过递归调用快速排序算法分别对 a[p∶q−1]和 a[q+1∶r]进行排序。

(3)合并:由于对分解出的两个子序列 a[p∶q−1]和 a[q+1∶r]的排序是就地进行的,所以在 a[p∶q−1]和 a[q+1∶r]都排好序后,不需要执行任何计算 a[p∶r]就已排好序。

3. 算法实现关键代码

```
//算法 QuickSort 的实现
#define e 12
```

```
void QuickSort(int a[],int p,r)
{
    int q;
    if (r-p<=e)
        InsertSort(a,p,r);
    else
    {
        q=partition(a,p,r);          //将 a[p:r]分解为 a[p:q-1]和 a[q+1:r]两部分
        QuickSort(a,p,q-1);          //递归排序 a[p:q-1]
        QuickSort(a,q+1,r);          //递归排序 a[q+1:r]
    }
}
//函数 Partition 以一个确定的基准元素 a[p]对子数组 a[p:r]进行划分
//通过 RandomizedPartition 函数来产生随机的划分
```

4. 实验结果分析

(1) 较小个数排序序列的结果。

(2) 较大个数排序序列的结果。

(3) 更大个数排序序列的结果。

5. 实验总结

略。

实验 1-4   循环赛日程表安排问题的分治法设计

1. 问题描述

设有 $n=2^k$ 个选手要进行网球循环赛。现要设计一个满足以下三个要求的比赛日程表：

(1) 每个选手必须与其他 $n-1$ 个选手各比赛一次；

(2) 每个选手一天只能参赛一次；

(3) 循环赛在 $n-1$ 天内结束。

按此要求将比赛日程表设计成有 n 行和 $n-1$ 列的一个表。在表中的第 i 行、第 j 列处填入第 i 个选手在第 j 天所遇到的选手，其中 $1\leqslant i\leqslant n,1\leqslant j\leqslant n-1$。

2. 算法分析

按分治策略将所有参赛的选手分为两部分，则 n 个选手的比赛日程表可以通过 $n/2$ 个选手的比赛日程表来决定。递归地用这种一分为二的策略对选手进行划分，直到只剩下两个选手时，只要让这两个选手进行比赛就可以了。

在 8 个选手的比赛日程表中，左上角与左下角的两小块分别为选手 1 至选手 4 和选手 5 至选手 8 前 3 天的比赛日程。据此，将左上角小块中的所有数字按其相对位置抄到右下角，又将左下角小块中的所有数字按其相对位置抄到右上角，这样我们就分别安排好

了选手 1 至选手 4 和选手 5 至选手 8 在后 4 天的比赛日程。依此思想容易将这个比赛日程表推广到具有任意多个选手的情形。

这种解法是把求解 2^k 个选手比赛日程问题划分成依次求解 $2^1, 2^2, \cdots, 2^k$ 个选手的比赛日程问题。

2^k 个选手比赛日程问题是在 2^{k-1} 个选手比赛日程的基础上通过迭代的方法求得的。在每次迭代中,将问题划分为 4 部分:

(1) 左上角:2^{k-1} 个选手在前半程的比赛日程;

(2) 左下角:另 2^{k-1} 个选手在前半程的比赛日程,由左上角加 2^{k-1} 得到;

(3) 右上角:2^{k-1} 个选手在后半程的比赛日程,由左下角直接抄到右上角得到;

(4) 右下角:另 2^{k-1} 个选手在后半程的比赛日程,由左上角直接抄到右下角得到;

算法设计的关键在于寻找这 4 部分之间的对应关系。

3. 算法实现关键代码

```
//循环赛日程表分治算法
void GameTable(int k,int a[][])
{
    int n;
    int i,j,t,temp;
    n=2;
    a[1][1]=1;
    a[1][2]=2;
    a[2][1]=2;
    a[2][2]=1;
    for(t=1;t<k;t++)
    {
        temp=n;
        n=n*2;
        for(i=temp+1;i<=n;i++)
            for(j=1;j<=temp;j++)
                a[i][j]=a[i-temp][j]+temp;
        for(i=1;i<=temp;i++)
            for(j=temp+1;j<=n;j++)
                a[i][j]=a[i+temp][j-temp];
        for(i=temp+1;i<=n;i++)
            for(j=temp+1;j<=n;j++)
                a[i][j]=a[i-temp][j-temp];
    }
}
```

4. 实验结果分析

略。

5. 实验总结

略。

实验 1-5　最大子段和问题的分治法设计

1. 问题描述

给定由 n 个整数(也可以是 n 个浮点数)组成的序列 $\{a1,a2,\cdots,an\}$,其输出是在输入的任何相邻子序列中找出的子段和,表示为 $\sum\limits_{k=i}^{j} a_k$,最大子段和为 $\max\{0, \max\limits_{1\leqslant i\leqslant j\leqslant n}\sum\limits_{k=i}^{j} a_k\}$,例如,$a[] = \{-2,11,-4,13,-5,-2\}$,其最大子段和为 $\sum\limits_{k=2}^{4} a_k = 11 - 4 + 13 = 20$;例如,$x[10] = \{31,-41,59,26,-53,58,97,-93,-23,84\}$,则最大子段和为 $\sum\limits_{k=2}^{6} a_k = 187$。

2. 算法分析

如果向量中所有元素都为正数时,最大子向量和就是整个向量的和;如果所有元素都是负,则最大子向量和就是 0;比较麻烦的就是当向量中的元素正负交替出现。

分析:用分治算法求解最大子段和问题,要求 a[1:n] 的最大子段和,先求出 a[1:n/2] 和 a[n/2:n] 的最大子段和,则 a[1:n] 的最大子段和有 3 种情形:

(1) 与 a[1:n/2] 的最大子段和相同;

(2) 与 a[n/2:n] 的最大子段和相同;

(3) $\sum\limits_{k=i}^{j} a_k = \sum\limits_{k=i}^{n/2} a_k + \sum\limits_{k=n/2+1}^{j} a_k$,令 $s_1 = \max\limits_{1\leqslant i\leqslant \frac{n}{2}}\sum\limits_{k=i}^{n/2} a_k$,$s_2 = \max\limits_{\frac{n}{2}+1\leqslant j\leqslant n}\sum\limits_{k=\frac{n}{2}+1}^{j} a_k$,有 $\max\limits_{1\leqslant i\leqslant j\leqslant n}\sum\limits_{k=i}^{j} a_k = s1 + s2$。

3. 算法实现关键代码

```
int maxsubsum(int a[],int left,int right)
{
    int sum=0,center,lefts,rights,s,s1,s2;
    int i;
    static int m=0;
    if (left==right)
    {
        m++;
        sum=a[left]>0?a[left]:0;
        //printf("\n**sum%d=%-5d",m,sum);
        return(sum);
    }
    center=(left+right)/2;
    lefts=maxsubsum(a,left,center);
    rights=maxsubsum(a,center+1,right);
    s1=0;
```

```
        s=0;
        for (i=center;i>=left;i--)
        {
            s=s+a[i];
            if (s1<s) s1=s;
        }
        s2=0;
        s=0;
        for (i=center+1;i<=right;i++)
        {
            s=s+a[i];
            if (s2<s) s2=s;
        }
        sum=s1+s2;
        if (sum<lefts) sum=lefts;
        if (sum<rights) sum=rights;
        return(sum);
    }
```

4. 实验结果分析

略。

5. 实验总结

略。

实验 2 动态规划法上机实验

一、实验目的

（1）掌握动态规划法的问题描述、算法设计思想、程序设计和算法复杂性分析等。

（2）掌握矩阵连乘问题、最长公共子序列、图像压缩问题、最大子段和问题等的动态规划法设计。

（3）掌握用 Java 或 C/C++语言进行算法实现。

二、实验环境

装有 Eclipse 并配好 Java 运行环境的计算机，或者装有 VC++/Dev C++的计算机。

三、实验内容

从以下实验中任选两个实验任务，完成动态规划法实现，给出完整的算法实现的 Java/C/C++代码，以及测试数据运行结果。

实验 2-1.矩阵连乘问题的动态规划法设计。

实验 2-2.最长公共子序列的动态规划法设计。

实验 2-3.图像压缩问题的动态规划法设计。

实验 2-4.最大子段和等其他自选问题的动态规划法设计（自选完成）。

实验 2-1 矩阵连乘问题的动态规划法设计

1. 矩阵连乘问题描述

给定 n 个矩阵 $\{A_1, A_2, \cdots, A_n\}$,其中 A_i 与 A_i+1 是可乘的,$i=1,2\cdots,n-1$。如何确定计算矩阵连乘的计算次序,使得依此次序计算矩阵连乘需要的数乘次数最少?例如,求表 8-1 所示的 6 个矩阵连乘需要的最少数乘次数。

表 8-1 矩阵大小

A_1	A_2	A_3	A_4	A_5	A_6
30×35	35×15	15×5	5×10	10×20	20×25

2. 算法分析

(1) 最优子结构性质。

将矩阵连乘 $A_i A_{i+1} \ldots A_j$ 简记为 $A[i:j]$,这里 $i \leqslant j$,考察计算 $A[i:j]$ 的最优计算次序。设这个计算次序在矩阵 Ak 和 Ak+1 之间将矩阵链断开,$i \leqslant k < j$,则其相应完全加括号方式为 $(A_i A_{i+1} \ldots A_k)(A_{k+1} A_{k+2} \ldots A_j)$。

计算量是 $A[i:k]$ 的计算量加上 $A[k+1:j]$ 的计算量,再加上 $A[i:k]$ 和 $A[k+1:j]$ 相乘的计算量。

计算 $A[i:j]$ 的最优次序所包含的计算矩阵子链 $A[i:k]$ 和 $A[k+1:j]$ 的次序也是最优的。矩阵连乘计算次序问题的最优解包含着其子问题的最优解。因此,矩阵连乘问题具有最优子结构性质。

(2) 递归计算最优值。

设计算 $A[i:j]$,$1 \leqslant i \leqslant j \leqslant n$,所需要的最少数乘次数 $m[i,j]$,则原问题的最优值为 $m[1,n]$:

当 $i=j$ 时,$A[i:j]=Ai$,因此,$m[i,i]=0$,$i=1,2,\cdots,n$。

当 $i<j$ 时,可以递归地定义 $m[i,j]$ 为:

$$m[i,j] = \begin{cases} 0 & i=j \\ \min_{i \leqslant k < j}\{m[i,k]+m[k+1,j]+p_{i-1}p_k p_j\} & i<j \end{cases}$$

k 的位置只有 $j-i$ 种可能。

对于 $1 \leqslant i \leqslant j \leqslant n$ 不同的有序对 (i,j) 对应于不同的子问题。因此,不同子问题的个数最多只有 $\Theta(n^2)$。由此可见,在递归计算时,许多子问题被重复计算多次。这也是该问题可用动态规划算法求解的又一显著特征。

用动态规划算法解此问题,可依据其递归式以自底向上的方式进行计算。在计算过程中,保存已解决的子问题答案。每个子问题只计算一次,而在后面需要时只要简单查一下,从而避免大量的重复计算,最终得到多项式时间的算法。

(3) 构造最优解。

3. 算法实现关键代码

```
void matrixChain(int p[ ], int m[ ][N] , int s[ ][N])
```

```
{
    int n=p.length-1;
    for (int i =1; i <=n; i++)
        m[i][i] =0;
    for (int r =2; r <=n; r++)
        for (int i =1; i <=n -r+1; i++)
        {
            int j=i+r-1;
            m[i][j] =m[i+1][j]+p[i-1] * p[i] * p[j];
            s[i][j] =i;
            for (int k =i+1; k <j; k++)
            {
                int t =m[i][k] +m[k+1][j] +p[i-1] * p[k] * p[j];
                if (t <m[i][j])
                {
                    m[i][j] =t;
                    s[i][j] =k;
                }
            }
        }
}
```

4. 实验结果及分析

实验结果如图 8-1 所示。

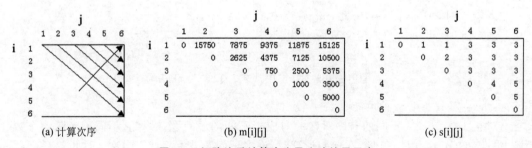

图 8-1 矩阵连乘计算次序及实验结果示意

算法复杂度分析：

算法 MatrixChain 的主要计算量取决于算法中对 r、i 和 k 的 3 重循环。循环体内的计算量为 $O(1)$，而 3 重循环的总次数为 $O(n^3)$。因此算法的计算时间上界为 $O(n^3)$。算法所占用的空间显然为 $O(n^2)$。

5. 实验总结

略。

实验 2-2　最长公共子序列的动态规划法设计

1. 最长公共子序列问题描述

若给定序列 $X=\{x_1, x_2, \cdots, x_m\}$，则另一序列 $Z=\{z_1, z_2, \cdots, z_k\}$，是 X 的子序列是指存在一个严格递增下标序列 $\{i_1, i_2, \cdots, i_k\}$ 使得对于所有 $j=1, 2, \cdots, k$，有 $z_j = x_{i_j}$。例如，序列 $Z=\{B, C, D, B\}$ 是序列 $X=\{A, B, C, B, D, A, B\}$ 的子序列，相应的递增下标序列为 $\{2, 3, 5, 7\}$。

给定 2 个序列 X 和 Y，当另一序列 Z 既是 X 的子序列又是 Y 的子序列时，称 Z 是序列 X 和 Y 的公共子序列。给定 2 个序列 $X=\{x_1, x_2, \cdots, x_m\}$ 和 $Y=\{y_1, y_2, \cdots, y_n\}$，找出 X 和 Y 的最长公共子序列。

2. 算法分析

（1）最优子结构性质。

设序列 $X=\{x_1, x_2, \cdots, x_m\}$ 和 $Y=\{y_1, y_2, \cdots, y_n\}$ 的最长公共子序列为 $Z=\{z_1, z_2, \cdots, z_k\}$，则

- 若 $x_m = y_n$，则 $z_k = x_m = y_n$，且 z_{k-1} 是 x_{m-1} 和 y_{n-1} 的最长公共子序列。
- 若 $x_m \neq y_n$ 且 $z_k \neq x_m$，则 Z 是 x_{m-1} 和 Y 的最长公共子序列。
- 若 $x_m \neq y_n$ 且 $z_k \neq y_n$，则 Z 是 X 和 y_{n-1} 的最长公共子序列。

由此可见，2 个序列的最长公共子序列包含了这 2 个序列的前缀的最长公共子序列。因此，最长公共子序列问题具有最优子结构性质。

（2）递归计算最优值。

由最长公共子序列问题的最优子结构性质建立子问题最优值的递归关系。用 $c[i][j]$ 记录序列和的最长公共子序列的长度。其中，$X_i = \{x_1, x_2, \cdots, x_i\}$；$Y_j = \{y_1, y_2, \cdots, y_j\}$。当 $i=0$ 或 $j=0$ 时，空序列是 X_i 和 Y_j 的最长公共子序列。故此时 $C[i][j]=0$。其他情况下，由最优子结构性质可建立递归关系如下：

$$c[i][j] = \begin{cases} 0 & i=0, j=0 \\ c[i-1][j-1]+1 & i, j>0; x_i=y_j \\ \max\{c[i][j-1], c[i-1][j]\} & i, j>0; x_i \neq y_j \end{cases}$$

由于在所考虑的子问题空间中，总共有 $\Theta(mn)$ 个不同的子问题，因此，用动态规划算法自底向上地计算最优值能提高算法的效率。

3. 算法实现关键代码

见 3.4 节。

4. 实验结果及分析

略。

5. 实验总结

略。

实验 2-3　图像压缩问题的动态规划法设计

1. 图像压缩问题描述

数字化图像是 $d \times d$ 的图像阵列。假定每个像素有 $0 \sim 255$ 的灰度值,则存储一个像素至多需 8 位,总的存储空间至多需 $8d^2$ 位。为了减少存储空间,可采用变长模式,即不同像素用不同位数来存储。

图像的变位压缩存储格式将所给的像素点序列 $\{p_1, p_2, \cdots, p_n\}$, $0 \leqslant pi \leqslant 255$, $n = m^2$ 分割成 d 个连续段 $S_1, S_2, \cdots, S_m$。第 i 个像素段 S_i 中 $(1 \leqslant i \leqslant m)$,有 $l[i]$ 个像素,且该段中每个像素都只用 $b[i]$ 位表示。图像压缩问题要求确定像素序列 $\{P_1, P_2, \cdots P_n\}$ 的一个最优分段,使得依此分段所需的存储空间最少。

例如,考察表 8-2 所示的 4×4 图像:

表 8-2　4×4 图像像素值

10	9	12	40
12	15	35	50
8	10	9	15
240	160	130	11

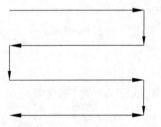

图 8-2　图像线性化的蛇行的行主次序示意

使用变长模式的步骤:

Step1　图像线性化:按图 8-2 所示的蛇行的行主次序,将 $d \times d$ 维图像转换为 $1 \times d^2$ 维矩阵。即按照蛇行的行主次序,灰度值依次为 10,9,12,40,50,35,15,12,8,10,9,15,11,130,160,240,对应的位数为 $[4,4,4]$、$[6,6,6]$、$[4,4,4,4,4,4,4]$、$[8,8,8]$。

Step2　分段:按每段中的像素位数相同的等长条件将像素分段,每个段是相邻像素的集合且每段最多含 256 个像素,若相同位数的像素超过 256 个,则用两个以上的段表示。

本例分为 4 个段:$[10,9,12]$、$[40,50,35]$、$[15,12,8,10,9,15,11]$、$[130,160,240]$。

Step3　创建文件:

第一个文件 SegmentLength 包含 Step2 中所建的段的长度减 1,即 2、2、6、2。

第二个文件 BitsPerPixel 给出了各段中每个像素的存储位数减 1,即 3、5、3、7,各项均为 3 位。

第三个文件 Pixels 则是以变长格式存储的像素的二进制串,包含了按蛇形的行主次序排列的 16 个灰度值,即头三个各用 4 位存储,接下来三个各用 6 位存储,再接下来 7 个各用 4 位存储,最后 3 个各用 8 位存储。

这 3 个文件需要的存储空间为 126 位,分别为:

- 文件 SegmentLength 需 $8 \times 4 = 32$ 位。
- 文件 BitsPerPixel 需 $3 \times 4 = 12$ 位。

- 文件 Pixels 需 $3 \times 4 + 3 \times 6 + 7 \times 4 + 3 \times 8 = 82$ 位。

压缩后的 126 位比压缩前的 128 位节省 2 位。

另外,本例可通过将某些相邻段合并的方式来减少空间消耗。如将第 1、2 段合并,则

- 文件 SegmentLength 为 5、6、2。
- 文件 BitsPerPixel 为 5、3、7。
- 文件 Pixels 中头 6 个灰度值用 6 位存储,其余不变。

总存储空间为 $8 \times 3 + 3 \times 3 + 6 \times 6 + 7 \times 4 + 3 \times 8 = 121$ 位。

此时,文件 SegmentLength 和 BitsPerPixel 的空间消耗减少了 11 位,而文件 Pixels 的空间增加 6 位,于是,节约了 5 位。

2. 算法分析

(1) 最优子结构性质

设 $l[i]$、$b[i](1 \leqslant i \leqslant m)$ 是 $\{P_1, P_2, \cdots, P_n\}$ 的一个最优分段,则 $l[1], b[1]$ 是 $\{P_1, P_2, \cdots, P_l[1]\}$ 的一个最优分段,且 $l[i], b[i](2 \leqslant i \leqslant m)$ 是 $\{P_1[1]+1, P_2, \cdots, P_n\}$ 的一个最优分段。即图像压缩问题满足最优子结构性质。

(2) 递归计算最优值

令 $s[i]$ 为前 i 个段的最优合并所需的空间,定义 $s[0]=0$。考虑第 i 段 $(i>0)$,假如在最优合并 C 中,第 i 段与第 $i-1, i-2, i-k+1$ 段相合并,而不包括 $i-k$ 段。合并 C 所需的空间消耗等于第 i 段到第 $i-k$ 段所需空间 $+\text{lsum}(i-k+1, i) * \text{bmax}(i-k+1, i) + 11$。

其中 $\text{lsum}(a, b) = l[a] + l[a+1] + \cdots + l[b]$;
$$\text{bmax}(a, b) = \max\{b[a], b[a+1], \cdots, b[b]\}$$

假如在 C 中,第 i 段到第 $i-k$ 段的合并并不最优,则必须对段 i 到段 $i-k$ 进行最优合并。故 C 的空间消耗为 $s[i] = s[i-k] + \text{lsum}(i-k+1, i) * \text{bmax}(i-k+1, i) + 11$。

$$s[i] = \min_{\substack{1 \leqslant k \leqslant \min(i, 256) \\ \text{lsum}(i-k+1, i) \leqslant 256}} \{s[i-k] + \text{lsum}(i-k+1, i) * \text{bmax}(i-k+1, i)\} + 11$$

其中 $\text{bmax}(i, j) = \lceil \log(\max_{i \leqslant k \leqslant j}\{P_k\} + 1) \rceil$。

例文件 SegmentLength 为 6、3、10、2、3,文件 BitsPerPixel 为 1、2、3、2、1。

$s[0] = 0;$

$s[1] = s[0] + l[1] * b[1] + 11 = 17$

$s[2] = \min\{s[1] + l[2] * b[2], s[0] + (l[1] + l[2]) * \max\{b[1], b[2]\}\} + 11$
$\quad = \min\{17 + 6, 9 * 2\} + 11 = 29$

$s[3] = \min\{s[2] + l[3] * b[3],$

$\qquad s[1] + \sum_{i=2}^{3} l[i] * \max\{b[2], b[3]\},$

$\qquad s[0] + \sum_{i=1}^{3} l[i] * \max\{b[1], b[2], b[3]\}\} + 11$

$\quad = \min\{29 + 30, 17 + 13 \times 3, 19 \times 3\} + 11$

$\quad = 56 + 11 = 67$

$$s[4] = \min\{s[3] + l[4] \times b[4],$$

$$s[2] + \sum_{i=3}^{4} l[i] \times \max\{b[3], b[4]\},$$

$$s[1] + \sum_{i=2}^{4} l[i] \times \max\{b[2], b[3], b[4]\},$$

$$s[0] + \sum_{i=1}^{4} l[i] \times \max\{b[1], b[2], b[3], b[4]\}\} + 11$$

$$= \min\{67 + 2 \times 2, 29 + 12 \times 3, 17 + 15 \times 3, 21 \times 3\} + 11$$

$$= 62 + 11 = 73$$

$$s[5] = \min\{s[4] + l[5] \times b[5],$$

$$s[3] + \sum_{i=4}^{5} l[i] \times \max\{b[4], b[5]\},$$

$$s[2] + \sum_{i=3}^{5} l[i] \times \max\{b[3], b[4], b[5]\},$$

$$s[1] + \sum_{i=2}^{5} l[i] \times \max\{b[2], b[3], b[4], b[5]\},$$

$$s[0] + \sum_{i=1}^{5} l[i] \times \max\{b[1], b[2], b[3], b[4], b[5]\}\} + 11$$

$$= \min\{73 + 3, 67 + 5 \times 2, 29 + 15 \times 3, 17 + 18 \times 3, 24 \times 3\} + 11$$

$$= \min\{76, 77, 74, 71, 72\} + 11 = 71 + 11 = 82$$

设 kay[i] 表示取得最小值时 k 的值,则有 kay[]={1,2,2,3,4}。

3. 算法实现关键代码

```
//图像压缩问题的动态规划法
#include <stdio.h>
#include <malloc.h>
#include <io.h>
#include <stdlib.h>
#include <time.h>
#define SIZE 4
int image[SIZE][SIZE]={10,9,12,40,50,35,15,12,8,10,9,15,11,130,160,240};
int s[SIZE*SIZE],kay[SIZE*SIZE];

int ss(int l[],int b[],int i)                //递归计算最优值
{
    int lsum,bmax;
    int k,t;
    if (i==0)
        return 0;
    lsum=l[i];
```

```
        bmax=b[i];
        s[i]=ss(l,b,i-1)+lsum*bmax;
        kay[i]=1;
        for (k=2;k<=i&&k<=256;k++)
        {
            lsum+=l[i-k+1];
            if (bmax<b[i-k+1])
                bmax=b[i-k+1];
            t=ss(l,b,i-k)+lsum*bmax;
            if (s[i]>t)
            {
                s[i]=t;
                kay[i]=k;
            }
        }
        s[i]+=11;
        return s[i];
}


int  seglen(int l[],int b[],int bit[],int n)
{
    int  i,j=1;
    int temp;
    temp=b[j]=bit[0];
    l[j]=1;
    for (i=1;i<n;i++)
        if (bit[i]==temp)
            l[j]+=1;
        else
        {
            j++;
            temp=b[j]=bit[i];
            l[j]=1;
        }
    return j;
}


int bitperpixel(int i)
{
    int k=1;
    i=i/2;
    while (i>0)
```

```
        {
            k++;
            i=i/2;
        }
        return k;
    }


    int main()
    {
        int p[SIZE * SIZE],bit[SIZE * SIZE];
        int l[SIZE * SIZE]={0},b[SIZE * SIZE];
        int i,j,size=0,m;
        int n=SIZE * SIZE;
        //unsigned int seed=(unsigned int) time(NULL);
        //srand(seed);
        for(i=0;i<SIZE;i++)
        {
            for(j=0;j<SIZE;j++)
                printf("%4d",image[i][j]);
            printf("\n");
        }
        for (i=0;i<SIZE;i++)
            for (j=0;j<SIZE;j++)
            {
                m=i * SIZE+j;
                p[m]=image[i][j];
                bit[m]=bitperpixel(p[m]);
            }
        printf("\n\n");
        for (i=0;i<n;i++)
        {
            printf("%-4d",p[i]);
            if ((i+1)%8==0)
                printf("\n");
        }
        printf("\n\n");
        for (i=0;i<n;i++)
        {
            printf("%-2d",bit[i]);
            if ((i+1)%8==0)
                printf("\n");
        }
        m=seglen(l,b,bit,n);
        printf("\n\n");
```

```
    for (i=1;i<=m;i++)
        printf("l[%d]=%-4d",i,l[i]);
    printf("\n\n");
    for (i=1;i<=m;i++)
        printf("b[%d]=%-2d ",i,b[i]);
    for(i=1;i<=m;i++)
        size+=l[i]*b[i]+11;
    printf("\nsize=%-10d ",size);
    printf("less %d than %d before compress",8*n-size,8*n);
    ss(l,b,m);
    if (s[m]>=8*n)
        printf("\n size=%d,image compress bad",s[m]);exit(0);
    for(i=1;i<=m;i++)
    {
        printf("\ns[%d]=%-10d",i,s[i]);
        printf("kay[%d]=%-10d",i,kay[i]);
    }
    return 0;
}
```

4. 实验结果及分析

算法复杂度分析：

由于图像压缩算法中对 k 的循环次数不超过 256，故对每一个确定的 i，可在时间 $O(1)$ 内完成的计算。因此整个算法所需的计算时间为 $O(n)$。

图像压缩算法的空间复杂度内：$S(n)=O(n)$，时间复杂度为 $T(n)=O(n)$。

5. 实验总结

略。

实验 3　贪心算法上机实验

一、实验目的

(1) 掌握贪心算法的问题描述、算法设计思想、程序设计和算法复杂性分析等。

(2) 掌握找硬币问题、活动安排问题和单源最短路径问题等的贪心算法设计。

(3) 掌握用 Java 或 C/C++语言进行算法实现。

二、实验环境

装有 Eclipse 并配好 Java 运行环境的计算机，或者装有 VC++/Dev C++的计算机。

三、实验内容

从以下实验中任选两个实验任务，完成贪心算法实现，给出完整的算法实现的 Java/C/C++代码，以及测试数据运行结果。

实验 3-1. 找硬币问题的贪心算法设计。

实验 3-2. 活动安排问题的贪心算法设计。

实验 3-3. 单源最短路径问题的贪心算法设计。

实验 3-4. 其他自选问题的贪心算法设计(自选完成)。

实验 3-1　找硬币问题的贪心算法设计

1. 问题描述

假设有四种硬币,它们的面值分别为 25 元、10 元、5 元和 1 元。现在要用这些硬币来支付给顾客 63 元,试用贪心算法求最少需要多少枚硬币?

(参考答案:2 枚 25 元的硬币,1 枚 10 元的硬币和 3 枚 1 元的硬币,共 6 枚硬币)

2. 算法分析

(1) 最优子结构性质:找硬币问题具有最优子结构性质。

(2) 贪心选择性质:优先使用大面值的硬币。为了尽量地减少硬币的数量,我们首先得尽可能多地使用 25 元硬币,剩余部分尽可能多地使用 10 元硬币,剩余部分尽可能多地使用 5 元硬币,最后的部分使用 1 元硬币支付。

3. 算法实现关键代码

```cpp
#include <iostream>
#include <algorithm>
#include <cstdio>
using namespace std;
int v[4]={1,5,10,25};
int A=63;                    //需要支付钱数
int min(int a,int b)
{//返回两个数的较小值
    if(a<b) return a;
    else return b;
}
void solve()
{
    int ans=0;
    for(int i=3;i>=0;i--)
    {
        int t=A/v[i];        //该面值用 t 次,即尽量使用面额较大的硬币
        cout<<v[i]<<"---"<<t<<endl;
        A-=t * v[i];
        ans+ =t;
    }
    printf("% d\n",ans);
}
```

4. 实验结果及分析

略。

5. 实验总结

略。

实验 3-2　活动安排问题的贪心算法

1. 问题描述

设有 n 个活动的集合 $E=\{1,2,\cdots,n\}$，其中每个活动都要求使用同一资源，如演讲会场，而在同一时间只允许一个活动使用这一资源。每个活动 i 都有使用的起始时间 s_i 和结束时间 f_i，且 $s_i < f_i$。问如何安排可以使这间会场的使用率最高？

设按结束时间排列 11 个活动如表 8-3 所示。

表 8-3　按结束时间排列 11 个活动

活动 i	开始时间 s_i	结束时间 f_i
1	1	4
2	3	5
3	0	6
4	5	7
5	3	8
6	5	9
7	6	10
8	8	11
9	8	12
10	2	13
11	12	14

如果选择了活动 i，则它在区间 $[s_i,f_i)$ 内占用资源。若区间 $[s_i,f_i)$ 与区间 $[s_j,f_j)$ 不相交，则称活动 i 与活动 j 是相容的。活动安排问题就是要在所给的活动集合中选出最大的相容活动子集合。

2. 算法分析

（1）最优子结构性质：活动安排问题具有最优子结构性质。

（2）贪心选择性质：由于活动是按结束时间的递增顺序排列的，所以该算法每次总是优先选择具有最早完成时间的相容活动，使剩余的可安排时间段最大化，以便安排尽可能多的相容活动。

3. 算法实现关键代码

```
void plangreedy(int n,int s[],int f[],int a[])
```

```
{
    int i,j;
    a[1]=1;
    j=1;
    for(i=2;i<=n;i++)
        if (s[i]>=f[j])
        {
            a[i]=1;   j=i;
        }
        else
            a[i]=0;
}
```

一开始选择活动 1,并将 j 初始化为 1。然后依次检查活动 i 是否与当前已选择的所有活动相容,若相容则活动加入已选择的活动集合中,否则不选择活动 i,而继续检查下一活动的相容性。

由于 f_j 总是当前集合 a 中所有活动的最大结束时间,故活动 i 与当前已选择的所有活动相容的充要条件:活动 i 的开始时间不早于最近加入的活动 j 的结束时间。

4. 实验结果及分析

活动安排问题算法时间复杂度分析:按结束时间的递增顺序排列活动,至少需 O(nlogn),算法 plangreedy 相容地安排活动只需 O(n),所以当活动未排序时,总的时间为 O(nlogn)。

5. 实验总结

(1) 如果选择具有最短时段的相容活动作为贪心选择,能得到最优解吗?

(2) 如果选择覆盖未选择活动最少的相容活动作为贪心选择,能得到最优解吗?

(3) 试说出其他 1~2 种贪心选择方案。

实验 3-3 单源最短路径问题的贪心算法设计

1. 问题描述

给定一个带权的有向图 G:<V,E>,其中每条边的权是一个非负实数,如图 8-3 所示。给定 V 的一个源顶点 v,现要计算从源 v 到其他各顶点 i 的最短路长。这里设路的长度为路上各边权之和。

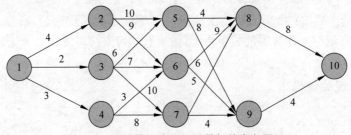

图 8-3 单源最短路径问题带权的有向图 G

（参考答案：最短路径 1→4→6→9→10）

2. 算法分析

采用 Dijkstra 贪心算法可以解决单源最短路径问题。

3. 算法实现关键代码

```c
#include <stdio.h>
#define M  999
#define N  10
int c[11][11]={{0},
    {0,0,4,2,3,M,M,M,M,M,M},
    {0,M,0,M,M,10,9,M,M,M,M},
    {0,M,M,0,M,6,7,10,M,M,M},
    {0,M,M,M,0,M,3,8,M,M,M},
    {0,M,M,M,M,0,M,M,4,8,M},
    {0,M,M,M,M,M,0,M,9,6,M},
    {0,M,M,M,M,M,M,0,5,4,M},
    {0,M,M,M,M,M,M,M,0,M,8},
    {0,M,M,M,M,M,M,M,M,0,4}};
int n=N;
int dist[N+1];
dijkstra(int v,int prev[])
{
    int s[M];
    int i,j,temp,u,newdist;
    for (i=1;i<=n;i++)
    {
        dist[i]=c[v][i];
        s[i]=0;
        if (dist[i]==M)
            prev[i]=0;
        else
            prev[i]=v;
    }
    dist[v]=0;s[v]=1;
    for (i=1;i<=n;i++)
    {
        temp=M;u=v;
        for (j=1;j<=n;j++)
            if ((!s[j])&&(dist[j]<temp))
            {
```

```
                    u=j;
                    temp=dist[j];
                }
            s[u]=1;
            for (j=1;j<=n;j++)
                if ((!s[j])&&(c[u][j]<M))
                {
                    newdist=dist[u]+c[u][j];
                    if(newdist<dist[j])
                    {
                        dist[j]=newdist;
                        prev[j]=u;
                    }
                }
        }
}
int main()
{
    int i,j,prev[N+1]={0};
    int path[N+1];
    int sub,count=0;
    path[N]=N;
    dijkstra(1,prev);
    for (i=2;i<=n;i++)
    {
        printf("prev[%d]=%-3d",i,prev[i]);
        count++;
        if (count%5==0)
            printf("\n");
    }
    printf("\n\npath[%d]=%-3d",N,path[N]);
    sub=p(prev,path,n);
    printf("\n\n");
    for (i=sub;i<=n;i++)
        if (i!=n)
            printf("%d-->",path[i]);
        else
            printf("%d",path[i]);
}
int prev[],int path[],int i)
{
    int dot;
    static int j=N-1;
```

```
        dot=path[j]=prev[i];
        printf("path[%d]=%-3d",j,path[j]);
        if (dot==1)
            return  j;
        else
        {
            j--;
            p(prev,path,dot);
        }
    }
```

4. 实验结果及分析

求得 $prev[2]=1, prev[3]=1, prev[4]=1, prev[5]=3, prev[6]=4, prev[7]=4,$ $prev[8]=5, prev[9]=6, prev[10]=9$，后，通过调用函数 $p(prev, path, n)$ 可得 $path[9]=9, path[8]=6, path[7]=4, path[6]=1$，而 $path[10]=10$，事先给定，于是得到所求最短路径 $1 \rightarrow 4 \rightarrow 6 \rightarrow 9 \rightarrow 10$。

5. 实验总结

略。

实验 4　回溯法上机实验

一、实验目的

(1) 掌握回溯法的问题解空间定义、算法设计思想、程序设计和算法复杂性分析等。

(2) 掌握 8 皇后问题、图的着色问题等的回溯算法设计。

(3) 掌握用 Java 或 C/C++语言进行算法实现。

二、实验环境

装有 Eclipse 并配好 Java 运行环境的计算机，或者装有 VC++/Dev C++的计算机。

三、实验内容

从以下实验中任选两个实验任务，完成回溯法实现，给出完整的算法实现的 Java/C/C++代码，以及测试数据运行结果。

实验 4-1.8 皇后问题的回溯法设计。

实验 4-2.图的着色问题的回溯法设计。

实验 4-3.其他自选问题的回溯法设计(自选完成)。

实验 4-1　8 皇后问题的回溯法设计

1. 问题描述

n 皇后问题要求一个 n×n 格的棋盘上放置 n 个皇后，使得她们不能相吃。按照国际象棋的规则，一个皇后可以吃掉与她处于同一行、同一列、同一对角线上的任何棋子，因此每一行只能摆放一个皇后。n 皇后问题等价于要求在一个 n×n 格的棋盘上放置 n 个皇后，使得任何 2 个皇后不能放在同一行或同一列或同一对角线上。以 8 皇后问题为例，一个不可行解如表 8-4 所示。

表 8-4　8 皇后问题的一个不可行解

	1						
x	x	x	2				
3	x	x	x	x			
x	x	4	x	x	x		
x	x	x	x	5	x	x	
x	x	x	x	x	x	x	x

2. 算法分析

对于 n 皇后问题，皇后的位置用一个一维数组 x[1..n] 来存放，其中 x[i] 表示第 i 行皇后放在第 x[i] 列。

下面主要来看看怎么样判断皇后是否安全的问题。

(1) 用一维数组 x[1..n] 来表示，已经解决了不在同一行的问题；

(2) 对于列，当 j!=k 时，要求 x[j]!=x[k]；

(3) 对于左上右下的对角线的每个元素有相同的"行－列"值；对于左下右上的对角线有相同的"行＋列"值。若 2 个皇后分别占有(j,x[j])和(k,x[k])两个位置，则她们在同一对角线上的条件是：j−x[j]=k−x[k]或 j+x[j]=k+x[k]，即 j−k=x[j]−x[k]或 j−k=x[k]−x[j]，因此，同一对角线上的条件可归纳为|j−k|=|x[k]−x[j]|。

3. 算法实现关键代码

```
//算法：判断是否可放置一个新皇后
int place(int k)
{
    int i;
    for (i=1;i<k;i++)
        if (x[i]==x[k]||abs(x[i]-x[k])==abs(i-k))
            return(0);
    return(1);
}
//n 皇后问题的递归回溯算法
void backtrack(int t)
{
    int i;
```

```
    if (t>n)
        for (i=1;i<=n;i++)
            printf("%d",x[i]);
    else
        for (i=0;i<n;i++)
        {
            x[t]=i;
            if (t==1&&x[t]>=n/2 )
                break;
            if (place(t)==1)
                backtrack(t+1);
        }
}
```

n 皇后问题的递归回溯实现完整代码如下：

```
#include <math.h>
#include <stdio.h>
int n=8;
int x[100]={0};
int place(int k)
{
    int i;
    for (i=1;i<k;i++)
        if (x[i]==x[k]||abs(x[i]-x[k])==abs(i-k))
            return(0);
    return(1);
}

void backtrack(int t)
{
    int i;
    static int sum=0;
    if (t>n)
    {
        for (i=1;i<=n;i++)
            printf("%d",x[i]);
        sum=sum+1;
        printf(" * * sum=%-2d * * ",sum);
        if (sum%4==0)
            printf("\n");
    }
    else
    for (i=0;i<n;i++)
    {
```

```
        x[t]=i;
        if (t==1&&x[t]>=n )
            break;
        if (place(t)==1)
            backtrack(t+1);
    }
}

int main()
{
    backtrack(1);
}
```

4. 实验结果及分析

实验结果：输出 8 皇后问题的 92 种解，并找出其中不等效的 12 种解。

5. 实验总结

（1）关于子集树与排列树。子集树（如背包问题的解空间树）通常有 2^n 个叶结点，其结点总个数为 $2^{n+1}-1$，遍历子集树的任何算法均需 $\Omega(2^n)$。排列树（如旅行商问题的解空间树）通常有 $n!$ 个叶结点，遍历排列树的任何算法均需 $\Omega(n!)$。

（2）n 皇后问题的迭代回溯实现。

（3）关于递归回溯与迭代回溯。用递归算法编制的程序具有结构清晰和移读性高的特点，但是也有执行效率不高的缺点。但当能够找到明显的递推公式用迭代法求解时，迭代法的效率会比递归方法高很多，因此，对于不同问题要根据情况来选择使用。

实验 4-2　图的着色问题的回溯法设计

1. 问题描述

四色猜想：平面或球面上的任何地图的所有区域都可以至多用四种颜色来着色，使任何两个有一段公共边界的相邻区域没有相同的颜色。

对平面图的着色可利用平面图的对偶图转化为对顶点的着色。方法是：将地图的每个区域变成一个结点，两个区域相邻，则相应的两个结点用一条边连接起来。

4 区域地图的着色可转换成对一平面图的 4 着色判定问题，如图 8-4 所示。最多使用 3 种颜色，总共有 18 种不同的着色法，其中正好用了 3 种颜色的着色法有 12 种；正好用

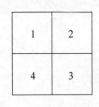
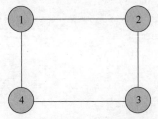

图 8-4　四个区域的地图着色转换成对一平面图 4 个顶点的着色

了 2 种颜色的着色法有 6 种。

2. 算法分析

图的邻接矩阵：

```
graph[N+1][N+1]=
      {{0,0,0,0,0},
       {0,1,1,0,1},
       {0,1,1,1,0},
       {0,0,1,1,1},
       {0,1,0,1,1}};
```

3. 算法实现关键代码

图的着色问题的递归回溯。

```c
#define N 4
#include <stdio.h>
int n=N;
int m=3;
int x[N+1]={0};
int graph[N+1][N+1]={{0,0,0,0,0},
                     {0,1,1,0,1},
                     {0,1,1,1,0},
                     {0,0,1,1,1},
                     {0,1,0,1,1}};
int ok(int k)
{
    int i;
    for (i=1;i<k;i++)
        if (graph[k][i]&&x[i]==x[k])
            return(0);
    return(1);
}

void mcolor(int t)
{
    int i;
    static int sum=0;
    if (t>n)
    {
        sum++;
        for (i=1;i<=n;i++)
```

```
                    printf("%3d",x[i]);
            printf(" * sum=%-2d * ",sum);
            if (sum%3==0)
                printf("\n");
        }
        else
            for (i=1;i<=m;i++)
            {
                x[t]=i;
                if (ok(t))
                    mcolor(t+1);
            }
}

int main()
{
    mcolor(1);
    return 0;
}
```

4. 实验结果及分析

实验结果：最多使用 3 种颜色,总共有 18 种不同的着色法,其中正好用了 3 种颜色的着色法有 12 种;正好用了 2 种颜色的着色法有 6 种。

5. 实验总结

略。

## 第 9 章

算法自测卷

9.1 算法自测卷 1

一、填空题（每空 2 分，共 30 分）

1. 描述算法的方式有多种，通常采用_____①_____、_____②_____、_____③_____和表格方式描述。

2. 渐近复杂性与规模 n 的幂同阶的一类算法称为_____①_____；渐近复杂性与规模 n 的指数同阶的一类算法称为_____②_____。

3. 假设某算法在输入规模为 n 时的计算时间为 $T(n)=3\times2^n$。在某台计算机上实现并完成该算法的时间为 t 秒。现有另一台计算机，其运行速度为第一台的 256 倍，那么在这台新机器上用同一算法在 t 秒内能解输入规模为_____①_____的问题。若前述算法的计算时间改进为 $T(n)=n^2$，其他条件不变，则在新机器上用 t 秒时间能解输入规模为_____②_____的问题。若前述算法的计算时间进一步改进为 $T(n)=6$，其他条件不变，则在新机器上用 t 秒时间能解输入规模为_____③_____的问题。

4. 回溯法有两类：_____①_____回溯和_____②_____回溯。在其他因素相同的情况下，从具有最少元素的集合中做下一次选择，将更为有效，这称为_____③_____原理。在回溯法的效率分析中，通常用到该原理。

5. 能用动态规划法求解的问题通常具有的两大性质是_____①_____和_____②_____。

6. _____①_____定理给出了第一个 NP 完全问题，它是_____②_____问题。NP 完全问题树就是以它为树根逐渐生长起来的，目前树上已有几千个结点，每个结点代表一个 NP 完全问题。

二、解递推方程（要求用算法复杂性符号表示出 T(n)）（每题 6 分，共 6 分）

$$T(n)=\begin{cases}T(n-1)+5, & n>1\\0, & n=1\end{cases}$$

三、简答题（每题 8 分，共 24 分）

1. 简述什么是动态规划法？说明其解题步骤。

2. 简述什么是分支限界法？其与回溯法的主要区别是什么？

3. 简述概率算法与确定算法的主要区别是什么？概率算法的典型算法有哪些？

四、算法应用（每题 10 分，共 40 分）

1. 对于规模为 n 的问题，分析折半查找和顺序查找平均情况下的算法复杂性 B(n) 和

S(n),并计算出如果对于一个 1024 个元素的数组成功查找,使用折半查找比顺序查找大约要快多少倍? 若对于一个 65536 个元素的数组呢?

2.设矩阵 A_i 的维数为 $p_{i-1} \times p_i$,根据公式

$$m[i][j] = \begin{cases} 0, & i=j \\ \min_{i \leq k < j}\{m[i][k]+m[k+1][j]+p_{i-1}p_kp_j\}, & i<j \end{cases}$$

计算矩阵连乘积 $A = A_1 \times A_2 \times A_3 \times A_4$ 最小的运算次数 $m[1][4]$ 及完全加括号方式,其中各矩阵的维数分别为

A_1	A_2	A_3	A_4
10×20	20×10	10×30	30×50

3.用贪心算法求下面连续背包问题的最优解:$n=6$,$M=20$,$(p_1,p_2,p_3,p_4,p_5,p_6)=(11,8,15,18,12,6)$,$(w_1,w_2,w_3,w_4,w_5,w_6)=(5,3,2,10,4,2)$。

4.简述使用哈夫曼算法构造最优编码的基本步骤,对出现在文件中的频数之比为 $38:12:6:4:20:27$ 的字符 a、b、c、d、e、f 构造对应的哈夫曼树(设左孩子>右孩子),并据此给出这 6 个字符的一种最优编码。

9.2 算法自测卷 2

一、填空题(每空 2 分,共 30 分)

1.算法的复杂性是对算法效率的度量,是评价算法优劣的重要依据。算法的复杂性有时间复杂度和空间复杂度之分,其中时间复杂度主要是指_____①_____资源的占用,空间复杂度主要是指____②____资源的占用。

2.通常只考虑 3 种情况下的时间复杂度,实践表明可操作性最好且最有实用价值的是_____①_____情况下的时间复杂度。

3.如果某算法对于规模为 n 的问题的时间耗费为 $T(n)=3n^3$,在一台计算机上运行时间为 t 秒,则在另一台运行速度是其 64 倍的机器上,用同样的时间能解决的问题规模是原问题规模的_____①_____倍。

4.对于含有 n 个元素的排列树问题,最坏情况下计算时间复杂度为_____①_____。

5.活动安排问题的贪心策略是_____①_____。
单源最短路径问题 Dijkstra 算法的贪心策略是_____②_____。

6.分支限界法在搜索解空间树时常利用_____①_____在扩展结点处剪去不满足约束的子树,利用_____②_____剪去得不到最优解的子树。

7.非确定图灵机与确定图灵机的不同之处是允许_____①_____。

8.从活结点表中选择下一个扩展结点的不同方式将导致不同的分支限界法,最常见的两种方式是_____①_____分支限界法和_____②_____分支限界法。

9.补充下面棋盘覆盖的分治策略算法,其中 tile 为全局变量,初值为 0;size 为棋盘规格;tr 为棋盘左上角方格的行号;tc 为棋盘左上角方格的列号;dr 为特殊方格所在的行号;dc 为特殊方格所在的列号。

```
void ChessBoard(int tr, int tc, int dr, int dc, int size)
{
    if (size ==1)
        return;
    int t =tile++;
    s =_____①_____;
    if (dr<tr+s && dc<tc+s)
        ChessBoard(tr, tc, dr, dc, s);
    else
    {
        Board[tr+s-1][tc+s-1] =t;
        ChessBoard(tr, tc, tr+s-1, tc+s-1, s);
    }
    if (dr<tr+s && dc>=tc+s))
        _____②_____;
    else
    {
        Board[tr+s-1][tc+s] =t;
        ChessBoard(tr, tc+s, tr+s-1, tc+s, s);
    }
    if (dr>=tr+s && dc<tc+s)
        ChessBoard(tr+s, tc, dr, dc, s);
    else
    {
        _____③_____;
        ChessBoard(tr+s, tc, tr+s, tc+s-1, s);
    }
    if (dr>=tr+s && dc>=tc+s)
        ChessBoard(tr+s, tc+s, dr, dc, s);
    else
    {
        Board[tr+s][tc+s] =t;
        ChessBoard(tr+s, tc+s, tr+s, tc+s, s);
    }
}
```

二、单选题(每题 2 分,共 30 分)

1. 下列(　　)不是衡量算法的标准。

　　A. 时间效率　　　　B. 空间效率　　　　C. 问题的难度　　　　D. 适应能力

2. 若语句 S 的执行时间为 $O(1)$,那么下列程序段的时间复杂度为(　　)。

```
for(i=0; i<n; i++)
    for(j=0; j<=i; j++)
        S;
```

A. O(n)　　　　　　B. O(n*n)　　　　　C. O(nlogn)　　　　　D. O(n*i)

3. 设 3 个函数 f、g、h 分别为 f(n)＝100n²＋n＋1000,g(n)＝25n²＋5000n,h(n)＝
$\sqrt{n}$＋5000logn,则下列关系不成立的是(　　　)。

A. f(n)＝O(g(n))　　　　　　　　　　B. g(n)＝O(f(n))

C. h(n)＝O($\sqrt{n}$)　　　　　　　　　　D. h(n)＝O(logn)

4. 与递推关系 M(n)＝2M(n-1)＋1,M(1)＝1 等价的通项公式为(　　　)。

A. M(n)＝2ⁿ　　　B. M(n)＝2ⁿ-1　　　C. M(n)＝2ⁿ＋1　　　D. M(n)＝n!

5. 对有序表{2,3,5,12,31,41,47,62,75,80,88,95,99}执行折半查找,查找关键字
为 88 的结点时,经过第(　　　)次比较后查找成功。

A. 2　　　　　　　B. 3　　　　　　　C. 4　　　　　　　D. 5

6. 下列问题具有多项式解法的是(　　　)。

A. 背包问题　　　　　　　　　　　　B. 生成排列序列问题

C. 最大子段和问题　　　　　　　　　D. 集合的幂集问题

7. 排序中比较次数与序列的原始状态无关的排序方法是(　　　)排序方法。

A. 直接插入　　　B. 二路归并　　　C. 冒泡　　　　　D. 快速

8. 回溯算法和分支限界法的问题的解空间树不会是(　　　)。

A. 有序树　　　　B. 子集树　　　　C. 排列树　　　　D. 无序树

9. 下列情况不适合使用快速排序的是(　　　)。

A. 要排序的数据表基本有序　　　　　B. 要排序的数据表中有相同的关键字

C. 要排序的数据表数量很大　　　　　D. 要排序的数据表对象个数为奇数

10. 在对问题的解空间树进行搜索的方法中,一个活结点最多有一次机会成为扩展
结点的是(　　　)。

A. 回溯法　　　　　　　　　　　　　B. 分支限界法

C. 回溯法和分支限界法　　　　　　　D. 回溯法求解子集树问题

11. 以下有关递归的叙述中不正确的是(　　　)。

A. 一个直接或间接地调用自身的算法称为递归算法

B. 一个使用函数自身给出定义的函数称为递归函数

C. 定义递归函数时可以没有初始值

D. 并非一切递归函数都能用非递归方式定义

12. 以下有关算法设计技术的叙述中正确的是(　　　)。

A. 分支限界法类似于回溯法,也是一种在问题的解空间树 T 上搜索问题解的算
法,两者的求解目标是相同的

B. 动态规划算法与分治法类似,其基本思想是将待求解问题分解成若干子问题,
先求解子问题,然后从这些子问题的解得到原问题的解,二者采用的都是自
底向上的计算方式

C. 利用贪心算法求解问题时,往往需要事先把问题集合按照一定原则进行排序,

如活动安排问题即按活动结束时间的非减序进行排列的

    D. 使用回溯法搜索问题的解空间树时,按照深度优先方式进行搜索,其间不受其他条件限制

13. 以下有关随机存取机 RAM 的叙述中不正确的是(　　)。

    A. 进行问题复杂性分析时,必须首先建立求解问题所用的数学模型,其中比较重要的 3 种计算模型是随机存取机 RAM,随机存取存储程序机 RAPS 和图灵机 TM,它们的计算能力是等价的,但在计算速度上是不同的

    B. 随机存取机 RAM 是一台单累加器计算机,其有独立的程序存储部件,允许程序修改其自身

    C. 不管是在均匀耗费标准下,还是在对数耗费标准下,RAM 程序的 RAPS 程序的复杂性只差一个常数因子

    D. 判定树是 RAM 的一种变形和简化,运用于基于比较的排序算法的复杂性分析,其算法时间复杂度可用判定树的高度来衡量

14. (　　)能够求得问题的准确解,但却无法有效地判定解的正确性。

    A. 数值概率算法　　B. 蒙特卡罗算法　　　C. 拉斯维加斯算法　　D. 舍伍德算法

15. 图灵停机问题属于(　　)。

    A. P 问题　　　　　B. NP 问题　　　　　C. 可解问题　　　　　D. 不可解问题

三、简答题(每题 6 分,共 24 分)

1. 归并排序算法最坏情况下时间复杂度和需要的辅助空间各是多少? 将两个长度为 n 的有序表归并为一个长度为 2n 的有序表,最小需要比较 n 次,最多需要比较 $2n-1$ 次,请说明这两种情况发生时,两个被归并的表有何特征?

2. 简述回溯法解决问题的 3 个步骤。对于 8 皇后问题,若其中 2 个皇后分别占有 $(j, x[j])$ 和 $(k, x[k])$ 两个位置,当它们处于同一列或同一对角线时会相互攻击,写出相互攻击的条件的表达式。

3. 如图 9-1 所示,设 $f(x)$ 是 $[0, 1]$ 上的连续函数,且 $0 \leqslant f(x) \leqslant 1$。设图中面积 G,假设向单位正方形内随机地投入 n 个点 (xi, yi), $i = 1, 2, \cdots, n$。给定 public int Random(int n) 可产生 $0 \sim n-1$ 的随机整数, public double fRandom()产生 $0 \sim 1$ 的随机实数,给出用随机投点法计算定积分 $I = \int_0^1 f(x)dx$ 的算法。

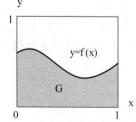

**图 9-1　随机投点法计算
定积分**

4. 表 9-1 给出图灵机计算两个数相加的算法表,表格的第一行表示 2 个符号的集合,符号 X 可表示加数和被加数本身,空白符号用于分隔两数。表格的第一列表示 3 种状态,中间的某一个单元格表示单元格对应的符号与状态组合下读写头的动作。图 9-2 表示使用该算法计算 2+3 的过程,以图中第 1~2 步的形式填写第 3~8 步(每填对一步,得 1 分,共 6 分)。

表 9-1　图灵机计算两个数相加的算法表

状　　态	符　　号	
	X	空白
0	右移 ·位,状态 0	打印 X 右移一位,状态 1
1	右移一位,状态 1	左移一位,状态 2
2	擦除 X,停机	

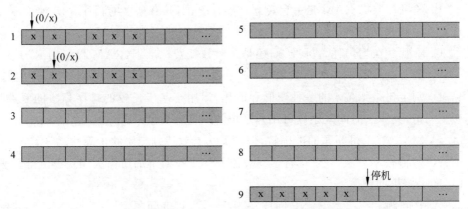

图 9-2　使用图灵机算法表计算 2+3 的过程

四、证明题(每题 6 分,共 6 分)

设 $\sum$ 是编码字符集,其中字符 c 的频率为 f(c),具有最小频率的两个字符为 x、y,且 $f(x) \leqslant f(y)$,证明存在 $\sum$ 中的最优前缀码使 x、y 具有相同的码长且仅最后一位编码不同。

五、算法设计题(每题 10 分,共 10 分)

数字化图像是 m×m 的图像阵列。假定每个像素有 0~255 的灰度值,则存储一个像素至多需要 8 位,通常将图像线性化成 $1 \times m^2$。设图像的像素点灰度值序列为 $\{P_1, P_2, \cdots, P_n\}$,按像素位数相同的等长条件将像素分割成 m 个连续段 $S_1, S_2, \cdots, S_m$,每个段是相邻像素的集合且每段最多含 256 个像素(超过 256 个,用两个以上的段表示)。设第 i 个像素段中$(1 \leqslant i \leqslant m)$有 $l[i] \leqslant 256$ 个像素,且该段中每个像素只用 b[i] 位来表示,则第 i 个像素段所需存储空间为 $l[i] \times b[i] + 11$ 位。

总 m 个段所需存储空间为 $\sum_{i=1}^{m} l[i] \times b[i] + 11m$ 位。通过将某些相邻段合并的方式可以进一步减少空间消耗。图像压缩问题要求确定像素序列 $\{P_1, P_2, \cdots, P_n\}$ 的一个最优分段,使得依此分段所需的存储空间最少。

要求:

(1) 分析问题的最优子结构性质;

(2) 建立递归关系;

(3) 给出计算最优值的算法代码,要求代码中要记录构造 $\{P_1, P_2, \cdots, P_n\}$ 最优分段的全部信息(如何构造最优解不要求完成)。

9.3　算法自测卷 3

一、填空题（每空 1 分，共 30 分）

1. 算法是在　　①　　步骤内求解某一问题所使用的一组　　②　　的规则。通俗地说，就是计算机解题的过程。瑞士教授 N.Wirth 因提出"　　③　　＝程序"而成为 1984 年图灵奖得主。

2. 　　①　　是算法效率的度量，是评价算法优劣的重要依据。算法的复杂性有时间复杂度和空间复杂度之分，其中　　②　　复杂性主要是指运算机资源的占用，　　③　　复杂度主要是指存储器的资源占用。

3. 如果存在正的常数 C 和自然数 N_0，使得当 $N \geqslant N_0$ 时有 $f(N) \leqslant Cg(N)$。则称函数 $f(N)$ 当 N 充分大时　　①　　，且 $g(N)$ 是它的一个上界，记为 $f(N)=$　　②　　。这时我们还说 $f(N)$ 的阶不高于 $g(N)$ 的阶。

4. 渐近复杂性与规模 n 的指数同阶的这类算法称为　　①　　。

5. 有时候，一些小细节也会很大程度影响算法的效率，比如，计算 $1^2+2^2+\cdots+n^2$ 的程序中，其核心运算是　　①　　的运算，改进的方法是：根据迭代式　　②　　，程序在计算 n^2 时，只要能计算 $(n-1)^2$ 和 $2*(n-1)$ 的值就可以了，$(n-1)^2$ 的值可以从　　③　　获得，$2*(n-1)$ 的计算可以用：　　④　　，从而把消去运算代价较大的乘法运算。

6. 一个直接或　　①　　地调用　　②　　的算法称递归算法。可用递归求解的问题的特点：(1)问题的描述涉及　　③　　；(2)规模发生变化后，　　④　　不发生变化；(3)　　⑤　　。

7. 减治法同样把一个大问题划分为若干子问题，但是由于这些子问题往往　　①　　，因而也无须对子问题的解进行　　②　　。

8. 最优化方法是指为了达到最优化目的所提出的各种求解方法。　　①　　是指在求最优解时对变量的某些限制，包括技术上的约束、资源上的约束和时间上的约束等。　　②　　是满足约束条件的解。　　③　　是使目标函数取得极值的可行解。

9. TSP 问题的两种贪心策略：　　①　　和　　②　　。

10. 子集树通常有 2^n 个叶结点，其结点总个数为　　①　　。遍历子集树的任何算法均需　　②　　。

11. 回溯法从根结点出发，按照　　①　　策略遍历解空间树，搜索满足约束条件的解，并在搜索过程中用剪枝函数 pruning(　　②　　或　　③　　)避免无效搜索。

二、问答题（共 4 题，26 分）

1. (4 分)简述动态规划方法解决问题的 4 个步骤。

2. (6 分)简述连续背包问题、多机调度问题和生成哈夫曼树的贪心策略。

3. (8 分)证明活动安排问题具有贪心选择性质。

4. (8 分)合并排序和快速排序都是基于分治思想的排序算法，

（1）请根据分治的 3 个阶段（划分、求解子问题、合并）来分别简单描述这两种算法的思想（4 分）。

（2）比较这两种算法在第一、第三阶段的差别，着重分析各自的优缺点（2 分）。

（3）给出这两种算法在平均和最坏情况下的时间复杂度（2 分）。

三、计算与分析题（共 5 题，32 分）

1.（4 分）程序如下，程序段 S1 的时间复杂度为 O(f)、S2 的时间复杂度为 O(g)，请按步分析下列程序的时间复杂度，并给出整个程序复杂度。

```
for(i=0;i<n;i++)          ①
    S1;                   ②
    S2;                   ③
```

2.（6 分）对图 9-3 所示的无向连通图用 3 种颜色进行着色，邻接顶点不能同色。画出其回溯法的搜索空间树（至少包含一个可行解，请标注出可行解）。

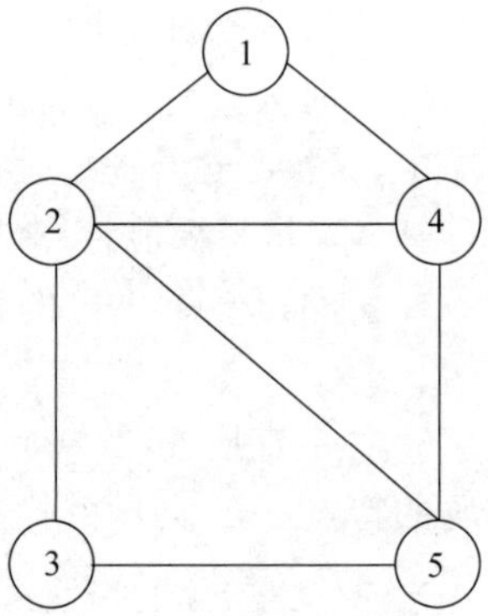

3.（6 分）俄式乘法的减治算法利用关系式 $n×m = n/2×2m$（当 n 是偶数），或 $n×m = (n-1)/2×2m+m$（当 n 是奇数），并以 $1×m = m$ 作为算法结束的条件。试写出利用俄式乘法计算 n 和 m 乘积的递推式 $T(n,m)$，并给出其实现的 C/C++ 描述。

4.（8 分）假设在文本 S="ababcabccabccacab" 中查找模式 T="abccac"：

（1）简述 BF 算法和 KMP 算法的算法思想（4 分）；

（2）求分别采用 BF 算法和 KMP 算法进行串匹配过程中的字符比较次数，并要求在表 9-2 中填写 KMP 串匹配算法的 next 函数值（4 分）。

图 9-3 无向连通图

表 9-2　KMP 串匹配算法的 next 函数值

j	1	2	3	4	5	6
模式 T	a	b	c	c	a	c
next[j]						

5.（8 分）设有 $n=2^k$ 位选手要进行网球循环赛。现要设计一个满足以下要求的比赛日程表：

（1）每位选手必须与其他 n−1 位选手各比赛一次；

（2）每位选手一天只能参赛一次；

（3）循环赛在 n−1 天内结束。按此要求，可将比赛日程表设计成有 n 行和 n−1 列的一个表。在表中的第 i 行，第 j 列处填入第 i 位选手在第 j 天比赛所遇到的选手，其中 $1 \leqslant i \leqslant n, 1 \leqslant j \leqslant n-1$。

回答下列问题：

(1) 请写出循环赛日程安排分治法的设计思想(4 分)。

(2) 按分治策略填写 8 位选手的比赛日程表(4 分)。

四、算法设计(每题 12 分,共 12 分)

设计函数计算两个字符串之间的编辑距离。编辑距离解释如下：设 A 和 B 是两个字符串。将字符串 A 变换为 B 所用的最少字符操作次数是字符串 A 到 B 的编辑距离。这里的字符操作包括：删除一个字符；插入一个字符；将一个字符修改为另一个字符。

要求：用动态规划方法,(1)分析最优子结构(4 分)；(2)给出递归方程(3 分)；(3)写出算法(5 分)。

附录

习题参考答案

习题 1 参考答案

一、选择题

1. A　　2. D　　3. B　　4. B　　5. C　　6. A　　7. A　　8. C

9. A　　10. B

二、填空题

1. ____确定性____、____可行性____

2. ____时间复杂度____、____空间复杂度____

3. ____流程图____、____伪代码____

4. ____平均____、____最坏____

5. ____渐近时间____

6. ____n/2____

7. ____问题的规模____、____算法的输入____

8. ____15____

9. ____n+8____、____16n____

10. ____指数____

三、求下列函数的渐近表达式

答：(1) $f(n)=3n^2+10n=O(n^2)$

(2) $f(n)=n^2/10+2^n=O(2^n)$

(3) $f(n)=21+1/n=O(1)$

(4) $f(n)=\log n^3=O(\log n)$

(5) $f(n)=10\log 3^n=O(n)$

(6) $f(n)=2n+3=O(n)$

(7) $f(n)=10n^2+4n+2=O(n^2)$

四、证明：$n!=O(n^n)$

证明：对于 $n \geqslant 1$，有 $n!=n(n-1)(n-2)\cdots 1 \leqslant n^n$，因此可选 $c=1$，$n0=1$，对于 $n \geqslant n0$，有 $n! \leqslant n^n$，所以 $n!=O(n^n)$，得证。

习题 2 参考答案

一、选择题

1. C 2. C 3. A 4. B 5. B 6. A、B 7. C 8. D
9. A 10. A

二、填空题

1. ___递归___ 、___相同___
2. ___分解___ 、___递归___ 、___合并___
3. ___递归算法___
4. ___独立___
5. ___3___
6. ___1___ 、___logn___
7. ___4321___
8. ___划分的对称性___
9. ___n−1___
10. ___分治法___

三、简答题

1. 简述分治法的基本思想。

答：分治法的基本思想是将一个规模为 n 的问题分解为 k 个规模较小的子问题,这些子问题互相独立且与原问题相同;对这 k 个子问题分别求解。如果子问题的规模仍然不够小,则再划分为 k 个子问题,如此递归的进行下去,直到问题规模足够小,很容易求出其解为止;将求出的小规模的问题的解合并为一个更大规模的问题的解,自底向上逐步求出原来问题的解。

2. 分治法所能解决的问题一般具有几个特征?

答：(1) 该问题的规模缩小到一定的程度就可以容易地解决;

(2) 该问题可以分解为若干规模较小的相同问题,即该问题具有最优子结构性质;

(3) 利用该问题分解出的子问题的解可以合并为该问题的解;

(4) 原问题所分解出的各个子问题是相互独立的,即子问题之间不包含公共的子问题。

3. 设有 $n=2^k$ 个运动员要进行循环赛,请设计一个满足以下要求的比赛日程表：①每个选手必须与其他 n−1 名选手各比赛一次；②每个选手一天至多只能比赛一次；③循环赛要在最短时间内完成。请回答：

(1) $n=2^k$ 个运动员要进行循环赛,循环赛最少需要进行几天?

(2) 当 $n=2^3=8$ 时,请画出循环赛日程表。

答：(1) n−1 天(2 分);

(2) 当 n=8 时,循环赛日程表安排如图 A-1(3 分)。

```
       1 2 3   4 5 6 7
   1 | 2 3 4   5 6 7 8 |
   2 | 1 4 3   6 5 8 7 |
   3 | 4 1 2   7 8 5 6 |
   4 | 3 2 1   8 7 6 5 |
   5 | 6 7 8   1 2 3 4 |
   6 | 5 8 7   2 1 4 3 |
   7 | 8 5 6   3 4 1 2 |
   8 | 7 6 5   4 3 2 1 |
```

图 A-1　n＝8 时的循环赛日程表安排

四、算法填空

1.【1】Move(a,c)

　【2】Hanoi(n−1,a,c,b)

　【3】Move(a,c)

2.【1】chessboard(tr,tc＋s,dr,dc,s)

　【2】board[tr＋s−1][tc＋s]＝t

　【3】chessboard(tr,tc＋s,tr＋s−1,tc＋s,s)

　【4】chessboard(tr＋s,tc,dr,dc,s)

　【5】board[tr＋s][tc＋s−1]＝t

　【6】chessboard(tr＋s,tc,tr＋s,tc＋s−1,s)

3.【1】a[i][j]＝a[i−temp][j]＋temp;a[i][j]＝temp＋a[i−temp][j]

　【2】a[i][j]＝a[i＋temp][j−temp]

　【3】a[i][j]＝a[i−temp][j−temp]

4.【1】mergeSort(mid＋1,right)

　【2】merge(left,mid,right)

　【3】for(int t＝i;t＜＝mid;t＋＋)

五、解下列递推方程

1. $T(n)＝O(n\log n)$

2. $T(n)＝O(2^n)$

3. $T(n)＝O(3^n)$

4. $T(n)＝O(n)$

5. $T(n)＝O(n)$

六、算法实现

1. 已知两个多项式 $p(x)＝a＋bx,q(x)＝c＋dx$，要求只用三次乘法求 $p(x)q(x)$，试写出其实现算法。

　解：略。

2. 最大子段之和问题：给定由 n 个整数（也可以是 n 个浮点数）组成的序列$\{a_1,a_2,$

$\cdots,a_n\}$,其输出是在输入的任何相邻子序列中找出的子段之和,表示为 $\sum\limits_{k=i}^{j}a_k$,最大子段之和为 $\max\left\{0,\max\limits_{1\leqslant i\leqslant j\leqslant n}\sum\limits_{k=i}^{j}a_k\right\}$,例如,$a[]=\{-2,11,-4,13,-5,-2\}$,其最大子段之和为

$$\sum_{k=2}^{4}a_k=11-4+13=20。$$

又如,$a[10]=\{31,-41,59,26,-53,58,97,-93,-23,84\}$,则最大子段和为

$$\sum_{k=2}^{6}a_k=187。$$

如果向量中所有元素都为正数时,最大子向量之和就是整个向量之和;如果所有元素都是负,则最大子向量之和就是 0;比较麻烦的是当向量中的元素正负交替出现时。

解:最大子段和问题的分治算法如下。

要求 $a[1:n]$ 的最大子段和,先求出 $a[1:n/2]$ 和 $a[n/2:n]$ 的最大子段和,则 $a[1:n]$ 的最大子段和有三种情形:

(1) 与 $a[1:n/2]$ 的最大子段和相同;

(2) 与 $a[n/2:n]$ 的最大子段和相同;

(3) $\sum\limits_{k=i}^{j}a_k=\sum\limits_{k=i}^{n/2}a_k+\sum\limits_{k=n/2+1}^{j}a_k$,令 $s1=\max\limits_{1\leqslant i\leqslant\frac{n}{2}}\sum\limits_{k=i}^{\frac{n}{2}}a_k$,$s2=\max\limits_{\frac{n}{2}+1\leqslant j\leqslant n}\sum\limits_{k=\frac{n}{2}+1}^{j}a_k$,则有 $\max\limits_{1\leqslant i\leqslant j\leqslant n}\sum\limits_{k=i}^{j}a_k=s1+s2$。

该算法所需的计算时间满足典型的分治算法递归式:

$$T(n)=\begin{cases}O(1), & n\leqslant c\\ 2T\left(\dfrac{n}{2}\right)+O(n), & n>c\end{cases}$$

解得算法复杂度 $T(n)=O(n\log n)$。

习题 3 参考答案

一、选择题

1. C   2. B   3. C   4. D   5. B   6. B   7. B   8. A

9. B   10. A

二、填空题

1. ___子问题___ 、 ___子问题___

2. ___最优子结构性质___

3. ___动态规划法___

4. ___BABCD 或 CABCD 或 CADCD___

5. ___6___

6. ___zyyx___

7. ___O(nm)___ 、 ___O(min{n,m})___

8. ___$O(n^3)$___ 、 ___$O(n^2)$___

9. ___$O(n+m)$___

10. ___124___ 、 ___$(M_1(M_2(M_3M_4)))M_5$___

三、简答题

1. 写出设计动态规划法的主要步骤。

答：(1) 分析问题的最优子结构性质。

(2) 递归地定义最优值，构造最优值的递归关系表达式。

(3) 以自底向上的方式计算出最优值。

(4) 根据计算最优值时得到的信息，构造最优解。

2. 简要说明动态规划方法为什么需要最优子结构性质。

答：最优子结构性质是指大问题的最优解包含子问题的最优解。动态规划方法是自底向上计算各个子问题的最优解，即先计算子问题的最优解，然后再利用子问题的最优解构造大问题的最优解，因此需要最优子结构。

3. 简述动态规划法的基本要素。

答：(1) 最优子结构性质：当问题的最优解包含了其子问题的最优解时，称该问题具有最优子结构性质。

(2) 重叠子问题性质：在用递归算法自顶向下解问题时，每次产生的子问题并不总是新问题，有些子问题被反复计算多次。动态规划算法正是利用了这种子问题的重叠性质，对每一个子问题只解一次，而后将其解保存在一个表格中，在以后尽可能多地利用这些子问题的解。

4. 简述分治法与动态规划法的异同点。

答：(1) 共同点：分治法与动态规划法都要求原问题具有最优子结构性质，都是将待求解的原问题分而治之，分解成若干规模较小(小到很容易解决的程序)的子问题，先求解子问题，然后将这些子问题的解合并，得到原问题的解。

(2) 不同点：用分治法求解的问题，经分解得到的子问题往往是互相独立的，通常用递归来做。而适合于用动态规划法求解的问题，经分解得到的子问题往往不是互相独立的，可理解为相互间有联系，有重叠部分，需要记忆，通常用迭代来做。

5. 简述动态规划方法所运用的最优化原理。

答：最优化原理是指作为整个过程的最优策略具有这样的性质：无论过去的状态和决策如何，相对于前面的决策所形成的状态而言，余下的决策序列必然构成最优子决策。可以用数学化的语言来描述：假设为了解决某一优化问题，需要依次作出 n 个决策 D_1，$D_2,\cdots,D_n$，如若这个决策序列是最优的，对于任何一个整数 k，$1<k<n$，不论前面 k 个决策是怎样的，以后的最优决策只取决于由前面决策所确定的当前状态，即以后的决策 $D_{k+1},D_{k+2},\cdots,D_n$ 也是最优的。

四、算法填空

1. 数塔问题答案：

【1】c

【2】$t[r][c]+=t[r+1][c]$

【3】$t[r][c]+=t[r+1][c+1]$

2. 最长公共子序列问题答案：

【1】X_{m-1} 和 Y_{n-1}

【2】X_{m-1} 和 Y

【3】X 和 Y_{n-1}

【4】$L[i-1][j-1]+1$

【5】$\max\{L[i][j-1],L[i-1][j]\}$

3. 二叉搜索树问题答案：

【1】$P=\sum_{i=1}^{n}b_i*(1+C_i)+\sum_{j=0}^{n}a_j*d_j$

【2】$W[i][j]+\min\{m[i][k]+m[k+1][j]\}$

$m[i][i-1]=0$ 　（$1\leqslant i\leqslant n$）

$m[i][j]=0$ 　（$i>j$）

五、算法设计

1. 在 5 个矩阵组成的实例上运行矩阵连乘动态规划算法：$M_1(10\times 3)$，$M_2(3\times 12)$，$M_3(12\times 15)$，$M_4(15\times 8)$，$M_5(8\times 2)$。

（1）找出这 5 个矩阵相乘所需要的最少的元素的乘法次数。

（2）给出这 5 个矩阵的一个括号表达式，使得按照括号的次序进行计算所需要的乘法次数是最少的。

解：

（1）按照矩阵连乘动态规划算法计算，可以得到这 5 个矩阵相乘所需要的最少的元素的乘法次数为 732。

（2）括号表达式为 $M_1(M_2(M_3(M_4M_5)))$，按照此括号的次序来计算，所需要的元素的乘法次数达到最少。

2. 单源最短路径问题参考答案：

解：采用动态规划算法可以解决最短路径问题。

（1）首先将图"段化"。将顶点集 V 分成 k 个不相交的子集 V_i，$1\leqslant i\leqslant k$，使 E 中的任一边（u,v），必有 $u\in V_i$，$v\in V_{i+1}$。

各顶点分段情况如图 A-2 所示。

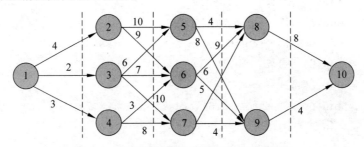

图 A-2　单源最短路径问题各顶点分段情况

第 1 段：1 号顶点；

第 2 段：2、3、4 号顶点；

第 3 段：5、6、7 号顶点；

第 4 段：8、9 号顶点；

第 5 段：10 号顶点。

（2）初始化。

```
int v[6][11]={{0}, {0,1},{0,0,1,1,1}, {0,0,0,0,0,1,1,1},
              {0,0,0,0,0,0,0,0,1,1}, {0,0,0,0,0,0,0,0,0,0,1}};
各顶点的邻接表 int graph[11][11]={{0},   {0,1,1,1,1,0,0,0,0,0,0},   {0,0,1,0,0,
1,1,0,0,0,0},{0,0,0,0,1,0,1,1,1,0,0,0},   {0,0,0,0,0,1,0,1,1,0,0,0},   {0,0,0,0,
0,1,0,0,1,1,0},   {0,0,0,0,0,0,1,0,1,1,0}, {0,0,0,0,0,0,0,1,1,1,0},
{0,0,0,0,0,0,0,0,1,0,1}, {0,0,0,0,0,0,0,0,0,1,1}};
各条边的耗费函数表 int c[11][11]={{0},   {0,0,4,2,3,0,0,0,0,0,0},   {0,0,0,0,0,
10,9,0,0,0,0},{0,0,0,0,0,6,7,10,0,0,0},{0,0,0,0,0,0,3,8,0,0,0},   {0,0,0,0,0,
0,0,0,4,8,0},{0,0,0,0,0,0,0,0,9,6,0}, {0,0,0,0,0,0,0,0,5,4,0},
{0,0,0,0,0,0,0,0,0,0,8}, {0,0,0,0,0,0,0,0,0,0,4}};
```

（3）设 d[i][j] 是从 Vi 中的点 j 到 t 的一条最小耗费路线，cost(i,j) 是这条路线的耗费。cost(i,j)=min{c(j,l)+cost(i+1,l)}。

例如，从子集 V3 中的 5 号顶点到终点 t 的最小耗费

$$cost(3,5) = min\{c(5,l) + cost(4,l)\}$$
$$= min\{c(5,8) + cost(4,8), c(5,9) + cost(4,9)\}$$
$$= min\{4+8, 8+4\} = 12$$

同理，$cost(3,6) = min\{c(6,l) + cost(4,l)\}$
$$= min\{c(6,8) + cost(4,8), c(6,9) + cost(4,9)\}$$
$$= min\{9+8, 6+4\} = 10$$

$$cost(3,7) = min\{c(7,l) + cost(4,l)\}$$
$$= min\{c(7,8) + cost(4,8), c(7,9) + cost(4,9)\}$$
$$= min\{6+8, 4+4\} = 8$$

$$cost(2,2) = min\{c(2,l) + cost(3,l)\}$$
$$= min\{c(2,5) + cost(3,5), c(2,6) + cost(3,6)\}$$
$$= min\{10+12, 9+10\} = 19$$

$$cost(2,3) = min\{c(3,l) + cost(3,l)\}$$
$$= min\{c(3,5) + cost(3,5), c(3,6) + cost(3,6), c(3,7) + cost(3,7)\}$$
$$= min\{6+12, 7+10, 10+8\} = 17$$

$$cost(2,4) = min\{c(4,l) + cost(3,l)\}$$
$$= min\{c(4,6) + cost(3,6), c(4,7) + cost(3,7)\}$$
$$= min\{3+10, 8+8\} = 13$$

$$cost(1,1) = \min\{c(1,l) + cost(2,l)\}$$
$$= \min\{c(1,2) + cost(2,2), c(1,3) + cost(2,3), c(1,4) + cost(2,4)\}$$
$$= \min\{4 + 19, 2 + 17, 3 + 13\} = 16$$

$cost(1,1) = c(1,4) + cost(2,4) = 16$,　记下 d[1][1] = 4

$cost(2,4) = c(4,6) + cost(3,6) = 13$,　记下 d[2][4] = 6

$cost(3,6) = c(6,9) + cost(4,9) = 10$,　记下 d[3][6] = 9

得到路线 1→4→6→9→10。

习题 4 参考答案

一、选择题

1. A　　2. C　　3. D　　4. B　　5. A　　6. C　　7. B　　8. B

9. A　　10. D

二、填空题

1. ＿＿整体最优＿＿

2. ＿＿最优子结构＿＿

3. ＿＿最优子结构性质＿＿

4. ＿＿贪心选择性质＿＿

5. ＿＿最优子结构性质＿＿

6. ＿＿贪心选择性质＿＿

7. ＿＿贪心＿＿、＿＿最小生成树＿＿

8. ＿＿自底向上＿＿、＿＿自顶向下＿＿

9. ＿＿贪心选择性质＿＿

10. ＿＿总价值＿＿

三、简答题

1. 请叙述动态规划算法与贪心算法的异同。

答：共同点是：两者都具有最优子结构性质,可以用来求解优化问题。

不同点是：

(1) 动态规划算法中,每一步所做的选择往往依赖于相关子问题的解,因而只有在解出相关子问题时才能做出选择。而贪心算法每一步所做的选择不依赖于子问题的解,仅在当前状态下做出最好选择,即局部最优选择,然后再去解做出这个选择后产生的相应的子问题。

(2) 可以用动态规划法的条件是问题具有最优子结构性质和重叠子问题性质;可以用贪心算法的条件是最优子结构性质和贪心选择性质。因此可以使用贪心算法时,动态规划法可能不适用;可以用动态规划法时,贪心算法可能不适用。

(3) 动态规划算法通常以自底向上的方式解各子问题,而贪心算法则通常以自顶向下的方式进行。

2. 说出几个贪心算法能解决的问题和不能解决的问题。

答：贪心算法能解决的问题有：单源最短路径问题，最小生成树问题，背包问题，活动安排问题。

贪心算法不能解决的问题有：n 皇后问题，0-1 背包问题。

3. 字符 a~h 出现的频率恰好是前 8 个 Fibonacci 数 1,1,2,3,5,8,13,21,请画出 a~h 这 8 个字符的哈夫曼编码树,各字符编码为多少?

解：字符　　 a,　 b,　 c,　 d, e, f,　 g,　　 h

　　　频率　 1,　 1,　 2,　 3, 5, 8,　 13,　　 21

哈夫曼编码树如图 A-3、图 A-4 所示,构造的哈夫曼编码树不同,编码也不同。

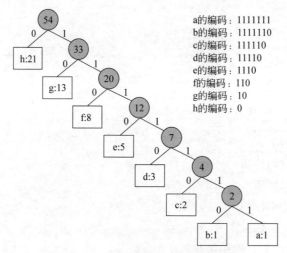

图 A-3　哈夫曼编码树及各字符编码

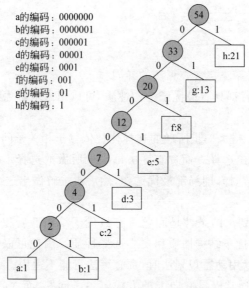

图 A-4　哈夫曼编码树及各字符编码

四、算法填空

1.

答：【1】a[1]＝1

　　【2】s[i]＞＝f[j]

　　【3】j＝i

2.

答：【1】0

　　【2】w[i]＜＝c

　　【3】p[i]

　　【4】maxsum＋＝ p[i] ＊ x[i]

3.

答：【1】c[v][i]

　　【2】dist[j]

　　【3】dist[u]＋c[u][j]．

　　【4】u

五、算法设计题

1. 考虑用哈夫曼算法来找字符 a、b、c、d、e、f 的最优编码。这些字符出现在文件中的频数之比为 20：10：6：4：44：16。要求：

（1）简述使用哈夫曼算法构造最优编码的基本步骤；

（2）构造对应的哈夫曼树,并据此给出字符 a、b、c、d、e、f 的一种最优编码。

解：

（1）哈夫曼算法是构造最优编码树的贪心算法。其基本思想是,首先所有字符对应 n 棵树构成的森林,每棵树只有一个结点,根权为对应字符的频率。然后,重复下列过程 n−1 次：将森林中的根权最小的两棵树进行合并产生一个新树,该新树根的两个子树分别是参与合并的两棵子树,根权为两个子树根权之和。

（2）答案不唯一,根据构造的哈夫曼树不同,编码不同,但平均码长相同。如图 A-5～图 A-7 所示。

字符　　a，b，c，d，e，f

频率　　20，10，6，4，44，16

根据题中数据构造哈夫曼树,由此可以得出 a、b、c、d、e、f 的一组最优的编码为：111、100、1011、1010、0、110。

注意：平均码长 $3×20＋3×10＋4×6＋4×4＋44＋16×3＝60＋30＋24＋16＋44＋48＝222$

字符　　a，b，c，d，e，f

频率　　20，10，6，4，44，16

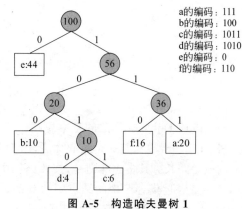

a的编码：111
b的编码：100
c的编码：1011
d的编码：1010
e的编码：0
f的编码：110

图 A-5　构造哈夫曼树 1

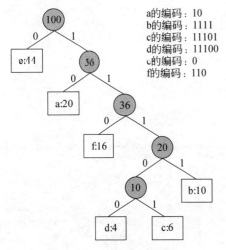

a的编码：10
b的编码：1111
c的编码：11101
d的编码：11100
e的编码：0
f的编码：110

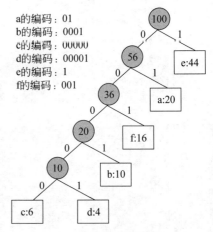

a的编码：01
b的编码：0001
c的编码：00000
d的编码：00001
e的编码：1
f的编码：001

图 A-6　构造哈夫曼树 2　　　　　　　图 A-7　构造哈夫曼树 3

根据题中数据构造哈夫曼树,由此可以得出 a、b、c、d、e、f 的一组最优的编码为：10、1111、11101、11100、0、110。

注意：平均码长　$2×20＋4×10＋5×6＋5×4＋1×44＋3×16＝40＋40＋30＋20＋44＋48＝130＋92＝222$

字符　a，b，c，d，e，f
频率　20，10，6，4，44，16

根据题中数据构造哈夫曼树,由此可以得出 a、b、c、d、e、f 的一组最优的编码为：01、0001、00001、00001、1、001。

注意：平均码长　$2×20＋4×10＋5×6＋5×4＋1×44＋3×16＝40＋40＋30＋20＋44＋48＝130＋92＝222$

2. 在图 A-8 最短路径问题实例上应用 Dijkstra 算法求结点 a 到其他 n－1 个结点的最短路长。

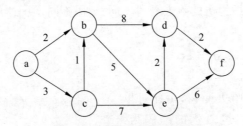

图 A-8　最短路径问题实例

（1）描述 Dijkstra 算法的基本思路；

答：Dijkstra 算法是一个贪心算法,用于求图中某点(这里是结点 a)到其他 n－1 个结点之间的最短路长。其贪心准则是,按照路长由短到长依次构造这 n－1 条路。令 dist[u]表示结点 a 只经过集合 S 中的结点到达 u 的最短路长,则每次选择 dist[u]最小的 u 加入 S 中,即结点 a 到 u 的最短路长为 dist[u]。

（2）假定结点 a 是开始结点，展示 Dijkstra 算法的迭代过程。

答：计算过程如表 A-1 所示。

表 A-1　Dijkstra 算法迭代过程

迭代次数	集　合　S	u	dist[a]	dist[b]	dist[c]	dist[d]	dist[e]	dist[f]	最短路长：最短路径
初始化	{a}	—	0	<u>2</u>	3	∞	∞	∞	2：a→b
1	{a,b}	b	0	2	<u>3</u>	10	7	∞	3：a→c
2	{a,b,c}	ce	0	2	3	10	<u>7</u>	∞	7：a→b→e
3	{a,b,c,e}	d	0	2	3	<u>9</u>	7	13	9：a→b→e→d
4	{a,b,c,e,d}	f	0	2	3	9	7	<u>11</u>	11：a→b→e→d→f
5	{a,b,c,e,d,f}		0	2	3	9	7	11	

3. 删数问题的贪心算法设计：通过键盘输入一个高精度的正整数 n（n 的有效位数≤240），去掉其中任意 s 个数字后，剩下的数字按原左右次序将组成一个新的正整数。编程对给定的 n 和 s，试选取一种贪心策略，使得剩下的数字组成的新数最小。例如，输入 178543，当 s＝4 时，输出 13。

答：正整数 n 的有效位数最多为 240 位，因此必须以字符串形式输入整数 n。采用贪心算法来解，每次删去一个数字字符，使剩下的数最小。

为了尽可能地逼近目标，保证删去一个数字字符，使剩下的数最小，采用的贪心策略是：每一步总是选择一个使剩下的数最小的数字删去，即删峰，删去第一个比下一位数大的一个数。选择方法是按高位到低位的方向顺序搜索递减区间。若各位数字递增，即不存在递减区间，则删除最后一个数字字符，否则，删去第一个递减区间的首字符，形成一个新的数字字符串。然后回到字符串首，按上述规则再删除下一个数字。重复以上过程 s 次，剩下的数字串便是问题的解。

例如，n="9989"，s=2 的删数结果：如果从低位开始删，结果为 98。显然这并不是最小的，最小的应该为 89，所以要从高位开始向下删。

例如，n＝"178543"，s＝4 的删数过程如下：

Step1："178543"存在递减区间"85"，删去递减区间的首字符'8'，得到新串"17543"；

Step2："17543"，存在递减区间"75"，删去递减区间的首字符'7'，得到新串"1543"；

Step3："1543"，存在递减区间"54"，删去递减区间的首字符'5'，得到新串"143"；

Step4："143"，存在递减区间"43"，删去递减区间的首字符'4'，得到新串"13"。

删数问题的特殊情况是：当递减区间的第 2 个字符为'0'时，删去递减区间的首字符，在删除完成后会存在 0 在首位，即出现前导 0 的情况。例如，n＝"1024"，s＝1 时，存在递减区间"10"，删去递减区间的首字符'1'后，得到新的数字串"024"，即"24"，相当于删去递减区间的前 2 个字符，不合适。所以，n＝"1024"，s＝3 时的删数过程如下：

Step1："1024"，跳过第 2 个字符 0，不存在递减区间，删去末字符'4'，得到新串"102"；

Step2："102"，跳过第 2 个字符 0，不存在递减区间，删去末字符'2'，得到新串"10"；

Step3："10"，存在递减区间"10"，删去递减区间的首字符'1'，得到新串"0"。

显然,按上述规则删去 s 个字符后,剩下字符组成的新数最小。

具体算法如下:

```c
#include <stdio.h>
#include <string.h>
int main()
{
    char a[240], * p=a;
    int s,i,j;
    printf("number string:");
    scanf("%s",a);
    printf("s=");
    scanf("%d",&s);                        //s 为删去的字符个数
    if (s>=strlen(a)) { printf("0"); return 0;}
    while(s>0)
    {
        i=0;
        //删后会出现前导 0 的处理
        while((i<strlen(a)&&a[i]<=a[i+1])||(i==0&&a[i+1]=='0'&&strlen(a)>2))
            i++;
        for(j=i;j<strlen(a);j++)           //覆盖实现删除效果
            a[j]=a[j+1];
        s--;
    }
    puts(a);
    return 0;
}
```

习题 5 参考答案

一、选择题

1. D   2. B   3. B   4. D   5. C   6. A   7. D   8. C
9. A   10. B

二、填空题

1. ____系统性____ 、____跳跃性____

2. ____约束函数____ 、____限界函数____

3. ____0-1 背包问题____ 、____n 皇后问题____

4. ____回溯____ 、____m^n____ 、____m____

5. ____最优____

6. ____$O(n * 2^n)$____ 、____$O(\min\{n^c, 2^n\})$____

7. ___O(h(n))___

8. ___子集树___、___排列树___

9. ___子集树___

10. ___排列树___

三、简答题

1. 简述回溯法的基本思想。

答：回溯法是指具有限界函数的深度优先生成法。回溯法的基本思想是在一棵含有问题全部可能解的状态空间树上进行深度优先搜索,解为叶子结点。搜索过程中,每到达一个结点时,则判断该结点为根的子树是否含有问题的解,如果可以确定该子树中不含有问题的解,则放弃对该子树的搜索,退回到上层父结点,继续下一步深度优先搜索过程。在回溯法中,并不是先构造出整棵状态空间树,再进行搜索,而是在搜索过程,逐步构造出状态空间树,即边搜索,边构造。

2. 简述回溯法中常见的两类典型的解空间树。

答：回溯法中常见的两类典型的解空间树是子集树和排列树。

(1) 当所给的问题是从 n 个元素的集合 S 中找出满足某种性质的子集时,相应的解空间树称为子集树。这类子集树通常有 2^n 个叶结点,遍历子集树需 $O(2^n)$ 计算时间。

(2) 当所给的问题是确定 n 个元素满足某种性质的排列时,相应的解空间树称为排列树。这类排列树通常有 n!个叶结点。遍历排列树需要 $O(n!)$ 计算时间。

3. 使用回溯法解 0-1 背包问题：$n=3, C=9, V=\{6,10,3\}, W=\{3,4,4\}$,其解空间由长度为 3 的 0-1 向量组成,要求用一棵完全二叉树表示其解空间(从根出发,左 1 右 0),并画出其解空间树,计算其最优值及最优解。

解：解空间为$\{(0,0,0),(0,1,0),(0,0,1),(1,0,0),(0,1,1),(1,0,1),(1,1,0),(1,1,1)\}$。

解空间树如图 A-9 所示。

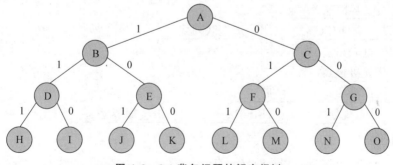

图 A-9 0-1 背包问题的解空间树

该问题的最优值为：16,最优解为$(1,1,0)$。

四、算法填空

1. 设计 n 皇后问题回溯法的答案：

【1】!M[j]＆＆!L[i＋j]＆＆!R[i−j＋N]

【2】M[j]＝L[i＋j]＝R[i−j＋N]＝1;

【3】try(i＋1,M,L,R,A)

【4】A[i][j]＝0

【5】M[j]＝L[i＋j]＝R[i−j＋N]＝0

2. 设计图的着色问题回溯法的答案：

【1】x[k]

【2】0

【3】t＞n

【4】Backtrack(t＋1)

3. 子集和问题回溯法的答案：

【1】sum−＝s[i];

【2】Backtrace(i＋1);

习题 6 参考答案

一、选择题

1. B   2. C   3. B   4. A   5. D   6. C   7. D   8. C

9. A   10. B

二、填空题

1.　　分支界限法　　

2.　　分支界限法　　

3.　　最小堆　　

4.　　结点的优先级　　

5.　　分支界限法　　

6.　　队列式（FIFO）　　、　　优先队列式　　

7.　　先进先出　　

8.　　优先级最高　　

9.　　广度　　、　　扩展　　

10.　　动态规划　　、　　回溯法　　、　　分支限界法　　

三、简答题

1. 简述分支限界法与回溯法的异同点。

答：分支限界法与回溯法的相同点是一种在问题的解空间树 T 中搜索问题解的算法。

不同点：

（1）求解目标不同；

（2）搜索方式不同；

（3）对扩展结点的扩展方式不同；

（4）存储空间的要求不同。

2. 简述用分支限界法设计算法的步骤。

（1）针对所给问题，定义问题的解空间（对解进行编码）；

（2）确定易于搜索的解空间结构（按树或图组织解）；

（3）以广度优先或以最小耗费（最大收益）优先的方式搜索解空间，并在搜索过程中用剪枝函数避免无效搜索。

3. 简述常见的两种分支限界法的算法框架。

答：常见的两种分支限界法的算法框架是：

（1）队列式（FIFO）分支限界法：按照队列先进先出（FIFO）原则选取下一个结点为扩展结点。

（2）优先队列式分支限界法：按照优先队列中规定的优先级选取优先级最高的结点成为当前扩展结点。

4. 简述分支限界法的搜索策略。

答：在当前结点（扩展结点）处，先生成其所有的儿子结点（分支），然后再从当前的活结点表中选择下一个扩展结点。为了有效地选择下一扩展结点，加速搜索的进程，在每一个活结点处，计算一个函数值（限界），并根据函数值，从当前活结点表中选择一个最有利的结点作为扩展结点，使搜索朝着解空间上有最优解的分支推进，以便尽快地找出一个最优解。分支限界法解决了大量离散最优化的问题。

四、算法设计

1. 用价值密度优先队列式分支限界法求解 0-1 背包问题。假设有 4 个物品，其重量 w 分别为（4,7,5,3），价值 v 分别为（40,42,25,12），背包容量 c＝10，计算背包所装入物品的最大价值。

（1）画出由算法生成的状态空间树，并标明各结点的优先级的值。

（2）给出各结点被选作当前扩展结点的先后次序。

（3）给出最优解。（答案：x＝[1,0,1,0]，v＝65）

（4）简述分支限界法的一般过程。

解：

（1）分支限界法求解 0-1 背包问题，其状态空间树如图 A-10 所示，图中已标明各结点的优先级的值。

首先，求下界 down。先将给定物品按单位重量价值从大到小排序，价值 v/重量 w＝$(v1/w1,v2/w2,v3/w3,v4/w4)＝(40/4,42/7,25/5,12/3)＝(10,6,5,4)$。应用价值密度贪心法，首先选择物品 1，重量为 4，背包容量剩余 6，物品 1 的重量为 7＞6，不能选择，接着选取物品 3，重量为 5，背包容量剩余 1，无法装入其他物品，求得近似解为（1,0,1,0），获得的价值为 40＋25＝65，这可以作为 0-1 背包问题的下界 down＝65。

如何求得 0-1 背包问题的一个合理的上界呢？考虑最好情况，背包中装入的全部是第 1 个物品且可以将背包装满，则可以得到一个非常简单的上界的计算方法：上界 up＝$c×(v1/w1)＝10×10＝100$。于是，得到了目标函数的界[65,100]。

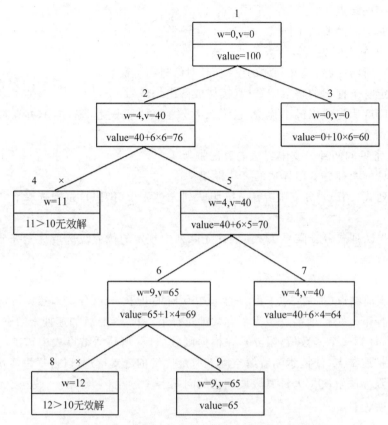

图 A-10   0-1 背包问题分支限界法求解的状态空间树

限界函数为：$ub=v+(c-w)\times(v_{i+1}/w_{i+1})=10\times10=100$

（2）各结点被选作当前扩展结点的先后次序如下：

[1] 2,3 => 2(40),3(0)   //当前扩展结点 1,生成了结点 2 和 3

[2,3] 4,5 => 4(×),5(40)   //结点 4 是不可行解,舍弃

[5,3] 6,7 => 6(65),7(40)

[6,7,3] 8,9 => 8(×),9(65)[1,0,1,0]   //结点 9 是叶结点

价值密度优先队列式分支限界法具体搜索过程如下：

Step 1   在根结点 1,没有将任何物品装入背包,因此,背包的重量 w 和获得的价值 v 均为 0,根据限界函数计算结点 1 的目标函数值 value 为 $10\times10=100$。

Step 2   在结点 2,将物品 1 装入背包,因此,背包的重量 w 为 4,获得的价值 v 为 40,目标函数值为 $40+(10-4)\times6=76$,将结点 2 加入待处理结点表 PT 中。在结点 3,没有将物品 1 装入背包,因此,背包的重量和获得的价值仍为 0,目标函数值 value 为 $10\times6=60$,将结点 3 加入表 PT 中。

Step 3   在表 PT 中选取目标函数值 value 取得极大的结点 2 优先进行搜索。在结点 4,将物品 2 装入背包,因此,背包的重量为 11,超过背包容量 10,不满足约束条件,将结点 4 丢弃。在结点 5,没有将物品 2 装入背包,因此,背包的重量和获得的价值与结点 2 相

同,目标函数值 value 为 $40+(10-4)\times5=70$,将结点 5 加入表 PT 中。

Step 4　在表 PT 中选取目标函数值 value 取得极大的结点 5 优先进行搜索。在结点 6,将物品 3 装入背包,因此,背包的重量为 9,获得的价值为 65,目标函数值 value 为 $65+(10-9)\times4=69$,将结点 6 加入表 PT 中。在结点 7,没有将物品 3 装入背包,因此,背包的重量和获得的价值与结点 5 相同,目标函数值 value 为 $40+(10-4)\times4=64$,将结点 7 加入表 PT 中。

Step 5　在表 PT 中选取目标函数值 value 取得极大的结点 6 优先进行搜索。在结点 8,将物品 4 装入背包,因此,背包的重量为 12,超过背包容量 10,不满足约束条件,将结点 8 丢弃。在结点 9,没有将物品 4 装入背包,因此,背包的重量和获得的价值与结点 6 相同,目标函数值 value 为 65。

Step 6　由于结点 9 是叶子结点,同时结点 9 的目标函数值 value 是表 PT 中的极大值,所以,结点 9 对应的解即是问题的最优解,搜索结束。

(3) 最优解为 x=[1,0,1,0],v=65

(4) 分支限界法的一般过程如下:

Step 1.根据限界函数确定目标函数的界[down,up]。

Step 2.将待处理的结点表 PT 初始化为空。

Step 3.对根结点的每个孩子结点 x 执行下列操作:估算结点 x 的目标函数值 value, 若 value>=down,将结点 x 添加到表 PT 中。

Step 4.循环直到某个叶子结点的目标函数值 value 在表 PT 中最大。

　4.1 i=表 PT 中目标函数值 value 最大的结点。

　4.2 对结点 i 的每个孩子结点 x 执行下列操作:

　　4.2.1 估算结点 x 的目标函数值 value。

　　4.2.2 若 value>=down,将结点 x 添加到表 PT 中。

　　4.2.3 若结点 x 是叶结点且目标函数值 value 在表 PT 中最大,则将该结点 x 对应的解输出,算法结束。

　　4.2.4 若结点 x 是叶结点,但其目标函数值 value 在表 PT 中不是最大,则更新下界 down,令 down=value,并将表 PT 中所有目标函数值 value< down 的结点删除。

在使用分支限界法搜索问题的解空间树时,首先根据限界函数估算目标函数的界[down,up]。

2. 栈式分支限界法将活结点表以后进先出(LIFO)的方式存储于一个栈中。试画出 2 个物品(n=2)的 0-1 背包问题的解空间树,并说明队列式分支限界法、栈式分支限界法与回溯法在结点搜索次序上的区别。

答:(1) 两个物品的 0-1 背包的解空间树,如图 A-11 所示。

(2) 队列式分支限界法、栈式分支限界法与回溯法的区别

队列式分支限界法的活结点表是先进先出,活结点表变化过程如下:

[A] B,C

[B,C] D,E

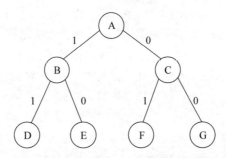

图 A-11　n＝2 时的 0-1 背包的解空间树

[C,D,E] F,G

[D,E,F,G]　　　　//D 是叶结点

[E,F,G]　　　　　//E 是叶结点

[F,G]　　　　　　//F 是叶结点

[G]　　　　　　　//G 是叶结点

[ ]　　　　　　　//活结点表为空,算法结束

栈式分支限界法的活结点表是后进先出,活结点表变化过程如下:

[A] B,C

[B,C] F,G

[B,F,G]　　　　　//G 是叶结点

[B,F]　　　　　　//F 是叶结点

[B] D,E

[D,E]　　　　　　//E 是叶结点

[D]　　　　　　　//D 是叶结点

[ ]　　　　　　　//活结点表为空,算法结束

从各结点的扩展次序上来讲,队列式分支限界法是标准的宽度优先,各结点的搜索次序是:A→B→C→D→E→F→G,栈式分支限界法则类似于深度优先,各结点的搜索次序是:A→C→G→F→B→E→D,但在栈式分支限界法中,各结点只有一次机会成为扩展结点。

而回溯法是按深度优先,各结点的搜索次序是:A→B→D→B→E→A→C→F→C→G,结点 A、B、C 都两次成为扩展结点。

习题 7 参考答案

一、选择题

1. A　　2. C　　3. A　　4. B　　5. D　　6. B　　7. B　　8. C

9. C　　10. C

二、填空题

1.　　近似解

2. ___数值概率算法___ 、 ___蒙特卡罗算法___

3. ___正确解___

4. ___舍伍德___

5. ___蒙特卡罗___

6. ___拉斯维加斯___

7. ___蒙特卡罗算法___

8. ___拉斯维加斯算法___

9. ___蒙特卡罗算法___

10. ___$n^{1/4}$___

三、简答题

1. 概率算法大致分为哪几类？

答：概率算法的一个基本特征是对所求解问题的同一实例用同一概率算法求解两次可能得到完全不同的效果(所需时间或计算结果)。概率算法大致分为四类：数值概率算法、蒙特卡罗(Monte Carlo)算法、拉斯维加斯(Las Vegas)算法和舍伍德(Sherwood)算法。

(1)数值概率算法：求解数值问题的近似解，精度随计算时间增加而不断提高。

(2)蒙特卡罗算法：求解问题的准确解，但这个解未必正确，且一般情况下无法有效地判定解的正确性。随计算时间增加，得到正确解的概率不断提高。

(3)拉斯维加斯算法：求解问题的正确解，但可能找不到解。随计算时间增加，找到正确解的概率不断提高。

(4)舍伍德算法：求解问题的正确解，并总能求得一个解。消除或减少问题的好坏实例间的算法复杂性的较大差别，但并不提高平均性能，也不是刻意避免算法的最坏情况行为。

2. 举例说明蒙特卡罗算法和拉斯维加斯算法的异同之处。

答：

(1)相同点：蒙特卡罗算法和拉斯维加斯算法都是随机算法的一种，以著名的赌城命名的，且都是通过随机采样尽可能找到最优解。

(2)不同点：见表 A-2。

表 A-2　蒙特卡罗算法和拉斯维加斯算法的区别

比较	蒙特卡罗算法	拉斯维加斯算法
规律	采样越多，越逼近最优解	采样越多，越有可能找到最优解
例子	从一筐苹果中选出最大的苹果	从一串钥匙中找出能开锁的钥匙
策略	尽量找好的，但不保证是最好的	尽量找最好的，但不保证能找到
适用场合	在有限采样内，给出一个解，但不要求是最优解	对采样要求没有限制，要求必须给出最优解

a. 蒙特卡罗算法是每次采样尽量找好的，但不保证是最好的，采样越多，越逼近最优解。拉斯维加斯算法就是每次采样尽量找最好的，但不保证能找到，采样越多，越有机会

找到最优解。

b. 适用场合不同：蒙特卡罗和拉斯维加斯这两类随机算法之间的选择，往往受到问题的局限。如果问题要求在有限采样内，必须给出一个解，但不要求是最优解，用蒙特卡罗算法；反之，如果问题要求必须给出最优解，但对采样没有限制，则用拉斯维加斯算法。

（3）举例说明：

蒙特卡罗算法是每次采样尽量找好的，但不保证是最好的，采样越多，越逼近最优解。例如，假如一个不透明的筐里有 100 个苹果，让我每次闭眼拿 1 个，挑出最大的。于是我随机拿 1 个，再随机拿 1 个跟它比，留下大的，再随机拿 1 个……我每拿一次，留下的苹果都至少不比上次的小。拿的次数越多，挑出的苹果就越大，但我除非拿 100 次，否则无法肯定挑出了最大的。这个挑苹果的算法，就属于蒙特卡罗算法——尽量找好的，但不保证是最好的。

蒙特卡罗算法的典型运用，如蒲丰投针计算 pi、计算定积分。AI 下棋中阿尔法狗涉及的随机算法是蒙特卡罗式的，因为每一步棋的运算时间、堆栈空间都是有限的，而且不要求最优解。机器下棋的算法本质是搜索树，围棋难在它的树宽可以达到好几百（国际象棋只有几十）。在有限时间内要遍历这么宽的树，就只能牺牲深度（俗称"往后看几步"），但围棋又是依赖远见的游戏，不仅仅是看"几步"的问题。所以，要想保证搜索深度，就只能放弃遍历，改为随机采样，这就是为什么在没有 MCTS（蒙特卡罗搜索树）方法之前，机器围棋的水平几乎是笑话。而采用 MCTS 方法后，搜索深度大大增加。

拉斯维加斯算法就是每次采样尽量找最好的，但不保证能找到，采样越多，越有机会找到最优解。例如，假如有一把锁，给我 100 把钥匙，只有 1 把是对的。于是我每次随机拿 1 把钥匙去试，打不开就再换 1 把。我试的次数越多，打开（最优解）的机会就越大，但在打开之前，那些错的钥匙都是没有用的。这个试钥匙的算法，就是拉斯维加斯的——尽量找最好的，但不保证能找到。

拉斯维加斯算法的运用，如结合深度优先搜索 dfs 求解 n 较大时的 n 皇后问题，即前几行选择用随机法放置皇后，剩下的选择用回溯法解决。

四、算法应用

1. 分别用随机投点法和平均值法计算定积分 $p = \int_0^1 \frac{e^x - 1}{e - 1} dx$。当投掷次数 $n = 1000$、10000、100000 时，对每一个 n 重复做 10 次，计算结果取 10 次的平均值。

解：（1）用随机投点法计算定积分 $p = \int_0^1 \frac{e^x - 1}{e - 1} dx$。

```
//计算函数值 f(x)
double f(double x)
{
    double y=(exp(x)-1)/(exp(1)-1);
    return y;
}


//用随机投点法计算在[0,1]上的定积分
```

```
double Darts(int n)
{
    static RandomNumber dart;
    int k=0;
    for (int i=1;i <=n;i++)
    {
        double x=dart.fRandom();
        double y=dart.fRandom();
        if (y<=f(x)) k++;
    }
    return k/double(n);
}

int main()
{
    double pi;
    int i, count =10;
    double s =0;
    double result[10];
    for (i =0; i <count; i++)
    {
        result[i] =Darts(10000);           //投掷次数为 10000
        s =s +result[i];
        cout<<"result["<<i<<"]=" <<result[i]<<endl;
    }
    pi=s/10;
    cout<<"取平均值 p=";
    cout<<s/10<<endl;
}
```

当投掷次数 n＝1000、10000、100000 时,对每一个 n 重复做 10 次的计算结果(运行结果不唯一),运行结果如图 A-12 所示。

```
result[0]=0.399      result[0]=0.4177     result[0]=0.41822
result[1]=0.415      result[1]=0.4211     result[1]=0.41871
result[2]=0.424      result[2]=0.4189     result[2]=0.41645
result[3]=0.413      result[3]=0.4128     result[3]=0.41931
result[4]=0.418      result[4]=0.4305     result[4]=0.41822
result[5]=0.447      result[5]=0.4138     result[5]=0.4176
result[6]=0.399      result[6]=0.4169     result[6]=0.42056
result[7]=0.41       result[7]=0.4207     result[7]=0.41682
result[8]=0.421      result[8]=0.4219     result[8]=0.41837
result[9]=0.423      result[9]=0.4172     result[9]=0.41769
取平均值p=0.4169     取平均值p=0.41915    取平均值p=0.418195
```

图 A-12   用随机投点法计算定积分的计算结果

（2）用平均值法计算定积分 $p = \int_0^1 \dfrac{e^x - 1}{e - 1} dx$。

```
double f(double x)
{
    double y=(exp(x)-1)/(exp(1)-1);
    return y;
}

//用平均值法计算在[a,b]上的定积分
double integration(double a,double b,int n)
{
    static RandomNumber rnd;
    double y=0;
    for (int i=1;i<=n;i++)
    {
        double x=(b-a) * rnd.fRandom()+a;
        y+=f(x);
    }
    return (b-a) * y/(double)n;
}
```

当投掷次数 n＝1000、10000、100000 时，对每一个 n 重复做 10 次的计算结果（运行结果不唯一），运行结果如图 A-13 所示。

```
I[0]=0.411672
I[1]=0.426639
I[2]=0.412448
I[3]=0.402339
I[4]=0.423468
I[5]=0.41779
I[6]=0.417729
I[7]=0.425711
I[8]=0.426493
I[9]=0.428355
取平均值p=0.419264
```
```
I[0]=0.417533
I[1]=0.415602
I[2]=0.420214
I[3]=0.416758
I[4]=0.420267
I[5]=0.412526
I[6]=0.41726
I[7]=0.423552
I[8]=0.421113
I[9]=0.415645
取平均值p=0.418047
```
```
I[0]=0.416632
I[1]=0.417718
I[2]=0.419229
I[3]=0.418013
I[4]=0.418073
I[5]=0.417992
I[6]=0.418743
I[7]=0.418508
I[8]=0.418348
I[9]=0.418242
取平均值p=0.41815
```

图 A-13　用平均值法计算定积分的计算结果

2. 分别用随机投点法和平均值法计算定积分 $q = \int_{-1}^1 e^x dx$。当投掷次数 n＝1000，10000，100000 时，对每一个 n 重复做 10 次，计算结果取 10 次的平均值。

解：（1）用随机投点法计算定积分 $q = \int_{-1}^1 e^x dx$。

```
double f(double x)
{
```

```
        double y=exp(x);
        return y;
    }
double Darts(int n)
{
    //用随机投点法计算在[a,b]上的定积分 q
    static RandomNumber dart;
    int a=-1,b=1,k=0;
    double M =3, L =0,c,d;            //L<=exp(x)<=M
    c =(M-L) * (b-a);
    d =L * (b-a);
    for (int i=1;i <=n;i++)
    {
        double x=dart.fRandom();
        double y=dart.fRandom();
        if (y<=(f(a+(b-a) * x)-L)/(M-L)) k++;
    }
    return c * k/(double)n+d;        //I=cI * +d
}
```

当投掷次数 n＝1000、10000、100000 时,对每一个 n 重复做 10 次的计算结果(运行结果不唯一),运行结果如图 A-14 所示。

```
result[0]=2.526     result[0]=2.3454     result[0]=2.35152
result[1]=2.382     result[1]=2.4054     result[1]=2.3454
result[2]=2.274     result[2]=2.3538     result[2]=2.34516
result[3]=2.37      result[3]=2.322      result[3]=2.3658
result[4]=2.454     result[4]=2.319      result[4]=2.34546
result[5]=2.388     result[5]=2.343      result[5]=2.34876
result[6]=2.502     result[6]=2.3664     result[6]=2.34438
result[7]=2.316     result[7]=2.3274     result[7]=2.35554
result[8]=2.37      result[8]=2.3442     result[8]=2.3469
result[9]=2.262     result[9]=2.3778     result[9]=2.34006
取平均值q=2.3844    取平均值q=2.35044    取平均值q=2.3489
```

图 A-14　用随机投点法计算定积分的计算结果

(2) 用平均值法计算定积分 $q=\int_{-1}^{1} e^x dx$。

```
double f(double x)
{
    double y=exp(x);
    return y;
}

//用平均值法计算在[a,b]上的定积分
double integration(double a,double b,int n)
```

```
{
    static RandomNumber rnd;
    double y=0;
    for (int i=1;i <=n;i++)
    {
        double x=(b-a) * rnd.fRandom()+a;
        y+=f(x);
    }
    return (b-a) * y/(double)n;
}
```

运行结果如图 A-15 所示。

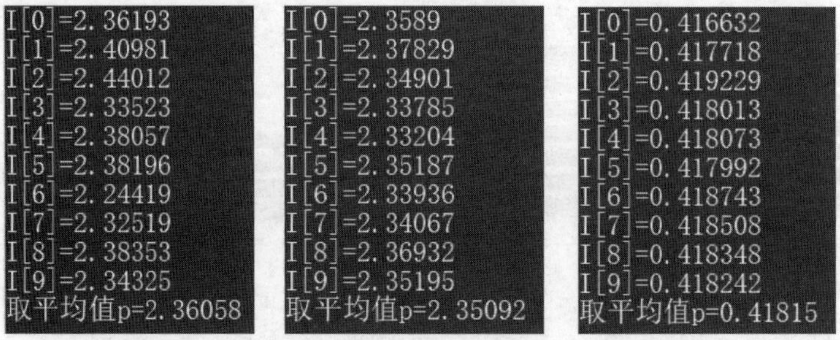

图 A-15　用平均值法计算定积分的计算结果

3. 用 $pi = 4\int_0^1 \sqrt{1-x^2}\,dx$ 估计 π 值。

方法 1.用随机投点法计算在[0,1]上的定积分求 pi。

```
double f(double x)
{
    double y=sqrt(1-x * x);
    return y;
}


//用随机投点法计算在[0,1]上的定积分求 pi
double Darts(int n)
{
    static RandomNumber dart;
    int k=0;
    for (int i=1;i <=n;i++)
    {
```

```
        double x=dart.fRandom();
        double y=dart.fRandom();
        if (y<=f(x)) k++;
    }
    return k/double(n);
}
```

运行结果如图 A-16 所示。

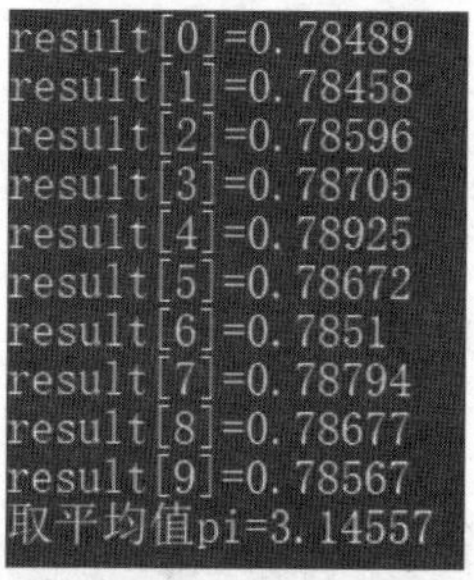

图 A-16　用随机投点法计算定积分估计π值的计算结果

方法 2.用平均值法计算定积分的方法。

```
double f(double x)
{
    double y=sqrt(1-x * x);
    return y;
}


//用平均值法计算在[a,b]上的定积分求 pi
double integration(double a,double b,int n)
{
    static RandomNumber rnd;
    double y=0;
    for (int i=1;i <=n;i++)
    {
        double x=(b-a) * rnd.fRandom()+a;
        y+=f(x);
    }
    return (b-a) * y/(double)n;
}


int main()
```

```
{
    int i, count =10;
    double a=0,b=1,s=0;
    double I[10];
    for (i =0; i <count; i++)
    {
        I[i] =integration(a, b, 100000);      //投掷次数为 100000
        s =s +I[i];
        cout<<"I["<<i<<"]=" <<I[i]<<endl;
    }
    cout<<"取平均值 pi=";
    cout<<s/10 * 4<<endl;
}
```

运行结果如图 A-17 所示。

图 A-17　用平均值法计算定积分估计π值的计算结果

4. 利用随机搜索算法解二阶非线性方程组,取初始值$(x0,y0) = (1, -1.7)$。
$$\begin{cases} f_1(x,y) = 4 - x^2 - y^2 = 0 \\ f_2(x,y) = 1 - e^x - y = 0 \end{cases}$$

解:先构造目标函数 $y = pow(4 - x1 * x1 - x2 * x2, 2) + pow(1 - exp(x1) - x2, 2)$。
随机搜索算法的 C++实现代码如下:

```
#include <iostream>
#include <ctime>
#include <cmath>
using namespace std;
int t =1; //用来表示函数内程序的循环执行次数
const unsigned long maxshort=65536L;
const unsigned long multiplier=119411693L;
const unsigned long adder=12345l;

class RandomNumber
```

```
{
  private:
    unsigned long randSeed;
  public:
    RandomNumber(unsigned long s=0);
    unsigned short Random(unsigned long n);
    double fRandom(void);
};

RandomNumber::RandomNumber(unsigned long s)
{
    if (s==0) randSeed=time(0);
    else randSeed=s;
}

unsigned short RandomNumber::Random(unsigned long n)
{
    randSeed=multiplier*randSeed+adder;
    return(unsigned short)((randSeed>>16)%n);
}

double RandomNumber::fRandom(void)
{
    return Random(maxshort)/double(maxshort);
}

//计算目标函数值
double f(double x[],int n)                // n 为未知数个数或方程个数
{
    double y;
    y=pow(4-x[1]*x[1]-x[2]*x[2],2)+pow(1-exp(x[1])-x[2],2);   //构造目标函数
    return y;
}

//解非线性方程组的随机化算法
int NonLinear(double x0[], double dx0[], double x[], double a0, double ep,
double k, int n,
    int Steps, int M)
{
    static RandomNumber rnd;
    int success;                    //搜索成功标志
    double dx[3];                   //步进增量向量
    double r[3];                    //搜索方向向量
```

```
    int mm = 0;                        //当前搜索失败次数
    int j = 0;                         //迭代次数
    double a = a0;                     //步长因了
    for (int i = 1; i <= n; i++)  //将初值和初始步进向量赋值给新的变量
    {
        x[i] = x0[i];
        dx[i] = dx0[i];
    }
    double fx = f(x, n);               //计算目标函数值
    double min = fx;
//当前最优值,用来和上一次的结果比较,这一次的结果更小则更认为搜索成功
    while (j < Steps)
    {
        //(1)计算随机搜索步长
        if (fx < min)//搜索成功
        {
            min = fx;
            a *= k;            //成功,增大步长因子,用更小的精度搜索,每次的搜索跨度变大
            success = 1;
            if (t < 15)
            {
                cout << "第"<<t<<"次"<<"搜索成功" <<endl;
                cout << "目标函数的值:" <<fx <<endl;
                cout << "*************************************" <<endl;
                cout << "第" <<t+1 <<"次" <<"搜索开始" <<endl;
                cout << "改变随机搜索的步长:" <<a <<endl;
            }
        }
        else//搜索失败
        {
            mm++;
            if (mm % M == 0)
            //搜索失败次数大于 M 次后,减小步长因子,用更大的精度搜索,每次搜索的跨度
            //变小,可以进一步设置下限,防止无限减小步长
            {
                a /= k;
                //if (a <= 0.005) a = 0.005;
                cout << "当搜索失败次数大于 1000 次后,改变随机搜索的步长:" <<a <<
                endl;
                cout << "*******************************************" <<endl;
            }
            success = false;
```

```
            if (t <15)
            {
                cout <<"第" <<t <<"次" <<"搜索失败" <<endl;
                cout <<"目标函数的值:" <<fx<<" 上一次目标函数值:"<<min <<endl;
                cout <<"*****************************************" <<endl;
                cout <<"第" <<t +1 <<"次" <<"搜索开始" <<endl;
            }
        }
    if (min<ep)                //若 min 小于精度,则搜索完成,当前的变量值就是方程组的解
    {
        break;
    }
//(2)计算随机搜索方向和增量
for (int i =1; i <=n; i++)
{
    r[i] =2.0 * rnd.fRandom() -1;          // 产生[-1,1]的随机数,作为搜索方向
}
if (success)
{
    for (int i =1; i <=n; i++)
    {
        dx[i] =a * r[i];                   //搜索成功时,继续搜索
    }
}
else
{
    for (int i =1; i <=n; i++)
    {
        dx[i] =a * r[i] -dx[i];            //搜索失败,退回到前一个增量后再搜索
    }
}
//(3)计算随机搜索点
for (int i =1; i <=n; i++)
{
    x[i] +=dx[i];
}
if (t <15)
{
    if (success)
    {
        cout <<"搜索成功情况下,继续在这一层的变量基础随机搜索:" <<endl;
        cout <<"dx1=" <<dx[1] <<endl;
```

```
            if (dx[1]>0) cout <<"方向为正" <<endl;
            else cout <<"方向为负" <<endl;
            cout <<"x1=" <<x[1] <<endl;
            cout <<"dx2=" <<dx[2] <<endl;
            if (dx[2]>0) cout <<"方向为正" <<endl;
            else cout <<"方向为负" <<endl;
            cout <<"x2=" <<x[2] <<endl;
            cout <<"****************************************************" <<endl;
        }
        else
        {
            cout <<"搜索失败情况下,退回到上一层变量基础随机搜索:" <<endl;
            cout <<"dx1=" <<dx[1] <<endl;
            if (dx[1]>0) cout <<"方向为正" <<endl;
            else cout <<"方向为负" <<endl;
            cout <<"x1=" <<x[1] <<endl;
            cout <<endl;
            cout <<"dx2=" <<dx[2] <<endl;
            if (dx[2]>0) cout <<"方向为正" <<endl;
            else cout <<"方向为负" <<endl;
            cout <<"x2=" <<x[2] <<endl;
            cout<< "****************************************************"<<endl;
        }
    }
    //(4)计算目标函数值
    fx =f(x, n);
    t++;
    j++;
    }
    if (fx <=ep) return 1;
    else return 0;
}

int main()
{
    double x0[3]={0},dx0[3]={0,0.01,0.01},x[3]={0};
    //x0 为根初值数组 , x 为根数组 , dx0 为增量初值数组
    double a0=0.001;                        //步长
    double ep=0.01;                         //精度
    double k=1.1;                           //步长变参
    int n=2;                                // n 为未知数个数或方程个数
    int steps=10000;                        //steps 为执行次数
    int m=1000;                             //m 为失败次数
```

```
    int flag;
    cout <<"二阶非线性方程组为:" <<endl;
    cout <<"x1 * x1+x2 * x2=4" <<endl;
    cout <<"exp(x1)+x2=1" <<endl;
    cout <<"*******************************************************" <<endl;
    cout <<"第一次搜索开始" <<endl;
    cout <<"变量的初始值:" <<x0[1] <<"和" <<x0[2] <<endl;
    cout <<"步进因子的初始值:" <<a0 <<endl;
    cout <<"*******************************************************" <<endl;
    cout <<endl;
    flag =NonLinear(x0, dx0, x, a0, ep, k, n, steps, m);
    while (!flag)
    {
        flag =NonLinear(x0, dx0, x, a0, ep, k, n, steps, m);
    }
    cout <<"此方程组的根为:" <<endl;
    for (int i =1; i <=n; i++)
    {
        cout <<"x" <<i <<"=" <<x[i] <<" ";
    }
    cout <<endl;
    cout <<t <<"次" <<"搜索" <<endl;
    system("pause");
    return 0;
}
```

运行多次的计算结果,如图 A-18 所示。

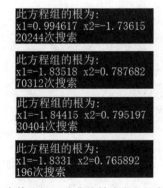

图 A-18　随机搜索算法解二阶非线性方程组运行多次的计算结果

5.利用随机搜索算法解二阶非线性方程组

$$\begin{cases} f_1(x,y)=x^2+y^2-5=0 \\ f_2(x,y)=(x+1)y-(3x+1)=0 \end{cases}$$

本题答案与第 4 题类似,这里略写。

算法自测卷 1 参考答案

一、填空题(每空 2 分,共 30 分)

1. ①___自然语言___;②___流程图___;③___程序语言___。
2. ①___多项式算法___;②___指数型算法___。
3. ①___n+8___;②___16n___;③___任意___。
4. ①___递归___;②___迭代___;③___重排___。
5. ①___最优子结构性质___;②___子问题重叠性质___。
6. ①___Cook___;②___布尔表达式的可满足性问题 SAT___。

二、解递推方程(要求用算法复杂性符号表示出 **T(n)**)(每题 6 分,共 6 分)

$$T(n) = \begin{cases} T(n-1)+5, & n>1 \\ 0, & n=1 \end{cases}$$

解:
$$
\begin{aligned}
T(n) &= T(n-1)+5 \\
&= [T(n-2)+5]+5 & \text{(1 分)} \\
&= T(n-2)+5\times 2 & \text{(1 分)} \\
&= T(n-i)+5\cdot i & \text{(1 分)} \\
&= T(1)+5\cdot(n-1) & \text{(1 分)} \\
&= 5\cdot(n-1) & \text{(1 分)} \\
\therefore T(n) &= O(n) & \text{(1 分)}
\end{aligned}
$$

三、简答题(每题 8 分,共 24 分)

1. **答**:动态规划法是:将待求解问题分解成若干子问题,先求解子问题,然后从这些子问题的解得到原问题的解。(4 分)

其解题步骤如下:(4 分)

(1) 找出最优解的性质,并刻画其结构特性;

(2) 递归地定义最优值;

(3) 以自底向上方式计算出最优值;

(4) 根据计算最优值时得到的信息,构造最优解。

2. **答**:分支限界法是:对有约束条件的最优化问题所有可行解定向、适当地进行搜索。将可行解空间不断地划分为越来越小的子集(分支),并为每一个子集的解计算一个上界和下界(限界)。(4 分)

二者的主要区别在于:

(1) 求解目标不同。一般情况下,回溯法处理的是非优化问题,其求解目标是找出解空间树中满足约束条件的所有可行解;而分支限界法只能应用于解决最优化问题,其求解目标是找出解空间树中满足约束条件的一个在某种意义下的最优解。(2 分)

(2) 对解空间树的搜索方式不同。回溯法以深度优先的方式搜索解空间树;而分支限界法则以广度优先或最小耗费佳优先等多种方式搜索解空间树。(2 分)

3. **答：**二者的主要区别在于确定算法的任何一个计算步骤都是确定的；（2分）

而概率算法的执行步骤是随机的，这种随机性很可能导致结果的不固定性，即：用同一概率算法求解问题的同一实例两次，这两次求解问题所需的时间，甚至是所得到的结果，很可能会有相当大的差别。（2分）

概率算法的典型算法有：数值概率算法、蒙特卡罗算法、拉斯维加斯算法和舍伍德算法。（4分）

四、算法应用（每题10分，共40分）

1. **解：**设 k 是折半查找最坏情况下的比较次数，$k = 1 + \lfloor \log n \rfloor$

$$B(n) = \frac{1}{2n+1}\left[\sum_{t=1}^{k} t \cdot 2^{t-1} + k(n+1)\right] = k - \frac{1}{2} = \lfloor \log n \rfloor + \frac{1}{2} \approx \log n \quad (3分)$$

$$S(n) = \frac{1}{n}\sum_{i=1}^{n} i = \frac{1}{2}(n+1) \approx \frac{1}{2}n \quad (3分)$$

当 $n = 1024$ 时，$\dfrac{S(n)}{B(n)} \approx \dfrac{n/2}{\log n} = \dfrac{512}{\log 1024} = \dfrac{512}{10} \approx 51$ （2分）

当 $n = 65535$ 时，$\dfrac{S(n)}{B(n)} \approx \dfrac{n/2}{\log n} = \dfrac{32768}{\log(2^{16})} = \dfrac{32768}{16} \approx 2048$ （2分）

2. **解：**由已知 $p0 = 10, p1 = 20, p2 = 10, p3 = 30, p4 = 50$，（1分）

根据公式 $m[i][j] = \begin{cases} 0 & i = j \\ \min\limits_{i \le k < j}\{m[i][k] + m[k+1][j] + p_{i-1}p_k p_j\} & i < j \end{cases}$

$m[1][1] = 0, m[2][2] = 0, m[3][3] = 0, m[4][4] = 0$，（1分）

$m[1][2] = 2000, m[2][3] = 6000, m[3][4] = 15000$，（1分）

$m[1][3] = \min\{m[1][1] + m[2][3] + p0p1p3, m[1][2] + m[3][3] + p0p2p3\}$
$\qquad = \min\{0 + 6000 + 6000, 2000 + 0 + 3000\} = 5000$，（1分）

$m[2][4] = \min\{m[2][2] + m[3][4] + p1p2p4, m[2][3] + m[3][4] + p1p3p4\}$
$\qquad = \min\{0 + 15000 + 10000, 6000 + 15000 + 30000\} = 25000$，（1分）

$m[1][4] = \min\{m[1][1] + m[2][4] + p0p1p4, m[1][2] + m[3][4] + p0p2p4,$
$\qquad\quad m[1][3] + m[4][4] + p0p3p4\}$
$\qquad = \min\{0 + 25000 + 10000, 2000 + 15000 + 5000, 5000 + 0 + 15000\} = 20000$，

∴ 最小运算次数为20000次，（1分）

完全加括号方式为(((A1A2)A3)A4)（4分）

3. **解：**连续背包问题具有最优子结构性质和贪心选择性质，可以用价值密度贪心准则求得最优解。（2分）

先求物品单位重量的价值（p1/w1, p2/w2, p3/w3, p4/w4, p5/w5, p6/w6）
$= (11/5, 8/3, 15/2, 18/10, 12/4, 6/2) = (2.2, 2.6, 7.5, 1.8, 3, 3)$。（1分）

按递减次序排列：p3/w3 > p5/w5 ≥ p6/w6 > p2/w2 > p1/w1 > p4/w4

根据算法有：

$w[3] = 2 < M = 20$，则 $x[3] = 1$；　　　　　　（1分）

w[5]=4<20−2=18,则 x[5]=1; (1 分)

w[6]=2<M=18−4=14,则 x[6]=1; (1 分)

w[2]=3<14−2=12,则 x[2]=1; (1 分)

w[1]=5<12−3=9,则 x[1]=1; (1 分)

w[4]=10>9−5=4,则 x[4]=4/10=0.4; (1 分)

最优解为(x1,x2,x3,x4,x5,x6)=(1,1,1,0.4,1,1)=11+8+15+18*0.4+12+6=59.2 (1 分)

4. 解:(1)哈夫曼算法是构造最优编码树的贪心算法。其基本思想是,首先所有字符对应 n 棵树构成的森林,每棵树只有一个结点,根权为对应字符的频率。然后,重复下列过程 n−1 次:将森林中的根权最小的两棵树进行合并产生一个新树,该新树根的两个子树分别是参与合并的两棵子树,根权为两个子树根权之和(4 分)。

(2)根据题中数据构造哈夫曼树如图 A-19 所示(4 分)。

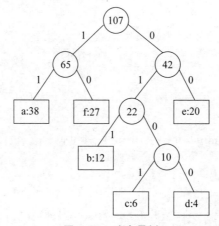

图 A-19　哈夫曼树

由此可以得出 a,b,c,d,e,f 的一组最优的编码:11,011,0101,0100,00,10。(2 分)

算法自测卷 2 参考答案

一、填空题(每空 2 分,共 30 分)

1. ① 运算机 ;② 存储器 。

2. ① 最坏 。

3. ① 4 。

4. ① O(n!) 。

5. ①选择具有最早完成时间的相容活动,使剩下的可安排时间段最长;

②在还未产生最短路径的顶点中,选取路径长度最短的目的顶点。

6. ① 约束函数 constraint ;② 限界函数 bound 。

7. ① 每一步有多种选择 。

8. ①＿＿＿队列式＿＿＿；②＿＿＿优先队列式＿＿＿。

9. ①＿＿＿size/2＿＿＿；②＿＿＿ChessBoard(tr,tc＋s,dr,dc,s)＿＿＿。

③＿＿＿Board[tr＋s][tc＋s－1]＝t＿＿＿。

二、单选题(每题 2 分,共 30 分)

1. C　　2. B　　3. D　　4. B　　5. C　　6. C　　7. B　　8. D　　9. A

10. B　　11. C　　12. C　　13. B　　14. B　　15. D

三、解答题(每题 6 分,共 24 分)

1.(6 分)

答：归并排序算法最坏情况下时间复杂度为 O(nlogn),(1 分)

需要的辅助空间为 O(n)。(1 分)

前一种情况下,这两个被归并的表中其中一个表的最大关键字不大于另一表中最小的关键字,也就是说,两个有序表是直接可以连接为有序的,因此,只需比较 n 次就可将一个表中元素转移完,另一个表全部照搬就行了。(2 分)

另一种情况下,这两个被归并的有序表中关键字序列完全一样,这时就要按次序轮流取其元素归并,因此比较次数达到 2n－1。(2 分)

2.(6 分)

解：回溯法解决问题的三个步骤是：

(1) 针对所给问题,定义问题的空间解；(1 分)

(2) 确定易于搜索的解空间结构；(1 分)

(3) 以深度优先的方式搜索解空间,并在搜索过程中用剪枝函数(约束函数 constraint 或限界函数 bound)避免无效搜索。(1 分)

两个皇后处于同一列的条件是 x[j]＝x[k]；(1 分)

两个皇后在同一对角线上的条件是：j－x[j]＝k－x[k]或 j＋x[j]＝k＋x[k],

即 j－k＝x[j]－x[k]或 j－k＝x[k]－x[j],可归纳为 |j－k|＝|x[k]－x[j]|。(2 分)

3.(6 分)

解：由于所投入的点在正方形上均匀分布,因而如果有 m 个点落入 G 内($y_i \leqslant f(x_i)$),则 m/n 近似等于随机点落入 G 内的概率,且当 n 足够大时,$I = \int_0^1 f(x)dx \approx \dfrac{m}{n}$。(2 分)

```
public static double Darts(int n)        (1分)
{
    Random dart=new Random();
    int k=0;
    for (int i=1;i <=n;i++)
    {
        double x=dart.fRandom();
        double y=dart.fRandom();        (1分)
        if (y<=f(x))
            k++;                          (1分)
```

```
    }
    return k/(double)n;              (1分)
}
```

4. 每填对一步,得 1 分,共 6 分。

解：如图 A-20 所示。

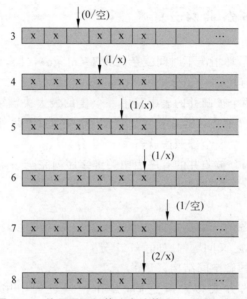

图 A-20　使用图灵机算法表计算 2+3 的第 3~8 步

四、证明题(每题 6 分,共 6 分)

评分标准：画出二叉树 T、T′和 T″各 1 分,其他得分如下标注。

证明：设二叉树 T 表示 $\sum$ 的任意一个最优前缀码,字符 b、c 是 T 的最深叶子且为兄弟,且 $f(b) \leqslant f(c)$,显然 $f(x) \leqslant f(b)$,$f(y) \leqslant f(c)$,

$dT(x) \leqslant dT(b) = dT(c)$,$dT(y) \leqslant dT(b) = dT(c)$ (1分)

如图 A-21 所示,首先在二叉树 T 中交换叶子 b 和 x 的位置得到树 T′,则

$$B(T) - B(T') = f(x) \cdot dT(x) + f(b) \cdot dT(b) - f(x) \cdot dT'(x) - f(b) \cdot dT'(b)$$
$$= f(x) \cdot dT(x) + f(b) \cdot dT(b) - f(x) \cdot dT(b) - f(b) \cdot dT(x)$$
$$= [f(x) - f(b)] \cdot [dT(x) - dT(b)] \geqslant 0 \quad (1分)$$

同理,在二叉树 T′中交换叶子 c 和 y 的位置得到树 T″,有

$$B(T') - B(T'') \geqslant 0$$

即 $B(T) \geqslant B(T') \geqslant B(T'')$

又根据假设,T 是最优前缀码,即 $B(T) \leqslant B(T'')$

∴ $B(T) = B(T'')$ 　　(1分)

即 T″也是最优前缀码,且 x、y 具最长的码长,同时仅最后一位编码不同。

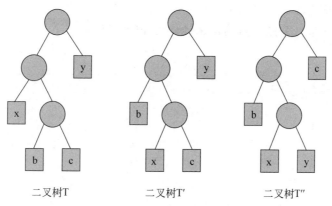

二叉树T   二叉树T′   二叉树T″

图 A-21 二叉树 T、T′和 T″

五、算法设计题（每题 **10** 分，共 **10** 分）

解：（1）分析问题的最优子结构性质：（3分）

设 $l[i],b[i](1 \leqslant i \leqslant m)$ 是 $\{P_1, P_2, \cdots, P_n\}$ 的一个最优分段，则 $l[1],b[1]$ 是 $\{P_1, P_2, \cdots, P_{l[1]}\}$ 的一个最优分段，且 $l[i],b[i](2 \leqslant i \leqslant m)$ 是 $\{P_{l[1]+1}, P_{l[1]+2}, \cdots, P_n\}$ 的一个最优分段。（2分）

这个问题的一个关键特征是：$\{P_1, P_2, \cdots, P_n\}$ 的一个最优分段 $l[i],b[i](1 \leqslant i \leqslant m)$ 所包含的分段 $l[1],b[1]$ 也是最优的。事实上，若有一个分段 $l[1],b[1]$ 更优，则用此分段替换原来的分段 $l[1],b[1]$，得到的 $\{P_1, P_2, \cdots, P_n\}$ 的分段将比最优分段更优，构成矛盾。

同理可知，$\{P_1, P_2, \cdots, P_n\}$ 的一个最优分段所包含的 $l[i],b[i](2 \leqslant i \leqslant m)$ 也是最优的。（1分）

因此，图像压缩问题具有最优子结构性质。

（2）建立递归关系：（3分）

令 $s[i]$ 为前 i 个段的最优合并所需的存储位数，定义 $s[0]=0$。考虑第 i 段 $(i>0)$，假如在最优合并 C 中，第 i 段与第 $i-1, i-2, i-k+1$ 段相合并，而不包括 $i-k$ 段。合并 C 所需的存储空间消耗等于：

第 i 段到第 $i-k$ 段所需空间＋$lsum(i-k+1,i) * bmax(i-k+1,i)+11$

其中，$lsum(a,b)=l[a]+l[a+1]+\cdots+l[b]$；

   $bmax(a,b)=\max\{b[a],b[a+1],\cdots,b[b]\}$。

假如在 C 中，第 i 段到第 $i-k$ 段的合并并不最优，则必须对段 i 到段 $i-k$ 进行最优合并。故 C 的存储空间消耗为 $s[i]=s[i-k]+lsum(i-k+1,i) * bmax(i-k+1,i)+11$。（1分）

可以建立如下递归关系：

$$s[i]=\min_{\substack{1 \leqslant k \leqslant \min\{i,256\} \\ lsum(i-k+1,i) \leqslant 256}} \{s[i-k]+lsum(i-k+1,i) * bmax(i-k+1,i)\}+11$$

其中 $bmax(i,j)=\lceil \log(\max_{i \leqslant k \leqslant j}\{P_k\}+1) \rceil$ （2分）

（3）计算最优值的算法代码：（4分）

l[i],b[i]记录最优分段所需的信息,kay[i]记录了构造一个最优分段所需要的全部信息。

```
int compress(int l[],int b[],int i)
{
    int lsum,bmax;
    int k,t;
    if (i==0)
        return 0;
    lsum=l[i];
    bmax=b[i];
    s[i]=compress(l,b,i-1)+lsum*bmax;    (1分)
    kay[i]=1;
    for (k=2;k<=i&&k<=256;k++)
    {
        lsum+=l[i-k+1];
        if (bmax<b[i-k+1])
            bmax=b[i-k+1];    (1分)
        t=compress(l,b,i-k)+lsum*bmax;    (1分)
        if (s[i]>t)
        {
            s[i]=t;
            kay[i]=k;
        }   (1分)
    }
    s[i]+=11;
    return s[i];
}
```

算法自测卷 3 参考答案

一、填空题（每空 1 分，共 30 分）

1. ①___有限___；②___定义明确___；③___算法＋数据结构___。

2. ①___算法的复杂性___；②___时间___；③___空间___。

3. ①___上有界___；②___$O(g(N))$___。

4. ①___指数型算法___。

5. ①___平方（乘法）___；②___$n^2 = (n-1)^2 + 2*(n-1) + 1$___；
③___上次求得的平方值___；④___$(n-1)<<1$ 或 $(n-1)+(n-1)$___。

6. ①___间接___；②___自身___；③___规模___；④___问题的性质___；
⑤___问题的解决有出口___。

7. ① ___只需求解其中的一个子问题___ ;② ___合并___ 。

8. ① ___约束条件___ ;② ___可行解___ ;③ ___最优解___ 。

9. ① ___最近邻点策略___ ;② ___最短链接策略___ 。

10. ① ___$2^{(n+1)}-1$___ ;② ___$\Omega(2^n)$___ 。

11. ① ___深度优先___ ;② ___约束函数 constraint___ ;③ ___限界函数 bound___ 。

二、问答题(共 4 题,26 分)

1.(4 分)答:(1) 找出最优解的性质,并描述其结构特征。(1 分)

(2) 递归地定义最优值。(1 分)

(3) 以自底向上的方式计算出最优值。(1 分)

(4) 根据计算最优值时得到的信息,构造最优解。(1 分)

2.(6 分)

答:(1) 连续背包问题的贪心策略是:把物品按价值/重量比降序排列,价值/重量比高的物品优先装入背包。(2 分)

(2) 多机调度问题的贪心策略是:最长处理时间作业优先,即把处理时间最长的作业分配给最先空闲的机器。(2 分)

(3) 生成哈夫曼树的贪心策略是:每次选取两棵根结点权值最小的树作为左、右子树以构造一棵新的二叉树,以新二叉树替换这两个结点,且置新二叉树的根结点的权值为其左右子树的根结点的权值之和。(2 分)

3.(8 分)【证明】将活动集合 E 中的活动编号为 1,2,…,n,由于 E 中活动是按结束时间的递增顺序排列的,故活动 1 具有最早的完成时间。(2 分)

首先证明活动安排问题有一个整体最优解以贪心选择开始,即该最优解中包含活动 1。选择了活动 1 后,原问题简化为一个规模更小的子问题。(2 分)

即若 A 是原问题 E 包含活动 1 的一个最优解,则 $A' = A - \{1\}$ 是活动安排问题 $E' = \{i \in E, s_i \geq f_1\}$ 的一个最优解。(1 分)

若不然,设 B' 是活动安排问题 E' 的一个最优解,它包含比 A' 更多的活动,则必有 $B = B' \cup \{1\}$,它包含比 A 更多的活动,这与 A 是原问题 E 的一个最优解相矛盾。(2 分)

因此,每一步所作的贪心选择都可将原问题简化为一个规模更小的类似子问题。然后,用数学归纳法可知,通过每一步作贪心选择,最终可得到问题的一个整体最优解。(1 分)

4.(8 分)**解**:(1) 归并排序算法思想:(2 分)

① 划分:将待排序序列简单划分为两个长度相等的子序列。

② 求解子问题:分别对这两个子序列进行归并排序,得到两个有序子序列。

③ 合并:将这两个有序子序列合并成一个有序子序列。

快速排序算法思想:(2 分)

① 划分:选定一个纪录作为轴值(支点),以轴值为基准将整个序列划分为两个子序列,轴值的位置在划分的过程中确定,并且前一个子序列中纪录的值均小于或等于轴值,后一个子序列中的纪录的值均大于或等于轴值。

② 求解子问题:分别对划分后的每一个子序列递归处理。

③ 合并：不需要合并。

（2）第一阶段：归并算法简单的划分为大致等长的两个子序列，可以容易的实现子问题规模的平衡。快速排序需要确定支点，而且支点的确定将决定能否平衡子问题，平衡子问题就相对较难，而快速排序算法效率的高低就取决于子问题平衡与否。（1分）

第三阶段：归并算法将耗费 $O(n)$ 的时间进行子问题的合并。而快速排序不需要合并子问题。（1分）

（3）归并排序在最坏和平均情况下复杂度都为 $O(n\log_2 n)$，（1分）

快速排序在最坏情况下复杂度为 $O(n^2)$，平均情况下复杂度为 $O(n\log_2 n)$。（1分）

三、计算与分析题（共 5 题，32 分）

1.（4 分）

解：循环内部②的复杂度为 $O(f)$，（1分）

①的复杂度为 n，（1分）

所以①、②总复杂度为 $n \cdot Of(n)$，（1分）

整个程序复杂度为 $n \cdot Of(n) + O(g) = O(n \cdot f + g)$，或 $O(\max(n \cdot f, g))$（1分）

2.（6 分）

3 着色问题回溯法的部分搜索空间树，如图 A-22 所示（4分），标注出一个可行解 $A=1, B=2, C=3, D=3, E=1$（2分）

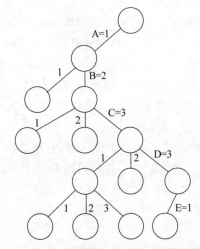

图 A-22 着色问题回溯法的部分搜索空间树

3.（6 分）

解：$T(n,m) = \begin{cases} m & n=1 \\ T\left(\dfrac{n}{2}, 2m\right) & n \text{ 是偶数} \\ T\left(\dfrac{n-1}{2}, 2m\right) + m & n \text{ 是大于 1 的奇数} \end{cases}$ （3分）

```
int mul(int n, int m) (3分)
{
    if (n==1)
        return m;
    if (n%2==0)
        return mul(n/2, 2 * m);
    else
        return mul((n-1)/2, 2 * m)+m;
}
```

4.（8分）

解：（1）BF（Brute-Force）算法是一种简单的字符串模式匹配算法。它对于主串和模式串双双自左向右，一个一个字符比较，如果不匹配，主串和模式串的位置指针都要回溯。（2分）

KMP算法基本思想是主串不进行回溯。利用前缀函数值 next[j]：$t_1..t_{j-1}$ 的既是真前缀又是真后缀的最长子串的长度加 1。当出现不匹配时，主串并不回溯，而是继续和模式串的 next[j] 位置比较。（2分）

（2）应用 BF 算法共进行 $3+1+4+1+1+6+1+1+1+6=25$ 次字符比较操作（1分）。

本题模式 T＝"abccac"，求得 KMP 串匹配算法的 next 函数值如表 A-3 所示（1分）。

表 A-3　KMP 串匹配算法的 next 函数值

j	1	2	3	4	5	6
模式 T	a	b	c	c	a	c
next[j]	0	1	1	1	1	2

应用 KMP 算法共进行 $3+4+6+5=18$ 次字符比较操作。（2分）

5.（8分）

答：

（1）按分治策略,所有参赛的选手可分为两部分,则 n 位选手的比赛日程表可以通过 n/2 位选手的比赛日程表来决定。递归地用这种一分为二的策略对选手进行划分,直到只剩下两位选手时,比赛日程表的制定就变得很简单。这时只要让这两位选手进行比赛就可以了。（1分）

2^k 位选手比赛日程问题是在 2^{k-1} 位选手比赛日程的基础上通过迭代的方法求得的。在每次迭代中,将问题划分为 4 部分,算法设计的关键在于寻找这 4 部分之间的对应关系:（1分）

a.左上角: 2^{k-1} 位选手在前半程的比赛日程;（0.5分）

b.左下角:另 2^{k-1} 位选手在前半程的比赛日程,由左上角: 加 2^{k-1} 得到;（0.5分）

c.右上角: 2^{k-1} 位选手在后半程的比赛日程,由左下角直接抄到右上角得到;（0.5分）

d.右下角：另 2^{k-1} 位选手在后半程的比赛日程，由左上角直接抄到右下角得到。（0.5 分）

（2）八位选手的比赛日程表，如表 A-4 所示。（4 分）

表 A-4　八位选手的比赛日程表

	1 2 3	4 5 6 7
1	2　3　4	5　6　7　8
2	1　4　3	6　5　8　7
3	4　1　2	7　8　5　6
4	3　2　1	8　7　6　5
5	6　7　8	1　2　3　4
6	5　8　7	2　1　4　3
7	8　5　6	3　4　1　2
8	7　6　5	4　3　2　1

四、算法设计（每题 12 分，共 12 分）

解：记 A$[0:n-1]$:a1,a2,$\cdots$,am,B$[0:m-1]$:b1,b2,$\cdots$,bn,d$[i,j]$为:A$[0:i]$到 B$[0:j]$的编辑距离,则:

（1）若 ai 与 bj 对应,且 ai=bj,则　　　$d[i,j]=d[i-1,j-1]$　　　（1 分）

（2）若 ai 与 bj 对应,且 ai<>bj,则　　$d[i,j]=d[i-1,j-1]+1$ （1 分）

（3）若 ai 为多余,即字符 ai 对应于 bi 之后的空格,则　$d[i,j]=d[i-1,j]+1$ （1 分）

（4）若 bj 为多余,即字符 bj 对应于 ai 之后的空格,则　　$d[i,j]=d[i,j-1]+1$ （1 分）

由此得到如下递推式:（3 分）

$$d[i,j]=\begin{cases} j & i=0 \\ i & j=0 \\ \min\{d[i-1,j-1],d[i-1,j]+1,d[i,j-1]+1\} & i>0,j>0,ai=bj \\ \min\{d[i-1,j-1]+1,d[i-1,j]+1,d[i,j-1]+1\} & i>0,j>0,ai\neq bj \end{cases}$$

算法:（5 分）

```
int d[100][100];
int dist(char * A,char * B,int m,int n)
{
    int i,j,min;
    for(i=0;i<=m;i++)
        d[i][0]=i;
    for(j=1;j<=n;j++)
        d[0][j]=j;
    for(i=1;i<=m;i++)
    {
        for (j=1;j<=n;j++)
        {
            if (A[i-1]==B[j-1])          /*第 i 个字符下标为 i-1 */
```

```
        {
            min=d[i-1][j-1];
            if (d[i-1][j]+1<min)
                min=d[i-1][j]+1;
            if(d[i][j-1]+1<min)
                min=d[i][j-1]+1;
        }
        else
        {
            min=d[i-1][j-1]+1;
            if (d[i-1][j]+1<min)
                min=d[i-1][j]+1;
            if(d[i][j-1]+1<min)
                min=d[i][j-1]+1;
        }
        d[i][j]=min;
    }
}
return d[m][n];
}
```

图书资源支持

感谢您一直以来对清华版图书的支持和爱护。为了配合本书的使用，本书提供配套的资源，有需求的读者请扫描下方的"书圈"微信公众号二维码，在图书专区下载，也可以拨打电话或发送电子邮件咨询。

如果您在使用本书的过程中遇到了什么问题，或者有相关图书出版计划，也请您发邮件告诉我们，以便我们更好地为您服务。

我们的联系方式：

地　　址：北京市海淀区双清路学研大厦 A 座 714

邮　　编：100084

电　　话：010-83470236　　010-83470237

客服邮箱：2301891038@qq.com

QQ：2301891038（请写明您的单位和姓名）

资源下载：关注公众号"书圈"下载配套资源。

资源下载、样书申请

图书案例

书　圈

清华计算机学堂

观看课程直播